STUDENT SOLUTIONS MANUAL FOR

COLLEGE ALGEBRA

Third Edition

R. David Gustafson
Peter D. Frisk
Rock Valley College

Brooks/Cole Publishing Company

Brooks/Cole Publishing Company
A Division of Wadsworth, Inc.

Printed in the United States of America

10 9 8 7 6 5 4 3

ISBN 0-534-05630-X

QA154.2.G87 1986 512.9 85-19019

Sponsoring Editor: Craig Barth
Typewriter Composition: Jeanne Wyatt
Production Editor: Barbara Kimmel
Cover Design: Sharon L. Kinghan
Cover Illustration: David Aguero

PREFACE

This manual contains detailed solutions to the even-numbered exercises contained in the text COLLEGE ALGEBRA, third edition, by R. David Gustafson and Peter D. Frisk. In order to limit the size of this manual, only one solution is provided for each exercise. However, many exercises can be worked in more than one way. If you get the right answer to an exercise by using a method different from the one shown in this manual, your method is probably correct.

The answers to the odd-numbered exercises are given in the answer section of the text. If you don't know how to solve a particular odd-numbered exercise, it may help to study the solution of the corresponding even-numbered exercise. If you cannot work Exercise 11, for example, study the solution of Exercise 12. This strategy will be useful because the exercises are usually written in matched pairs.

As you use this manual, concentrate on the solutions rather than the answers. If you understand how each exercise is worked, you will be able to do well on the examinations.

We hope you find this manual useful.

R. David Gustafson

Peter D. Frisk

CONTENTS

SOLUTIONS TO THE EVEN-NUMBERED EXERCISES

EXERCISE 1.1

2. 97

4. 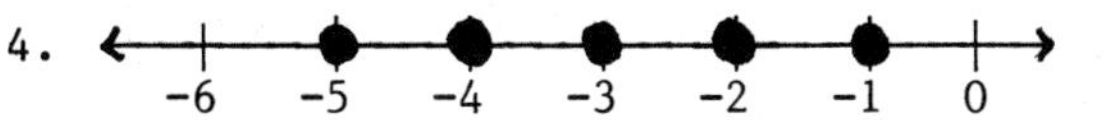

6. True

8. False because 2 is a prime number but not an odd integer.

10. False. For example, the sum of the two prime numbers 3 and 5 is 8, which is not prime.

12. False because a prime number must be greater than 1.

14. False. For example, the sum of the composite numbers 8 and 10 is 18, which is not prime.

16. False. 0 is an even integer because it is divisible by 2 without a remainder.

18. False. For example, 9 is an odd integer but is not prime.

20. True

22. True

24. True

26. False. Division by 0 is undefined.

28. True

30. $2\,\overline{)7.0}$ = 3.5 (6, 1 0) ; 3.5

32. $11\,\overline{)3.0000}$ = .272 (2 2, 80, 77, 30, 22, 8) ; 0.2727...

34. $7\,\overline{)-1.00000000}$ = − .1428571 (7, 30, 28, 20, 14, 60, 56, 40, 35, 50, 49, 10) ;-0.142857142857...

36. $0.375 = \frac{375}{1000} = \frac{3}{8}$

38.
$$\begin{aligned} 100x &= -\ 28.2828\ldots \\ x &= -\ \ 0.2828\ldots \\ \hline 99x &= -\ 28 \\ x &= -\frac{28}{99} \end{aligned}$$

40. $1000x = 841.841841\ldots$
$\underline{\quad x = \quad 0.841841\ldots}$
$999x = 841$
$x = \dfrac{841}{999}$

42. $1000x = 924.5245245\ldots$
$\underline{\quad x = \quad 0.9245245\ldots}$
$999x = 923.6$
$x = \dfrac{9236}{9990}$
$x = \dfrac{4618}{4995}$

44. $1000x = -\ 4321.321321\ldots$
$\underline{\quad x = -\quad 4.321321\ldots}$
$999x = -\ 4317$
$x = -\ \dfrac{4317}{999}$
$x = -\ \dfrac{1439}{333}$

46. $100x = 235.1515\ldots$
$\underline{\quad x = \quad 2.35151\ldots}$
$99x = 232.8$
$x = \dfrac{2328}{990}$
$x = \dfrac{388}{165}$

48. $10x = 49.99\ldots$
$\underline{\quad x = \quad 4.999\ldots}$
$9x = 45$
$x = 5$

50. No. There is not a repeating block of digits.

EXERCISE 1.2

2. False. For example, 2 is a real number that is rational.

4. True

6. False. For example, all negative irrational numbers are less than $\sqrt{2}$.

8. True

10. 

12. 

14. 

16. 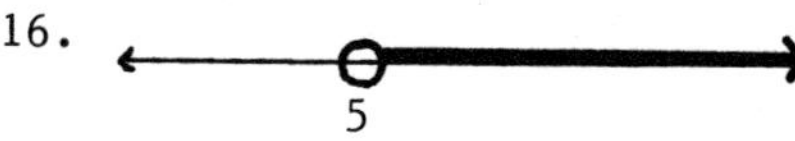

18. 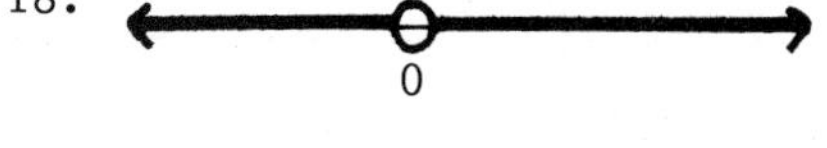

20. 

22. 

24. 

26. 

28. -6

30. $|8 - 5| + |5 - 8| = |3| + |-3|$
$= 3 + 3$
$= 6$

32. $|1 - \pi| = -(1 - \pi)$
$= \pi - 1$

34. $|x + y| + z = |-5 + (-2)| + 3$
$= |-7| + 3$
$= 7 + 3$
$= 10$

36. $x|y - z| = -5|-2 - 3|$
$= -5|-5|$
$= -5(5)$
$= -25$

38. $|y| + |xz| = |-2| + |-5(3)|$
$= 2 + |-15|$
$= 2 + 15$
$= 17$

40. $d = |x - z|$
$= |-5 - (-3)|$
$= |-2|$
$= 2$

42. Reflexive and transitive

44. Symmetric

46. Reflexive and transitive

48. Transitive

50. Distributive property

52. Additive identity property

54. Multiplicative inverse property

56. Commutative property of multiplication

58. Distributive property

60. Commutative property of multiplication

62. Multiplicative identity property

64. Associative property of addition

EXERCISE 1.3

2. $(3 + 5)^3 = 8^3$
$= 512$

4. $3^3 + 5^3 = 27 + 125$
$= 152$

6. $5° = 1$

8. $(2 - 3)^{-1} = (-1)^{-1}$
$= \frac{1}{-1}$
$= -1$

10. $y^3y^4 = y^{3+4}$
$= y^7$

12. $x^2x^{-5} = x^{2+(-5)}$
$= x^{-3}$
$= \frac{1}{x^3}$

14. $(t^3)^2 = t^{3\cdot 2}$
$= t^6$

16. $(2y)^4 = 2^4y^4$
$= 16y^4$

18. $(x^3z)^2 = (x^3)^2z^2$
$= x^6z^2$

20. $(\frac{x}{y^2})^4 = \frac{x^4}{(y^2)^4}$
$= \frac{x^4}{y^8}$

22. $(-2x^2yz)^6 = (-2)^6(x^2)^6y^6z^6$
$= 64x^{12}y^6z^6$

24. $\left(\frac{2x^2y^3}{xy^{-2}z^{-1}}\right)^2 = \left(2x^{2-1}y^{3-(-2)}z^{0-(-1)}\right)^2$
$= (2xy^5z)^2$
$= 4x^2y^{10}z^2$

26. $\left(\frac{2x^{-7}y^5}{x^7y^{-4}}\right)^3 = \left(2x^{-7-7}y^{5-(-4)}\right)^3$
$= (2x^{-14}y^9)^3$
$= 8x^{-42}y^{27}$
$= \frac{8y^{27}}{x^{42}}$

28. $\left(\frac{3x^{-2}y^{-5}}{2x^{-2}y^{-5}}\right)^{-3} = \left(\frac{3}{2}\,x^{-2-(-2)}y^{-5-(-5)}\right)^{-3}$
$= \left(\frac{3}{2}\,x^0y^0\right)^{-3}$
$= (\frac{3}{2})^{-3}$
$= \frac{1}{(\frac{3}{2})^3}$
$= \frac{1}{\frac{27}{8}}$
$= \frac{8}{27}$

30. $\left(\frac{3x^5y^{-3}}{3x^5y^3}\right)^{-2} = \left(y^{-3-3}\right)^{-2}$
$= (y^{-6})^{-2}$
$= y^{12}$

32. $(-x^2y^y)^6 = (-1)^6(x^2)^6(y^y)^6$
$= x^{12}y^{6y}$

34. $-(x^2y)^{3xy} = -(x^2)^{3xy}(y)^{3xy}$
$= -x^{6xy}y^{3xy}$

36. $(y^{m+1})^m = y^{m(m+1)}$
$= y^{m^2+m}$

38. $y^{2n+1}y^4y^{-2n} = y^{2n+1+4-2n}$
$= y^5$

40. $\frac{12x^{m+3}}{3x^m} = 4x^{m+3-m}$
$= 4x^3$

42. $\dfrac{(m^{-2}n^{3}p^{4})^{-2}(mn^{-2}p^{3})^{4}}{(mn^{-2}p^{3})^{-4}(mn^{2}p)^{-1}} = \dfrac{m^{4}n^{-6}p^{-8}m^{4}n^{-8}p^{12}}{m^{-4}n^{8}p^{-12}m^{-1}n^{-2}p^{-1}}$

$= \dfrac{m^{8}n^{-14}p^{4}}{m^{-5}n^{6}p^{-13}}$

$= m^{8-(-5)}n^{-14-6}p^{4-(-13)}$

$= m^{13}n^{-20}p^{17}$

$= \dfrac{m^{13}p^{17}}{n^{20}}$

44. $\left[\dfrac{(3x^{2})^{-4}(3p)^{2}}{(x^{-2}p^{4})^{-3}(3x^{-3})^{-2}}\right]^{-3} = \left[\dfrac{3^{-4}x^{-8}3^{2}p^{2}}{x^{6}p^{-12}3^{-2}x^{6}}\right]^{-3}$

$= \left[\dfrac{3^{-2}x^{-8}p^{2}}{3^{-2}x^{12}p^{-12}}\right]^{-3}$

$= [x^{-20}p^{14}]^{-3}$

$= [x^{60}p^{-42}]$

$= \dfrac{x^{60}}{p^{42}}$

46. $(-x)^{2} = [-(-2)]^{2}$

$= [2]^{2}$

$= 4$

48. $x^{3} = (-2)^{3}$

$= -8$

50. $-x^{3} = -(-2)^{3}$

$= -(-8)$

$= 8$

52. $(2z)^{2} = [2(3)]^{2}$

$= [6]^{2}$

$= 36$

54. $3(x - z)^{2}+2(y - z)^{3} = 3(-2 - 3)^{2}+2(0 - 3)^{3}$

$= 3(-5)^{2} + 2(-3)^{3}$

$= 3(25) + 2(-27)$

$= 75 + (-54)$

$= 21$

56. $5x^{-2}z = \dfrac{5z}{x^{2}}$

$= \dfrac{5(3)}{(-2)^{2}}$

$= \dfrac{15}{4}$

58. $(-5x^{2}z^{3})^{y} = (-5x^{2}z^{3})^{0}$

$= 1$

60. $x^y z^y = (-2)^0(3)^0$
$= (1)(1)$
$= 1$

62. $x^y z^x x^{x+z} = (-2)^0(3)^{-2}(-2)^{-2+3}$
$= 1(\frac{1}{3^2})(-2)^1$
$= -\frac{2}{9}$

64. $89{,}500 = 8.95 \times 10^4$

66. $23{,}470{,}000{,}000 = 2.347 \times 10^{10}$

68. $0.00052 = 5.2 \times 10^{-4}$

70. $0.000000089 = 8.9 \times 10^{-8}$

72. $63{,}000{,}000{,}000 = 6.3 \times 10^{10}$

74. $0.0000000043 = 4.3 \times 10^{-9}$

76. $0.0085 \times 10^5 = 8.5 \times 10^{-3} \times 10^5$
$= 8.5 \times 10^2$

78. $4.26 \times 10^9 = 4260000000$
$= 4{,}260{,}000{,}000$

80. $2.774 \times 10^{-2} = 0.02774$

82. $9300.0 \times 10^{-4} = 0.9300$

84. $\frac{(0.000000045)(0.00000012)}{45{,}000{,}000} = \frac{(4.5 \times 10^{-8})(1.2 \times 10^{-7})}{4.5 \times 10^7}$
$= \frac{4.5(1.2) \times 10^{-15}}{45 \times 10^7}$
$= 1.2 \times 10^{-22}$

86. $\frac{(0.0000000144)(12000)}{600{,}000} = \frac{(1.44 \times 10^{-8})(1.2 \times 10^4)}{6 \times 10^5}$
$= \frac{(1.44)(1.2) \times 10^{-8}10^4}{6 \times 10^5}$
$= (1.44)(.2) \times 10^{-4-5}$
$= 0.288 \times 10^{-9}$
$= 2.88 \times 10^{-1} \times 10^{-9}$
$= 2.88 \times 10^{-10}$

88. $V = \ell wh$
$= (6000)(9700)(4700)$
$= (6 \times 10^3)(9.7 \times 10^3)(4.7 \times 10^3)$
$= 6(9.7)(4.7) \times 10^9$
$= 273.54$
$= 2.7354 \times 10^2 \times 10^9$
$= 2.7354 \times 10^{11}$

90. $30{,}000{,}000{,}000 \frac{cm}{sec} = 30{,}000{,}000{,}000 \frac{cm}{sec} \, 3600 \frac{sec}{hr} \frac{1}{160{,}934.4} \frac{mi}{cm}$

$= (3 \text{ X } 10^{10})(3.6 \text{ X } 10^{3})(1.609344 \text{ X } 10^{-5}) \frac{mi}{hr}$

$= 6.711 \text{ X } 10^{8}$ mph

EXERCISE 1.4

2. 9

4. -6

6. -3

8. $-\sqrt[3]{-125} = -(-5)$
$= 5$

10. -3

12. $\frac{4}{5}$

14. $-16^{1/2} = -(16^{1/2})$
$= -4$

16. $(-8)^{2/3} = [(-8)^{1/3}]^2 = (-2)^2$
$= 4$

18. $100^{3/2} = (100^{1/2})^3$
$= 10^3$
$= 1000$

20. $25^{-1/2} = \frac{1}{25^{1/2}}$
$= \frac{1}{5}$

22. $32^{-3/5} = \frac{1}{32^{3/5}}$
$= \frac{1}{2^3}$
$= \frac{1}{8}$

24. $-(27^{-2/3}) = -\frac{1}{27^{2/3}}$
$= -\frac{1}{3^2}$
$= -\frac{1}{9}$

26. $(\frac{25}{81})^{3/2} = (\frac{5}{9})^3$
$= \frac{125}{729}$

28. $(-\frac{125}{8})^{4/3} = (-\frac{5}{2})^4$
$= \frac{625}{16}$

30. $-5y^3$

32. a^2b^4

34. $-3z^3$

36. a^5b^{10}

38. $(r^8s^{16})^{-3/4} = \frac{1}{(r^8s^{16})^{3/4}}$
$= \frac{1}{r^6s^{12}}$

40. $\left(\frac{u^{10}v^0}{z^5}\right)^{0.2} = \left(\frac{u^{10} \cdot 1}{z^5}\right)^{1/5}$
$= \frac{u^2}{z}$

42. $4b^2$

44. $(u^2v^2)^{-1/2} = \frac{1}{(u^2v^2)^{1/2}} = \frac{1}{|u||v|}$
or $= \frac{1}{|uv|}$

46. $2|x|$

48. $(625a^4b^8)^{-3/4} = \dfrac{1}{(625a^4b^8)^{3/4}}$

$= \dfrac{1}{(5|a|b^2)^3}$

$= \dfrac{1}{125|a^3|b^6}$

50. $\sqrt{75} + 2\sqrt{27} = \sqrt{25}\ \sqrt{3} + 2\sqrt{9}\ \sqrt{3}$

$= 5\sqrt{3} + 2(3)\sqrt{3}$

$= 5\sqrt{3} + 6\sqrt{3}$

$= 11\sqrt{3}$

52. $\sqrt{128a^3} - a\sqrt{162a} = \sqrt{64a^2}\ \sqrt{2a} - a\sqrt{81}\ \sqrt{2a}$

$= 8a\sqrt{2a} - 9a\sqrt{2a}$

$= -a\sqrt{2a}$

54. $y\sqrt{112y} + 4\sqrt{175y^3} = y\sqrt{16}\ \sqrt{7y} + 4\sqrt{25y^2}\ \sqrt{7y}$

$= 4y\sqrt{7y} + 20y\sqrt{7y}$

$= 24y\sqrt{7y}$

56. $3\sqrt[4]{32} - 2\sqrt[4]{162} = 3\sqrt[4]{16}\ \sqrt[4]{2} - 2\sqrt[4]{81}\ \sqrt[4]{2}$

$= 3(2)\sqrt[4]{2} - 2(3)\sqrt[4]{2}$

$= 6\sqrt[4]{2} - 6\sqrt[4]{2}$

$= 0$

58. $-2\sqrt[5]{64y^2} + 3\sqrt[5]{96y^2} = -2\sqrt[5]{32}\ \sqrt[5]{2y^2} + 3\sqrt[5]{32}\ \sqrt[5]{3y^2}$

$= -2(2)\sqrt[5]{2y^2} + 3(2)\sqrt[5]{3y^2}$

$= -4\sqrt[5]{2y^2} + 6\sqrt[5]{3y^2}$

60. $(\sqrt[3]{54} - \sqrt[3]{2})^3 = (\sqrt[3]{27}\ \sqrt[3]{2} - \sqrt[3]{2})^3$

$= (3\sqrt[3]{2} - \sqrt[3]{2})^3$

$= (2\sqrt[3]{2})^3$

$= 8(2)$

$= 16$

62. $\dfrac{10}{\sqrt{5}} = \dfrac{10\ \sqrt{5}}{\sqrt{5}\ \sqrt{5}}$

$= \dfrac{10\sqrt{5}}{5}$

$= 2\sqrt{5}$

64. $\dfrac{3}{\sqrt{y}} = \dfrac{3\sqrt{y}}{\sqrt{y}\ \sqrt{y}}$

$= \dfrac{3\sqrt{y}}{y}$

66. $\dfrac{3}{\sqrt[3]{9}} = \dfrac{3\sqrt[3]{3}}{\sqrt[3]{9}\ \sqrt[3]{3}}$

$= \dfrac{3\sqrt[3]{3}}{\sqrt[3]{27}}$

$= \dfrac{3\sqrt[3]{3}}{3}$

$= \sqrt[3]{3}$

68. $\dfrac{16}{\sqrt[3]{16b^2}} = \dfrac{16\sqrt[3]{4b}}{\sqrt[3]{16b^2}\ \sqrt[3]{4b}}$

$= \dfrac{16\sqrt[3]{4b}}{\sqrt[3]{64b^3}}$

$= \dfrac{16\sqrt[3]{4b}}{4b}$

$= \dfrac{4\sqrt[3]{4b}}{b}$

70. $\frac{64a}{\sqrt[5]{16b^3}} = \frac{64a\ \sqrt[5]{2b^2}}{\sqrt[5]{16b^3}\ \sqrt[5]{2b^2}}$

$= \frac{64a\ \sqrt[5]{2b^2}}{\sqrt[5]{32b^5}}$

$= \frac{64a\ \sqrt[5]{2b^2}}{2b}$

$= \frac{32a\ \sqrt[5]{2b^2}}{b}$

72. $\sqrt{\frac{5y}{3x}} = \frac{\sqrt{5y}}{\sqrt{3x}}$

$= \frac{\sqrt{5y}\ \sqrt{3x}}{\sqrt{3x}\ \sqrt{3x}}$

$= \frac{\sqrt{15xy}}{3x}$

74. $\sqrt[3]{-\frac{3s^5}{4r^2}} = -\frac{\sqrt[3]{3s^2}}{\sqrt[3]{4r^2}}$

$= -\frac{\sqrt[3]{3s^2}\ \sqrt[3]{2r}}{\sqrt[3]{4r^2}\ \sqrt[3]{2r}}$

$= -\frac{\sqrt[3]{6rs^2}}{\sqrt[3]{8r^3}}$

$= -\frac{\sqrt[3]{6rs^2}}{2r}$

76. $\sqrt{\frac{1}{5}} + \sqrt{\frac{2}{5}} = \frac{1}{\sqrt{5}} + \frac{\sqrt{2}}{\sqrt{5}}$

$= \frac{1\sqrt{5}}{\sqrt{5}\ \sqrt{5}} + \frac{\sqrt{2}\ \sqrt{5}}{\sqrt{5}\ \sqrt{5}}$

$= \frac{\sqrt{5}}{5} + \frac{\sqrt{10}}{5}$

$= \frac{\sqrt{5} + \sqrt{10}}{5}$

78. $\sqrt[3]{\frac{4}{x}} + \sqrt[3]{\frac{9y}{x^4}} = \frac{\sqrt[3]{4}}{\sqrt[3]{x}} + \frac{\sqrt[3]{9y}}{\sqrt[3]{x^4}}$

$= \frac{\sqrt[3]{4}\ \sqrt[3]{x^2}}{\sqrt[3]{x}\ \sqrt[3]{x^2}} + \frac{\sqrt[3]{9y}\ \sqrt[3]{x^2}}{\sqrt[3]{x^4}\ \sqrt[3]{x^2}}$

$= \frac{\sqrt[3]{4x^2}}{\sqrt[3]{x^3}} + \frac{\sqrt[3]{9x^2y}}{\sqrt[3]{x^6}}$

$= \frac{\sqrt[3]{4x^2}}{x} + \frac{\sqrt[3]{9x^2y}}{x^2}$

80. $\sqrt{\sqrt[3]{100}} = \sqrt[3]{\sqrt{100}}$

$= \sqrt[3]{10}$

82. $\sqrt[3]{\sqrt{512y^{12}}} = \sqrt{\sqrt[3]{512y^{12}}}$

$= \sqrt{8y^4}$

$= \sqrt{4y^4}\ \sqrt{2}$

$= 2y^2\sqrt{2}$

84. $\dfrac{\sqrt[6]{128x^{-9}y^8z^7}}{\sqrt[6]{x^6yz^4}} = \sqrt[6]{\dfrac{128y^7z^3}{x^{15}}}$

$= \dfrac{\sqrt[6]{128y^7z^3}}{\sqrt[6]{x^{15}}}$

$= \dfrac{\sqrt[6]{128y^7z^3}\ \sqrt[6]{x^3}}{\sqrt[6]{x^{15}}\ \sqrt[6]{x^3}}$

$= \dfrac{\sqrt[6]{128x^3y^7z^3}}{\sqrt[6]{x^{18}}}$

$= \dfrac{\sqrt[6]{64y^6}\ \sqrt[6]{2x^3yz^3}}{x^3}$

$= \dfrac{2y\ \sqrt[6]{2x^3yz^3}}{x^3}$

86. $\dfrac{\sqrt[4]{625x^8y^4}}{\sqrt{16x^3y^2}} = \dfrac{5x^2y}{\sqrt{16x^3y^2}}$

$= \dfrac{5x^2y\ \sqrt{x}}{\sqrt{16x^3y^2}\ \sqrt{x}}$

$= \dfrac{5x^2y\ \sqrt{x}}{\sqrt{16x^4y^2}}$

$= \dfrac{5x^2y\ \sqrt{x}}{4x^2y}$

$= \dfrac{5\ \sqrt{x}}{4}$

88. $\dfrac{\sqrt[3]{-27x^{10}y^{14}}}{\sqrt[3]{64x^7y^2}} = \sqrt[3]{\dfrac{-27x^{10}y^{14}}{64x^7y^2}}$

$= \sqrt[3]{-\frac{27}{64}\ x^3y^{12}}$

$= -\frac{3}{4}\ xy^4$

90. $3x\sqrt{18x} + 2\sqrt{2x^3} = 3x\sqrt{9}\ \sqrt{2x} + 2\sqrt{x^2}\ \sqrt{2x}$

$= 3x(3)\sqrt{2x} + 2x\sqrt{2x}$

$= 9x\sqrt{2x} + 2x\sqrt{2x}$

$= 11x\sqrt{2x}$

92. $\sqrt[4]{512x^5} - \sqrt[4]{32x^5} = \sqrt[4]{256x^4}\ \sqrt[4]{2x} - \sqrt[4]{16x^4}\ \sqrt[4]{2x}$

$= 4x\ \sqrt[4]{2x} - 2x\sqrt[4]{2x}$

$= 2x\ \sqrt[4]{2x}$

94. $\frac{4x\sqrt{3x} + \sqrt{12x^3}}{\sqrt{27x} + \sqrt{12x}} = \frac{4x\sqrt{3x} + 2x\sqrt{3x}}{3\sqrt{3x} + 2\sqrt{3x}}$

$= \frac{6x\sqrt{3x}}{5\sqrt{3x}}$

$= \frac{6x}{5}$

96. $\sqrt[6]{27} = \sqrt[6]{3^3}$

$= 3^{3/6}$

$= 3^{1/2}$

$= \sqrt{3}$

98. $\sqrt[6]{27x^9} = \sqrt[6]{(3x^3)^3}$

$= (3x^3)^{3/6}$

$= (3x^3)^{1/2}$

$= \sqrt{3x^3}$

$= \sqrt{x^2}\ \sqrt{3x}$

$= x\sqrt{3x}$

If x is unrestricted, the answer is $|x|\sqrt{3x}$.

100. $\sqrt{3}\ \sqrt[3]{3} = 3^{1/2}\ 3^{1/3}$

$= 3^{3/6}\ 3^{2/6}$

$= 3^{5/6}$

$= \sqrt[6]{3^5}$

$= \sqrt[6]{243}$

102. $\frac{\sqrt{5}}{\sqrt[3]{5}} = \frac{5^{1/2}}{5^{1/3}}$

$= 5^{1/2-1/3}$

$= 5^{1/6}$

$= \sqrt[6]{5}$

104. All values of x.

106. If $y \neq 0$, then $\sqrt[n]{\frac{x}{y}} = (\frac{x}{y})^{1/n} = \frac{x^{1/n}}{y^{1/n}} = \frac{\sqrt[n]{x}}{\sqrt[n]{y}}$

108. If n is even, m is odd, and x is negative, then $x^{m/n}$ is not a real number. For example, if $n = 2$, m is 3, and x is -4, you have

$$x^{m/n} = (-4)^{3/2} = [(-4)^{1/2}]^3,$$

but $(-4)^{1/2}$ is not a real number.

EXERCISE 1.5

2. a polynomial; 3rd degree; binomial

4. not a polynomial

6. a polynomial; 5th degree; monomial

8. not a polynomial

10. not a polynomial

12. a polynomial; 3rd degree; not a monomial, a binomial, nor a trinomial.

14. $2x^4 - 5x^3 + 7x^3 - x^4 = 2x^4 - x^4 - 5x^3 + 7x^3$

$= x^4 + 2x^3$

16. $(3x^7 - 7x^3 + 3) - (7x^7 - 3x^3 + 7) = 3x^7 - 7x^3 + 3 - 7x^7 + 3x^3 - 7$

$= 3x^7 - 7x^7 - 7x^3 + 3x^3 + 3 - 7$

$= -4x^7 - 4x^3 - 4$

18. $5(x^3 - 8x + 3) + 2(3x^2 + 5x) - 7 = 5x^3 - 40x + 15 + 6x^2 + 10x - 7$

$= 5x^3 + 6x^2 - 30x + 8$

20. $3x(x - 5) - x(2 + 3x) + 3(x + 2) = 3x^2 - 15x - 2x - 3x^2 + 3x + 6$

$= -14x + 6$

22. $x(x - 4) - (x^2 + 3) + x(2x + 3) = x^2 - 4x - x^2 - 3 + 2x^2 + 3x$

$= 2x^2 - x - 3$

24. $(-15a^3b)(\frac{1}{3}ab^4) = -15(\frac{1}{3})a^3abb^4$

$= -5a^4b^5$

26. $6u^2v(2uv^3 - y) = 6u^2v(2uv^3) - 6u^2v(y)$

$= 12u^3v^4 - 6u^2vy$

28. $(x - 6)(x + 5) = x^2 + 5x - 6x - 30$

$= x^2 - x - 30$

30. $(2x - 3)(4x + 1) = 8x^2 + 2x - 12x - 3$

$= 8x^2 - 10x - 3$

32. $(3 - x)(2 + 3x) = 6 + 9x - 2x - 3x^2$

$= 6 + 7x - 3x^2$

34. $(-x + 1)(2x - 3) = -2x^2 + 3x + 2x - 3$

$= -2x^2 + 5x - 3$

36. $(3x - 4)(4x + 3) = 12x^2 + 9x - 16x - 12$

$= 12x^2 - 7x - 12$

38. $(4x + 5)(3x - 4) = 12x^2 - 16x + 15x - 20$

$= 12x^2 - x - 20$

40. $(8x^2 + 1)(x + 2) = 8x^3 + 16x^2 + x + 2$

42. $(1 - 2x^2)(x^2 + 3) = x^2 + 3 - 2x^4 - 6x^2$

$= -2x^4 - 5x^2 + 3$

44. $(5x^2 - 1)^2 = (5x^2 - 1)(5x^2 - 1)$

$= 25x^4 - 5x^2 - 5x^2 + 1$

$= 25x^4 - 10x^2 + 1$

46. $(2x - 3)^3 = (2x - 3)(2x - 3)(2x - 3)$

$= (2x - 3)(4x^2 - 12x + 9)$

$= 8x^3 - 24x^2 + 18x - 12x^2 + 36x - 27$

$= 8x^3 - 36x^2 + 54x - 27$

48. $(xy - z^2)(xy + z^2) = x^2y^2 + xyz^2 - xyz^2 - z^4$

$= x^2y^2 - z^4$

50. $(2x - 5)(x^2 - 3x + 2) = 2x^3 - 6x^2 + 4x - 5x^2 + 15x - 10$

$= 2x^3 - 11x^2 + 19x - 10$

52. $(x^2 - x + 1)(x^2 + x + 1) = x^4 + x^3 + x^2 - x^3 - x^2 - x + x^2 + x + 1$

$= x^4 + x^2 + 1$

54. $ab^{1/2}(a^{1/2}b^{1/2} + b^{1/2}) = ab^{1/2}(a^{1/2}b^{1/2}) + ab^{1/2}(b^{1/2})$

$= a^{3/2}b + ab$

56. $(x^{3/2} + y^{1/2})^2 = (x^{3/2} + y^{1/2})(x^{3/2} + y^{1/2})$

$= x^{3/2}x^{3/2} + x^{3/2}y^{1/2} + x^{3/2}y^{1/2} + y^{1/2}y^{1/2}$

$= x^3 + 2x^{3/2}y^{1/2} + y$

58. $$\frac{1}{\sqrt{5}+2} = \frac{1(\sqrt{5}-2)}{(\sqrt{5}+2)(\sqrt{5}-2)}$$

$$= \frac{\sqrt{5}-2}{\sqrt{5}\sqrt{5}-2\sqrt{5}+2\sqrt{5}-4}$$

$$= \frac{\sqrt{5}-2}{5-4}$$

$$= \frac{\sqrt{5}-2}{1}$$

$$= \sqrt{5}-2$$

60. $$\frac{14y}{\sqrt{2}-3} = \frac{14y(\sqrt{2}+3)}{(\sqrt{2}-3)(\sqrt{2}+3)}$$

$$= \frac{14y(\sqrt{2}+3)}{\sqrt{2}\sqrt{2}+3\sqrt{2}-3\sqrt{2}-9}$$

$$= \frac{14y(\sqrt{2}+3)}{2-9}$$

$$= \frac{14y(\sqrt{2}+3)}{-7}$$

$$= -2y(\sqrt{2}+3)$$

62. $$\frac{15}{\sqrt{7}+\sqrt{2}} = \frac{15(\sqrt{7}-\sqrt{2})}{(\sqrt{7}+\sqrt{2})(\sqrt{7}-\sqrt{2})}$$

$$= \frac{15(\sqrt{7}-\sqrt{2})}{7-\sqrt{14}+\sqrt{14}-2}$$

$$= \frac{15(\sqrt{7}-\sqrt{2})}{5}$$

$$= 3(\sqrt{7}-\sqrt{2})$$

64. $$\frac{y}{2y+\sqrt{7}} = \frac{y(2y-\sqrt{7})}{(2y+\sqrt{7})(2y-\sqrt{7})}$$

$$= \frac{y(2y-\sqrt{7})}{4y^2-2y\sqrt{7}+2y\sqrt{7}-7}$$

$$= \frac{y(2y-\sqrt{7})}{4y^2-7}$$

66. $$\frac{x-\sqrt{3}}{x+\sqrt{3}} = \frac{(x-\sqrt{3})(x-\sqrt{3})}{(x+\sqrt{3})(x-\sqrt{3})}$$

$$= \frac{x^2-x\sqrt{3}-x\sqrt{3}+3}{x^2-x\sqrt{3}+x\sqrt{3}-3}$$

$$= \frac{x^2-2x\sqrt{3}+3}{x^2-3}$$

68. $$\frac{\sqrt{7}+4}{\sqrt{7}-4} = \frac{(\sqrt{7}+4)(\sqrt{7}+4)}{(\sqrt{7}-4)(\sqrt{7}+4)}$$

$$= \frac{7+4\sqrt{7}+4\sqrt{7}+16}{7+4\sqrt{7}-4\sqrt{7}-16}$$

$$= \frac{23+8\sqrt{7}}{-9}$$

$$= -\frac{23+8\sqrt{7}}{9}$$

70. $$\frac{\sqrt{3}-\sqrt{2}}{1+\sqrt{2}} = \frac{(\sqrt{3}-\sqrt{2})(1-\sqrt{2})}{(1+\sqrt{2})(1-\sqrt{2})}$$

$$= \frac{\sqrt{3}-\sqrt{6}-\sqrt{2}+2}{1-\sqrt{2}+\sqrt{2}-2}$$

$$= \frac{\sqrt{3}-\sqrt{6}-\sqrt{2}+2}{-1}$$

$$= \sqrt{6}+\sqrt{2}-\sqrt{3}-2$$

72. $$\frac{\sqrt{2+h}-\sqrt{2}}{h} = \frac{(\sqrt{2+h}-\sqrt{2})(\sqrt{2+h}+\sqrt{2})}{h(\sqrt{2+h}+\sqrt{2})}$$

$$= \frac{2+h+\sqrt{2}\,\sqrt{2+h}-\sqrt{2}\,\sqrt{2+h}-2}{h(\sqrt{2+h}+\sqrt{2})}$$

$$= \frac{\cancel{h}}{\cancel{h}(\sqrt{2+h}+\sqrt{2})}$$

$$= \frac{1}{\sqrt{2+h}+\sqrt{2}}$$

74. $$\begin{array}{r|l} & x + 3 \\ \hline 3x+2 & 3x^2 + 11x + 6 \\ & \underline{3x^2 + 2x} \\ & \quad 9x + 6 \\ & \quad \underline{9x + 6} \end{array}$$

76. $$\begin{array}{r|l} & 2x - 5 \\ \hline x-7 & 2x^2 - 19x + 35 \\ & \underline{2x^2 - 14x} \\ & \quad -5x + 35 \\ & \quad \underline{-5x + 35} \end{array}$$

78. $$\begin{array}{r|l} & x^2 + x - 1 + \frac{2}{x-3} \\ \hline x-3 & x^3 - 2x^2 - 4x + 5 \\ & \underline{x^3 - 3x^2} \\ & \quad x^2 - 4x \\ & \quad \underline{x^2 - 3x} \\ & \qquad -x + 5 \\ & \qquad \underline{-x + 3} \\ & \qquad\quad 2 \end{array}$$

80. $$\begin{array}{r|l} & x^2 - 2 + \frac{3}{x^3-3} \\ \hline x^3-3 & x^5 - 2x^3 - 3x^2 + 9 \\ & \underline{x^5 \qquad - 3x^2} \\ & \quad -2x^3 \qquad + 9 \\ & \quad \underline{-2x^3 \qquad + 6} \\ & \qquad\qquad 3 \end{array}$$

82. $$\begin{array}{r|l} & x^3 - x^2 + x - 1 \\ \hline x+1 & x^4 \qquad\qquad - 1 \\ & \underline{x^4 + x^3} \\ & \quad -x^3 \\ & \quad \underline{-x^3 - x^2} \\ & \qquad x^2 \\ & \qquad \underline{x^2 + x} \\ & \qquad\quad -x - 1 \\ & \qquad\quad \underline{-x - 1} \end{array}$$

84.
$$
\begin{array}{r}
6x^2 + 11x - 10 \\
6x^2 + x - 12 \overline{)\,36x^4 + 72x^3 - 121x^2 - 142x + 120} \\
\underline{36x^2 + 6x^3 - 72x^2} \\
66x^3 - 49x^2 - 142x \\
\underline{66x^3 + 11x^2 - 132x} \\
-60x^2 - 10x + 120 \\
\underline{-60x^2 - 10x + 120}
\end{array}
$$

86.
$$
\begin{array}{r}
4x^4 + 5x^3 - 3 \\
3x^2 - x + 2 \overline{)\,12x^6 + 11x^5 + 3x^4 + 10x^3 - 9x^2 + 3x - 6} \\
\underline{12x^6 - 4x^5 + 8x^4} \\
15x^5 - 5x^4 + 10x^3 \\
\underline{15x^5 - 5x^4 + 10x^3} \\
-9x^2 + 3x - 6 \\
\underline{-9x^2 + 3x - 6}
\end{array}
$$

88. $x^{3-y^2}x^{3y^2+y} = x^{3-y^2+3y^2+y}$

$= x^{2y^2+y+3}$

90. $\left(a^{2b^2+3}\right)^{2b^2-3} = a^{(2b^2+3)(2b^2-3)}$

$= a^{4b^2-9}$

92. $\dfrac{b^{x^2+1}}{b^{3-2x^2}} = b^{(x^2+1)-(3-2x^2)}$

$= b^{x^2+1-3+2x^2}$

$= b^{3x^2-2}$

94. $(a + b + c + d)^2 = (a + b + c + d)(a + b + c + d)$

$= a^2 + ab + ac + ad + ab + b^2 + bc + bd + ac + bc$
$+ c^2 + cd + ad + bd + cd + d^2$

$= a^2 + b^2 + c^2 + d^2 + 2ab + 2ac + 2ad + 2bc + 2bd + 2cd$

EXERCISE 1.6

2. $5y - 15 = 5(y - 3)$

4. $9y^3 + 6y^2 = 3y^2(3y + 2)$

6. $25y^2z - 15yz^2 = 5yz(5y - 3z)$

8. $5xyz(x^2y^2z^2 + 5xyz - 25)$

10. $b(x - y) + a(x - y) = (x - y)(b + a)$

12. $x^2 + 4x + xy + 4y = x(x + 4) + y(x + 4)$
$= (x + 4)(x + y)$

14. $4x + 6xy - 9y - 6 = 2x(2 + 3y) - 3(3y + 2)$
$= (3y + 2)(2x - 3)$

16. $2ax + 4ay - bx - 2by = 2a(x + 2y) - b(x + 2y)$
$= (x + 2y)(2a - b)$

18. $6x^2y^3 + 18xy + 3x^2y^2 + 9x = 3x(2xy^3 + 6y + xy^2 + 3)$
$= 3x[2y(xy^2 + 3) + 1(xy^2 + 3)]$
$= 3x(xy^2 + 3)(2y + 1)$

20. $ax + ay + az + bx + by + bz = a(x + y + z) + b(x + y + z)$
$= (x + y + z)(a + b)$

22. $36z^2 - 49 = (6z + 7)(6z - 7)$

24. $(x - y)^2 - 9 = (x - y + 3)(x - y - 3)$

26. $16 - 49x^2 = (4 + 7x)(4 - 7x)$

28. not factorable

30. $z^2 -(y + 3)^2 = [z +(y + 3)][z -(y + 3)]$
$= (z + y + 3)(z - y - 3)$

32. $(2a + 3) - (2a + 3)^2 = (2a + 3)[1 -(2a + 3)]$
$= (2a + 3)(1 - 2a - 3)$

34. $z^4 - 81 = (z^2 + 9)(z^2 - 9)$
$= (z^2 + 9)(z + 3)(z - 3)$

36. $1 - y^8 = (1 + y^4)(1 - y^4)$
$= (1 + y^4)(1 + y^2)(1 - y^2)$
$= (1 + y^4)(1 + y^2)(1 + y)(1 - y)$

38. $3x^3y - 3xy = 3xy(x^2 - 1)$
$= 3xy(x + 1)(x - 1)$

40. $27x^2 - 12 = 3(9x^2 - 4)$
$= 3(3x + 2)(3x - 2)$

42. $x^2 + 7x + 10 = (x + 5)(x + 2)$

44. $x^2 - 2x - 63 = (x - 9)(x + 7)$

46. not factorable

48. $8x^2 - 10x - 3 = (4x + 1)(2x - 3)$

50. $10x^2 - 18 + 3x = 10x^2 + 3x - 18$
$= (5x - 6)(2x + 3)$

52. $-32 - 68x + 9x^2 = 9x^2 - 68x - 32$
$= (9x + 4)(x - 8)$

54. $10x^2 - 17x + 6 = (5x - 6)(2x - 1)$

56. $-5x - 6 + 6x^2 = 6x^2 - 5x - 6$
$= (3x + 2)(2x - 3)$

58. $3x^2 - 6x - 9 = 3(x^2 - 2x - 3)$
$= 3(x - 3)(x + 1)$

60. $y^2 + y - 90 = (y + 10)(y - 9)$

62. $12 + 17x - 7x^2 = (3 - x)(4 + 7x)$

64. $14x^2 + 11x - 15 = (7x - 5)(2x + 3)$

66. $x^4 - x^2 - 6 = (x^2 - 3)(x^2 + 2)$

68. $3x^2 + 30x + 75 = 3(x^2 + 10x + 25)$
$= 3(x + 5)(x + 5)$

70. $125a^3 - 64 = (5a - 4)(25a^2 + 20a + 16)$

72. $3y^3 + 648 = 3(y^3 + 216)$
$= 3(y + 6)(y^2 - 6y + 36)$

74. $(x - y)^3 + 27 = (x - y + 3)[(x - y)^2 - 3(x - y) + 9]$

76. $1 + (x - 1)^3 = (1 + x - 1)[1 - 1(x - 1) + (x - 1)^2]$
$= x(1 - x + 1 + x^2 - 2x + 1)$
$= x(x^2 - 3x + 3)$

78. $a^6 + b^6 = (a^2 + b^2)(a^4 - a^2b^2 + b^4)$

80. $(a^2 - y^2) - 5(a + y) = (a + y)(a - y) - 5(a + y)$
$= (a + y)(a - y - 5)$

82. $z^2 + 6z + 9 - 225y^2 = (z + 3)^2 - 225y^2$
$= (z + 3 + 15y)(z + 3 - 15y)$

84. $x^2 + 2x - 9y^2 + 1 = x^2 + 2x + 1 - 9y^2$
$= (x + 1)^2 - 9y^2$
$= (x + 1 + 3y)(x + 1 - 3y)$

86. $2(a + b)^2 - 5(a + b) - 3 = [2(a + b) + 1][(a + b) - 3]$
$= (2a + 2b + 1)(a + b - 3)$

88. $8(r + s)^2 - 10(r + s) - 3 = [4(r + s) + 1][2(r + s) - 3]$
$= (4r + 4s + 1)(2r + 2s - 3)$

90. $x^6 - 13x^4 + 36x^2 = x^2(x^4 - 13x^2 + 36)$
$= x^2(x^2 - 9)(x^2 - 4)$
$= x^2(x + 3)(x - 3)(x + 2)(x - 2)$

92. $c(a + b) + 3c + 3d + d(a + b) = c(a + b) + d(a + b) + 3c + 3d$
$= (a + b)(c + d) + 3(c + d)$
$= (c + d)(a + b + 3)$

94. $x^4 + x^2 + 1 = x^4 + 2x^2 + 1 - x^2$
$= (x^2 + 1)^2 - x^2$
$= (x^2 + 1 + x)(x^2 + 1 - x)$

96. $y^4 + 2y^2 + 9 = y^4 + 6y^2 + 9 - 4y^2$
$= (y^2 + 3)^2 - 4y^2$
$= (y^2 + 3 + 2y)(y^2 + 3 - 2y)$

98. $x^4 + 25 + 6x^2 = x^4 + 6x^2 + 25$
$= x^4 + 10x^2 + 25 - 4x^2$
$= (x^2 + 5)^2 - 4x^2$
$= (x^2 + 5 + 2x)(x^2 + 5 - 2x)$

100. $3x^4 - 21x^2 + 27 = 3(x^4 - 7x^2 + 9)$
$= 3(x^4 - 6x^2 + 9 - x^2)$
$= 3[(x^2 - 3)^2 - x^2]$
$= 3(x^2 - 3 + x)(x^2 - 3 - x)$

102. $a + b = a(1 + \frac{b}{a})$

104. $2x + \sqrt{2}\,y = \sqrt{2}(\sqrt{2}\,x + y)$

106. $ab^2 + b = b^{-1}(ab^3 + b^2)$

108. $\frac{\sqrt{7} + 3}{\sqrt{7} - 3} = \frac{(\sqrt{7} + 3)(\sqrt{7} + 3)}{(\sqrt{7} - 3)(\sqrt{7} + 3)}$

$= \frac{7 + 3\sqrt{7} + 3\sqrt{7} + 9}{7 - 9}$

$= \frac{16 + 6\sqrt{7}}{-2}$

$= -\frac{\cancel{2}(8 + 3\sqrt{7})}{\cancel{2}}$

$= -(8 + 3\sqrt{7})$ or $-8 - 3\sqrt{7}$

EXERCISE 1.7

2. $$\frac{4 - x^2}{x^2 - 5x + 6} = \frac{(2 + x)\overset{-1}{\cancel{(2 - x)}}}{(x - 3)\cancel{(x - 2)}}$$

$$= \frac{-(2 + x)}{x - 3}$$

$$= \frac{x + 2}{3 - x}$$

4. $$\frac{x^3 - 8}{x^2 + ax - 2x - 2a} = \frac{(x - 2)(x^2 + 2x + 4)}{x(x + a) - 2(x + a)}$$

$$= \frac{\cancel{(x - 2)}(x^2 + 2x + 4)}{(x + a)\cancel{(x - 2)}}$$

$$= \frac{x^2 + 2x + 4}{x + a}$$

6. $$\frac{y^2 - 2y + 1}{y} \cdot \frac{y + 2}{y^2 + y - 2} = \frac{\cancel{(y - 1)}(y - 1)\cancel{(y + 2)}}{y\cancel{(y + 2)}\cancel{(y - 1)}}$$

$$= \frac{y - 1}{y}$$

8. $$\frac{x^2 + x - 6}{x^2 - 6x + 9} \div \frac{x^2 - 4}{x^2 - 9} = \frac{x^2 + x - 6}{x^2 - 6x + 9} \cdot \frac{x^2 - 9}{x^2 - 4}$$

$$= \frac{(x + 3)\cancel{(x - 2)}(x + 3)\cancel{(x - 3)}}{(x - 3)\cancel{(x - 3)}(x + 2)\cancel{(x - 2)}}$$

$$= \frac{(x + 3)(x + 3)}{(x - 3)(x + 2)}$$

10. $$\frac{ax + bx + a + b}{a^2 + 2ab + b^2} \div \frac{x^2 - 1}{x^2 - 2x + 1} = \frac{x(a + b) + 1(a + b)}{(a + b)(a + b)} \cdot \frac{x^2 - 2x + 1}{x^2 - 1}$$

$$= \frac{\cancel{(a + b)}\cancel{(x + 1)}(x - 1)\cancel{(x - 1)}}{\cancel{(a + b)}(a + b)\cancel{(x + 1)}\cancel{(x - 1)}}$$

$$= \frac{x - 1}{a + b}$$

12. $$\frac{x^2 + x}{2x^2 + 3x} \cdot \frac{2x^2 + x - 3}{x^2 - 1} = \frac{\cancel{x}\cancel{(x + 1)}\cancel{(2x + 3)}\cancel{(x - 1)}}{\cancel{x}\cancel{(2x + 3)}\cancel{(x + 1)}\cancel{(x - 1)}}$$

$$= 1$$

14. $$\frac{x^2 + 5x + 6}{x^2 + 6x + 9} \cdot \frac{x + 2}{x^2 - 4} = \frac{\cancel{(x + 3)}\cancel{(x + 2)}(x + 2)}{\cancel{(x + 3)}(x + 3)\cancel{(x + 2)}(x - 2)}$$

$$= \frac{x + 2}{(x + 3)(x - 2)}$$

16. $$\frac{x^2 + 7x + 12}{x^2 - x - 6} \cdot \frac{x^2 - 3x - 10}{x^2 + 2x - 3} \cdot \frac{x^2 - 4x + 3}{x^2 - x - 20} = \frac{\cancel{(x+4)}\cancel{(x+3)}\cancel{(x-5)}\cancel{(x+2)}\cancel{(x-3)}\cancel{(x-1)}}{\cancel{(x-3)}\cancel{(x+2)}\cancel{(x+3)}\cancel{(x-1)}\cancel{(x-5)}\cancel{(x+4)}}$$

$$= 1$$

18. $$\frac{x^2 - 2x - 3}{21x^2 - 50x - 16} \cdot \frac{3x - 8}{x - 3} \div \frac{x^2 + 6x + 5}{7x^2 - 33x - 10}$$

$$= \frac{x^2 - 2x - 3}{21x^2 - 50x - 16} \cdot \frac{3x - 8}{x - 3} \cdot \frac{7x^2 - 33x - 10}{x^2 + 6x + 5}$$

$$= \frac{\cancel{(x - 3)}\cancel{(x + 1)}\cancel{(3x - 8)}\cancel{(7x + 2)}(x - 5)}{\cancel{(3x - 8)}\cancel{(7x + 2)}\cancel{(x - 3)}(x + 5)\cancel{(x + 1)}}$$

$$= \frac{x - 5}{x + 5}$$

20. $$\frac{x(x - 2) - 3}{x(x + 7) - 3(x - 1)} \cdot \frac{x(x + 1) - 2}{x(x - 7) + 3(x + 1)}$$

$$= \frac{x^2 - 2x - 3}{x^2 + 4x + 3} \cdot \frac{x^2 + x - 2}{x^2 - 4x + 3}$$

$$= \frac{\cancel{(x - 3)}\cancel{(x + 1)}(x + 2)\cancel{(x - 1)}}{(x + 3)\cancel{(x + 1)}\cancel{(x - 3)}\cancel{(x - 1)}}$$

$$= \frac{x + 2}{x + 3}$$

22. $$\frac{3}{x + 1} + \frac{x + 2}{x + 1} = \frac{3 + x + 2}{x + 1}$$

$$= \frac{x + 5}{x + 1}$$

24. $$\frac{2}{5 - x} + \frac{1}{x - 5} = \frac{-2}{x - 5} + \frac{1}{x - 5}$$

$$= \frac{-2 + 1}{x - 5}$$

$$= \frac{-1}{x - 5}$$

or $$= \frac{1}{5 - x}$$

26. $\frac{x}{x^2 - 4} - \frac{1}{x + 2} = \frac{x}{(x + 2)(x - 2)} - \frac{1(x - 2)}{(x + 2)(x - 2)}$

$= \frac{x - x + 2}{(x + 2)(x - 2)}$

$= \frac{2}{(x + 2)(x - 2)}$

28. $\frac{x + 1}{6x^2 + x - 1} + \frac{x}{4x^2 - 1} - \frac{x - 1}{6x^2 - 5x + 1}$

$= \frac{x + 1}{(3x - 1)(2x + 1)} + \frac{x}{(2x + 1)(2x - 1)} - \frac{x - 1}{(3x - 1)(2x - 1)}$

$= \frac{(x+1)(2x-1)}{(3x-1)(2x+1)(2x-1)} + \frac{x(3x-1)}{(3x-1)(2x+1)(2x-1)} - \frac{(x-1)(2x+1)}{(3x-1)(2x+1)(2x-1)}$

$= \frac{2x^2 + x - 1 + 3x^2 - x - 2x^2 + x + 1}{(3x - 1)(2x + 1)(2x - 1)}$

$= \frac{3x^2 + x}{(3x - 1)(2x + 1)(2x - 1)}$

30. $\frac{x}{x - 3} - \frac{5}{x + 3} + \frac{3(3x - 1)}{x^2 - 9} = \frac{x(x+3)}{(x-3)(x+3)} - \frac{5(x-3)}{(x+3)(x-3)} + \frac{9x - 3}{(x+3)(x-3)}$

$= \frac{x^2 + 3x - 5x + 15 + 9x - 3}{(x + 3)(x - 3)}$

$= \frac{x^2 + 7x + 12}{(x + 3)(x - 3)}$

$= \frac{(x + 4)\cancel{(x + 3)}}{\cancel{(x + 3)}(x - 3)}$

$= \frac{x + 4}{x - 3}$

32. $\left(\frac{1}{x + 1} - \frac{1}{x - 2}\right) \div \frac{1}{x - 2} = \left[\frac{x - 2}{(x + 1)(x - 2)} - \frac{x + 1}{(x + 1)(x - 2)}\right] \cdot \frac{x - 2}{1}$

$= \left[\frac{x - 2 - x - 1}{(x + 1)(x - 2)}\right] \cdot \frac{x - 2}{1}$

$= \frac{-3}{(x + 1)(x - 2)} \cdot \frac{x - 2}{1}$

$= \frac{-3\cancel{(x - 2)}}{(x + 1)\cancel{(x - 2)}}$

$= \frac{-3}{x + 1}$

34. $\frac{7x}{x-5} - \frac{3x}{x-5} + \frac{3x-1}{x^2-25}$

$= \frac{7x(x+5)}{(x-5)(x+5)} - \frac{3x(x+5)}{(x-5)(x+5)} + \frac{3x-1}{(x+5)(x-5)}$

$= \frac{7x^2 + 35x - 3x^2 - 15x + 3x - 1}{(x+5)(x-5)}$

$= \frac{4x^2 + 23x - 1}{(x+5)(x-5)}$

36. $\frac{-2}{x-y} + \frac{2}{x-z} - \frac{2z-2y}{(y-x)(z-x)}$

$= \frac{2}{y-x} + \frac{-2}{z-x} - \frac{2z-2y}{(y-x)(z-x)}$

$= \frac{2(z-x)}{(y-x)(z-x)} + \frac{-2(y-x)}{(y-x)(z-x)} - \frac{2z-2y}{(y-x)(z-x)}$

$= \frac{2z - 2x - 2y + 2x - 2z + 2y}{(y-x)(z-x)}$

$= 0$

38. $\frac{3x+2}{8x^2-10x-3} + \frac{x+4}{6x^2-11x+3} - \frac{1}{4x+1}$

$= \frac{3x+2}{(4x+1)(2x-3)} + \frac{x+4}{(2x-3)(3x-1)} - \frac{1}{4x+1}$

$= \frac{(3x+2)(3x-1)}{(4x+1)(2x-3)(3x-1)} + \frac{(x+4)(4x+1)}{(4x+1)(2x-3)(3x-1)} - \frac{(2x-3)(3x-1)}{(4x+1)(2x-3)(3x-1)}$

$= \frac{9x^2 + 3x - 2 + 4x^2 + 17x + 4 - 6x^2 + 11x - 3}{(4x+1)(2x-3)(3x-1)}$

$= \frac{7x^2 + 31x - 1}{(4x+1)(2x-3)(3x-1)}$

40. $\frac{\frac{3t^2}{9x}}{\frac{t}{18x}} = \frac{\left(\frac{3t^2}{9x}\right)18x}{\left(\frac{t}{18x}\right)18x}$

$= \frac{(3t^2)2}{t}$

$= \frac{6t^2}{t}$

$= 6t$

42. $\frac{\frac{3u^2v}{4t}}{3uv} = \frac{\left(\frac{3u^2v}{4t}\right)4t}{\left(\frac{3uv}{1}\right)4t}$

$= \frac{3u^2v}{12tuv}$

$= \frac{u}{4t}$

44. $$\frac{\frac{x^2-5x+6}{2x^2y}}{\frac{x^2-9}{2x^2y}} = \frac{\left(\frac{x^2-5x+6}{2x^2y}\right)2x^2y}{\left(\frac{x^2-9}{2x^2y}\right)2x^2y}$$

$$= \frac{x^2-5x+6}{x^2-9}$$

$$= \frac{\cancel{(x-3)}(x-2)}{(x+3)\cancel{(x-3)}}$$

$$= \frac{x-2}{x+3}$$

46. $$\frac{xy}{\frac{11}{x}-\frac{11}{y}} = \frac{(\frac{xy}{1})\ xy}{(\frac{11}{x}-\frac{11}{y})\ xy}$$

$$= \frac{x^2y^2}{11y-11x}$$

48. $$\frac{\frac{1}{x}-\frac{1}{y}}{\frac{1}{x}+\frac{1}{y}} = \frac{(\frac{1}{x}-\frac{1}{y})\ xy}{(\frac{1}{x}+\frac{1}{y})\ xy}$$

$$= \frac{y-x}{y+x}$$

50. $$\frac{1-\frac{x}{y}}{\frac{x^2}{y^2}-1} = \frac{\left(1-\frac{x}{y}\right)y^2}{\left(\frac{x^2}{y^2}-1\right)y^2}$$

$$= \frac{y^2-xy}{x^2-y^2}$$

$$= \frac{y\overset{-1}{\cancel{(y-x)}}}{(x+y)\cancel{(x-y)}}$$

$$= \frac{-y}{x+y}$$

52. $$\frac{2z}{1-\frac{3}{z}} = \frac{\left(\frac{2z}{1}\right)z}{\left(1-\frac{3}{z}\right)z}$$

$$= \frac{2z^2}{z-3}$$

54. $$\frac{x-3+\frac{1}{x}}{-\frac{1}{x}-x+3} = \frac{x-3+\frac{1}{x}}{-(x-3+\frac{1}{x})}$$

$$= -\frac{\cancel{x-3+\frac{1}{x}}}{\cancel{x-3+\frac{1}{x}}}$$

$$= -1$$

56. $$\frac{2x^2+4}{2+\frac{4x}{5}} = \frac{\left(\frac{2x^2+4}{1}\right)5}{\left(2+\frac{4x}{5}\right)5}$$

$$= \frac{10x^2+20}{10+4x}$$

$$= \frac{\cancel{2}(5x^2+10)}{\cancel{2}(2x+5)}$$

$$= \frac{5x^2+10}{2x+5}$$

58. $$\frac{\frac{2x}{x-3}+\frac{1}{x-2}}{\frac{3}{x-3}-\frac{x}{x-2}} = \frac{\left(\frac{2x}{x-3}+\frac{1}{x-2}\right)(x-3)(x-2)}{\left(\frac{3}{x-3}-\frac{x}{x-2}\right)(x-3)(x-2)}$$

$$= \frac{2x(x-2)+x-3}{3(x-2)-x(x-3)}$$

$$= \frac{2x^2-4x+x-3}{3x-6-x^2+3x}$$

$$= \frac{2x^2-3x-3}{-x^2+6x-6}$$

60. $$\frac{y^{-1}}{x^{-1}+y^{-1}} = \frac{(\frac{1}{y})\ xy}{(\frac{1}{x}+\frac{1}{y})\ xy}$$

$$= \frac{x}{y+x}$$

62. $$\frac{2x(x-3)^{-1}-3(x+2)^{-1}}{(x-3)^{-1}(x+2)^{-1}} = \frac{\left(\frac{2x}{x-3}-\frac{3}{x+2}\right)(x-3)(x+2)}{\left(\frac{1}{(x-3)(x+2)}\right)(x-3)(x+2)}$$

$$= \frac{2x(x+2)-3(x-3)}{1}$$

$$= 2x^2+4x-3x+9$$

$$= 2x^2+x+9$$

64. $$\frac{ab}{2+\frac{3}{2a^{-1}}} = \frac{ab}{2+\frac{(3)a}{(\frac{2}{a})a}}$$

$$= \frac{ab}{2+\frac{3a}{2}}$$

$$= \frac{(\frac{ab}{1})2}{(2+\frac{3a}{2})2}$$

$$= \frac{2ab}{4+3a}$$

66. $$\frac{a}{b} \div \frac{c}{d} = \frac{\frac{a}{b}}{\frac{c}{d}}$$

$$= \frac{(\frac{a}{b})\ \frac{d}{c}}{(\frac{c}{d})\ \frac{d}{c}}$$

$$= \frac{\frac{a}{b}\cdot\frac{d}{c}}{1}$$

$$= \frac{a}{b}\cdot\frac{d}{c}$$

EXERCISE 1.8

2. $i^{27} = i^{24}i^{3}$
$= (i^4)^6 i^3$
$= 1(-i)$
$= -i$

4. $i^{99} = i^{96}i^{3}$
$= (i^4)^{24} i^3$
$= 1(-i)$
$= -i$

6. $x = y$ and $5 = -y$.
Thus,
$y = -5$ and $x = -5$

8. $x + y = -1$ and $x = 2$.
Thus,
$2 + y = -1$
$y = -3$
Hence,
$x = 2$ and $y = -3$

10. $(-7 + 2i) + (2 - 8i) = -7 + 2i + 2 - 8i$
$= -5 - 6i$

12. $(11 + 2i) - (13 - 5i) = 11 + 2i - 13 + 5i$
$= -2 + 7i$

14. $(5 + \sqrt{-64}) - (23i - 32) = 5 + 8i - 23i + 32$
$= 37 - 15i$

16. $(-2 - 4i)(4 + 5i) = -8 - 10i - 16i - 20i^2$
$= -8 - 26i + 20$
$= 12 - 26i$

18. $(6 + \sqrt{-49})(6 - \sqrt{-49}) = (6 + 7i)(6 - 7i)$
$= 36 - 42i + 42i - 49i^2$
$= 36 + 49$
$= 85 + 0i$

20. $(12 - \sqrt{-4})(\sqrt{-25} + 7) = (12 - 2i)(7 + 5i)$
$= 84 + 60i - 14i - 10i^2$
$= 84 + 46i + 10$
$= 94 + 46i$

22. $(3 - 4i)^2 = (3 - 4i)(3 - 4i)$
$= 9 - 12i - 12i + 16i^2$
$= 9 - 24i - 16$
$= -7 - 24i$

24. $(2 + \sqrt{-9})^3 = (2 + 3i)^3$

$= (2 + 3i)(2 + 3i)(2 + 3i)$

$= (2 + 3i)(4 + 12i + 9i^2)$

$= (2 + 3i)(-5 + 12i)$

$= -10 + 24i - 15i + 36i^2$

$= -46 + 9i$

26. $\frac{-2}{3 - i} = \frac{-2(3 + i)}{(3 - i)(3 + i)}$

$= \frac{-2(3 + i)}{9 - i^2}$

$= \frac{-2(3 + i)}{10}$

$= \frac{-3 - i}{5}$

$= -\frac{3}{5} - \frac{1}{5} i$

28. $\frac{-11}{3i^3} = \frac{-11i}{3i^3 i}$

$= \frac{-11i}{3i^4}$

$= \frac{-11i}{3}$

$= 0 - \frac{11}{3} i$

30. $\frac{-3i}{2 + 5i} = \frac{-3i(2 - 5i)}{(2 + 5i)(2 - 5i)}$

$= \frac{-6i + 15i^2}{4 - 25i^2}$

$= \frac{-15 - 6i}{29}$

$= -\frac{15}{29} - \frac{6}{29} i$

32. $\frac{4 - \sqrt{-25}}{2 + \sqrt{-9}} = \frac{(4 - 5i)(2 - 3i)}{(2 + 3i)(2 - 3i)}$

$= \frac{8 - 12i - 10i - 15}{4 + 9}$

$= \frac{-7}{13} - \frac{22}{13} i$

34. $\frac{34 + 2i}{2 - 4i} = \frac{(34 + 2i)(2 + 4i)}{(2 - 4i)(2 + 4i)}$

$= \frac{68 + 136i + 4i - 8}{4 + 16}$

$= \frac{60 + 140i}{20}$

$= \frac{20(3 + 7i)}{20}$

$= 3 + 7i$

36. $\frac{3}{4 - i\sqrt{2}} = \frac{3(4 + i\sqrt{2})}{(4 - i\sqrt{2})(4 + i\sqrt{2})}$

$= \frac{3(4 + i\sqrt{2})}{16 + 2}$

$= \frac{4 + i\sqrt{2}}{6}$

$= \frac{2}{3} + \frac{\sqrt{2}}{6} i$

38. $(2 - i)^2 = (2 - i)(2 - i)$

$= 4 - 2i - 2i + i^2$

$= 4 - 4i - 1$

$= 3 - 4i$

40.

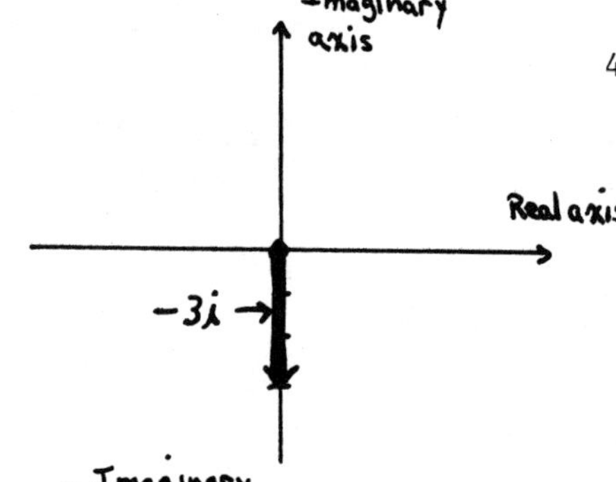

42.

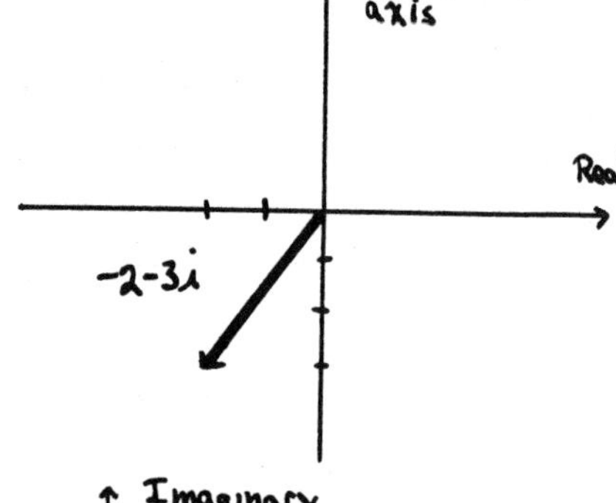

44.

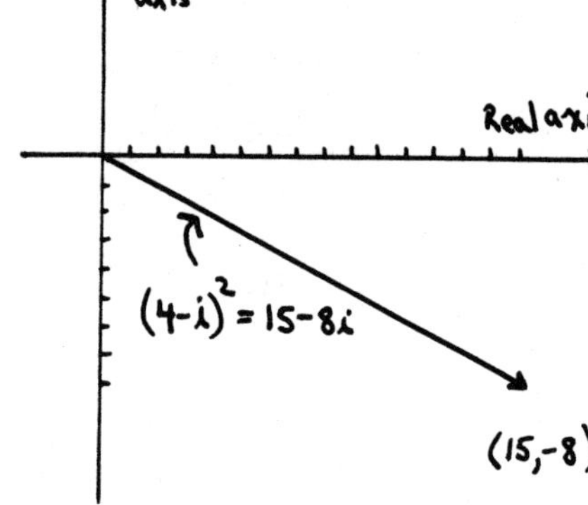

46.

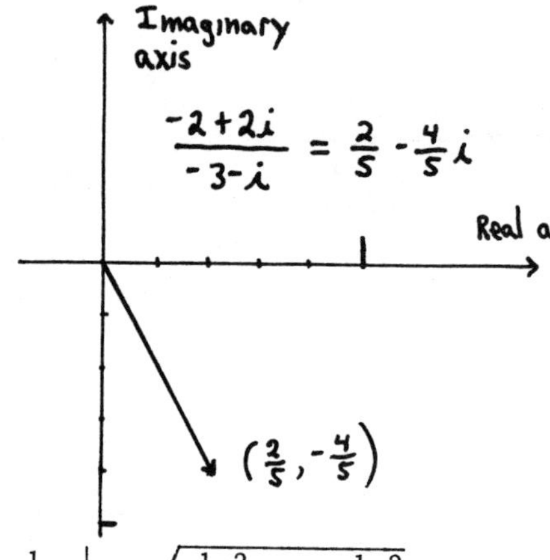

48. $|-5 - i| = \sqrt{(-5)^2 + (-1)^2}$

$= \sqrt{26}$

50. $\left|\frac{1}{2} - \frac{1}{4}\,i\right| = \sqrt{(\frac{1}{2})^2 + (-\frac{1}{4})^2}$

$= \sqrt{\frac{1}{4} + \frac{1}{16}}$

$= \sqrt{\frac{5}{16}}$

$= \frac{\sqrt{5}}{\sqrt{16}}$

$= \frac{\sqrt{5}}{4}$

52. $|5i| = |0 + 5i|$

$= \sqrt{0^2 + 5^2}$

$= 5$

54. $\left|\frac{5i}{i - 2}\right| = \left|\frac{5i(i + 2)}{(i - 2)(i + 2)}\right|$

$= \left|\frac{5i^2 + 10i}{i^2 - 4}\right|$

$= \left|\frac{-5(1 - 2i)}{-5}\right|$

$= |1 - 2i|$

54. (cont'd)

$= \sqrt{1^2 + (-2)^2}$

$= \sqrt{5}$

56. $(6.73 - 3.25i)^2 + (1.75 + 2.21i)$

$= (6.73 - 3.25i)(6.73 - 3.25i) + (1.75 + 2.21i)$

$= 45.2929 - 21.8725i - 21.8725i - 10.5625 + (1.75 + 2.21i)$

$= 36.4804 - 41.535i$

58. $\dfrac{(29.8 - 45.3i)(-7.4 - 27.3i)}{(-7.4 + 27.3i)(-7.4 - 27.3i)} = \dfrac{-220.52 - 813.54i + 335.22i - 1236.69}{54.76 + 745.29}$

$= \dfrac{-1457.21 - 478.32i}{800.05}$

$\approx -1.821 - 0.598i$

60. $\dfrac{a + bi}{c + di} = \dfrac{(a + bi)(c - di)}{(c + di)(c - di)}$

$= \dfrac{ac - adi + bci + bd}{c^2 + d^2}$

$= \dfrac{ac + bd}{c^2 + d^2} + \dfrac{-ad + bc}{c^2 + d^2}\, i$

Because the quotient can be written in $x + yi$ form, it is a complex number.

62. $|z| + |\overline{z}| = |a + bi| + |a - bi|$

$= \sqrt{a^2 + b^2} + \sqrt{a^2 + (-b)^2}$

$= 2\sqrt{a^2 + b^2}$

$2|z| = 2|a + bi|$

$= 2\sqrt{a^2 + b^2}$

Thus,

$|z| + |\overline{z}| = 2|z|$

64. $|z + \overline{z}| = |a + bi + a - bi|$

$= |2a + 0i|$

$= \sqrt{(2a)^2 + 0^2}$

$= \sqrt{4a^2}$

66. If z is a real number, then z has the form $a + 0i$. Its conjugate is $a - 0i$. Thus,

$z = \overline{z}$.

if $z = \overline{z}$, then

$a + bi = a - bi$.

This is only true when $b = 0$. Thus, z is a real number.

68. $(a + bi)(c + di) = ac + adi + bci + bdi^2$

$= ac - bd + (bc + ad)i$

$(c + di)(a + bi) = ca + cbi + dai + dbi^2$

$= ac - bd + (bc + ad)i$

70. $1 + 0i$; $\frac{3}{5} + \frac{4}{5}i$; $\frac{5}{13} + \frac{12}{13}i$; In general, all $a + bi$ such that $a^2 + b^2 = 1$.

REVIEW EXERCISES

2. $$\begin{array}{r} .9259 \\ 27\overline{)25.0000} \\ \underline{24\ 3} \\ 70 \\ \underline{54} \\ 160 \\ \underline{135} \\ 250 \end{array}$$ 0.925925...

4. No, because it can be written as the ratio of two integers:

$$\frac{23773}{10{,}000}$$

6. Number line: closed dot at $\frac{2}{3}$, open dot at $\frac{5}{3}$, segment between shaded.

$\frac{2}{3}$ $\frac{5}{3}$

8.  Number line: open dot at 0, open dot at 4, segment between shaded.

0 4

10. $$\begin{aligned} |xz| - |y| &= |(-2)(-1)| - |3| \\ &= |2| - |3| \\ &= 2 - 3 \\ &= -1 \end{aligned}$$

12. commutative property of addition

14. associative property of multiplication

16. multiplicative identity property

18. $$\begin{aligned} -(x^3y^{-2})^2 &= -\left(\frac{x^3}{y^2}\right)^2 \\ &= -\frac{x^6}{y^4} \end{aligned}$$

20. $$\begin{aligned} \left(\frac{x^2y}{3x}\right)^{-3} &= \left(\frac{3x}{x^2y}\right)^3 \\ &= \frac{27x^3}{x^6y^3} \\ &= \frac{27}{x^3y^3} \end{aligned}$$

22. $$\begin{aligned} \left(\frac{-3x^3y}{xy^3}\right)^{-2} &= \left(\frac{xy^3}{-3x^3y}\right)^2 \\ &= \frac{x^2y^6}{9x^6y^2} \\ &= \frac{y^4}{9x^4} \end{aligned}$$

24. $$\begin{aligned} y^3(3)^y &= (-1)^3(3)^{-1} \\ &= -\frac{1}{3} \end{aligned}$$

26. $$\begin{aligned} (z^zy^z)^y &= [2^2(-1)^2]^{-1} \\ &= 4^{-1} \\ &= \frac{1}{4} \end{aligned}$$

28. $$\begin{aligned} (y^zy^{yz})^x &= [(-1)^2(-1)^{-2}]^0 \\ &= 1 \end{aligned}$$

30. -7

32. $8^{2/3} = (8^{1/3})^2$
$= 2^2$
$= 4$

34. $(-8)^{5/3} = [(-8)^{1/3}]^5$
$= [-2]^5$
$= -32$

36. x

38. $\left(\frac{x^{14}}{y^4}\right)^{-1/2} = \frac{x^{-7}}{y^{-2}}$
$= \frac{y^2}{x^7}$

40. x

42. $\left(\frac{x^{14}}{y^4}\right)^{-1/2} = \frac{1}{\left(\frac{x^{14}}{y^4}\right)^{1/2}}$
$= \frac{1}{\frac{|x^7|}{y^2}}$
$= \frac{y^2}{|x^7|}$

44. $\frac{8}{\sqrt{8}} = \frac{8\sqrt{2}}{\sqrt{8}\ \sqrt{2}}$
$= \frac{8\sqrt{2}}{\sqrt{16}}$
$= \frac{8\sqrt{2}}{4}$
$= 2\sqrt{2}$

46. $\frac{2}{\sqrt[3]{25}} = \frac{2\sqrt[3]{5}}{\sqrt[3]{25}\ \sqrt[3]{5}}$
$= \frac{2\sqrt[3]{5}}{\sqrt[3]{125}}$
$= \frac{2\sqrt[3]{5}}{5}$

48. $\frac{2}{\sqrt{3} - \sqrt{2}} = \frac{2(\sqrt{3} + \sqrt{2})}{(\sqrt{3} - \sqrt{2})(\sqrt{3} + \sqrt{2})}$
$= \frac{2(\sqrt{3} + \sqrt{2})}{3 - 2}$
$= \frac{2(\sqrt{3} + \sqrt{2})}{1}$
$= 2(\sqrt{3} + \sqrt{2})$

50. $\sqrt{12} + \sqrt{3} - \sqrt{27} = \sqrt{4}\ \sqrt{3} + \sqrt{3} - \sqrt{9}\ \sqrt{3}$
$= 2\sqrt{3} + \sqrt{3} - 3\sqrt{3}$
$= 0$

52. $(2 + \sqrt{3})(\sqrt{3} - 2) = 2\sqrt{3} - 4 + 3 - 2\sqrt{3}$
$= -1$

54. $(\sqrt[3]{3} - 2)(\sqrt[3]{9} + 2\sqrt[3]{3} + 4) = \sqrt[3]{27} + 2\sqrt[3]{9} + 4\sqrt[3]{3} - 2\sqrt[3]{9} - 4\sqrt[3]{3} - 8$

$= 3 - 8$

$= -5$

56. a polynomial; 2nd degree; trinomial

58. not a polynomial

60. $x^2 + 1 \overline{) x^4 + x^3 + 2x^2 + x + 1}$, quotient $x^2 + x + 1$

$$\begin{array}{l} x^4 + x^2 \\ \hline x^3 + x^2 + x \\ x^3 + x \\ \hline x^2 + 1 \\ x^2 + 1 \\ \hline \end{array}$$

62. $x^2 + 3x \overline{) x^3 - x + 5}$, quotient $x - 3 + \frac{8x + 5}{x^2 + 3x}$

$$\begin{array}{l} x^3 + 3x^2 \\ \hline -3x^2 - x \\ -3x^2 - 9x \\ \hline 8x + 5 \end{array}$$

64. $5x^3 - 5 = 5(x^3 - 1)$

$= 5(x - 1)(x^2 + x + 1)$

66. $3a^2 + ax - 3a - x = a(3a + x) - 1(3a + x)$

$= (3a + x)(a - 1)$

68. $6x^2 - 20x - 16 = 2(3x^2 - 10x - 8)$

$= 2(3x + 2)(x - 4)$

70. not factorable

72. $1 + 14b + 49b^2 = 49b^2 + 14b + 1$

$= (7b + 1)(7b + 1)$

74. $64y^3 - 1000 = 8(8y^3 - 125)$

$= 8(2y - 5)(4y^2 + 10y + 25)$

76. $x^8 + x^4 + 1 = x^8 + 2x^4 + 1 - x^4$

$= (x^4 + 1)^2 - x^4$

$= (x^4 + 1 + x^2)(x^4 + 1 - x^2)$

78. $\frac{2x^2 - 11x + 15}{x^2 - 6x + 8} \cdot \frac{x^2 - 2x - 8}{x^2 - x - 6} = \frac{(2x - 5)\cancel{(x - 3)}\cancel{(x - 4)}\cancel{(x + 2)}}{\cancel{(x - 4)}(x - 2)\cancel{(x - 3)}\cancel{(x + 2)}}$

$= \frac{2x - 5}{x - 2}$

80. $\dfrac{x^2 + 7x + 12}{x^3 + 8x^2 + 4x} \div \dfrac{x^2 - 9}{x^2} = \dfrac{x^2 + 7x + 12}{x^3 + 8x^2 + 4x} \cdot \dfrac{x^2}{x^2 - 9}$

$$= \frac{(x + 4)\cancel{(x + 3)}\, x^2}{x(x^2 + 8x + 4)\cancel{(x + 3)}(x - 3)}$$

$$= \frac{x(x + 4)}{(x - 3)(x^2 + 8x + 4)}$$

82. $\dfrac{2x + 6}{x + 5} \div \dfrac{2x^2 - 2x - 4}{x^2 - 25} \cdot \dfrac{x^2 - x - 2}{x^2 - 2x - 15}$

$$= \frac{2x + 6}{x + 5} \cdot \frac{x^2 - 25}{2(x^2 - x - 2)} \cdot \frac{x^2 - x - 2}{x^2 - 2x - 15}$$

$$= \frac{\cancel{2}\cancel{(x + 3)}\cancel{(x + 5)}\cancel{(x - 5)}\cancel{(x - 2)}\cancel{(x + 1)}}{\cancel{(x + 5)}\cancel{2}\cancel{(x - 2)}\cancel{(x + 1)}\cancel{(x - 5)}\cancel{(x + 3)}}$$

$= 1$

84. $\dfrac{5x}{x - 2} - \dfrac{3x + 1}{x + 3} = \dfrac{5x(x + 3)}{(x - 2)(x + 3)} - \dfrac{(3x + 1)(x - 2)}{(x - 2)(x - 3)}$

$$= \frac{5x^2 + 15x - 3x^2 + 5x + 2}{(x - 2)(x + 3)}$$

$$= \frac{2x^2 + 20x + 2}{(x - 2)(x + 3)}$$

86. $\dfrac{x}{x + 1} - \dfrac{3x + 7}{x + 2} + \dfrac{2x + 1}{x + 2}$

$$= \frac{x(x + 2)}{(x + 1)(x + 2)} - \frac{(3x + 7)(x + 1)}{(x + 2)(x + 1)} + \frac{(2x + 1)(x + 1)}{(x + 2)(x + 1)}$$

$$= \frac{x^2 + 2x - 3x^2 - 10x - 7 + 2x^2 + 3x + 1}{(x + 1)(x + 2)}$$

$$= \frac{-5x - 6}{(x + 1)(x + 2)}$$

88. $\dfrac{3x}{x + 1} + \dfrac{x^2 + 4x + 3}{x^2 + 3x + 2} - \dfrac{x^2 + x - 6}{x^2 - 4}$

$$= \frac{3x}{x + 1} + \frac{x^2 + 4x + 3}{(x + 2)(x + 1)} - \frac{x^2 + x - 6}{(x + 2)(x - 2)}$$

88. (cont'd)

$$= \frac{3x(x + 2)(x - 2)}{(x + 1)(x + 2)(x - 2)} + \frac{(x^2 + 4x + 3)(x - 2)}{(x + 2)(x + 1)(x - 2)} - \frac{(x^2 + x - 6)(x + 1)}{(x + 2)(x - 2)(x + 1)}$$

$$= \frac{3x^3 - 12x + x^3 + 4x^2 + 3x - 2x^2 - 8x - 6 - x^3 - x^2 + 6x - x^2 - x + 6}{(x + 1)(x + 2)(x - 2)}$$

$$= \frac{3x^3 - 12x}{(x + 1)(x + 2)(x - 2)}$$

$$= \frac{3x(x^2 - 4)}{(x + 1)(x + 2)(x - 2)}$$

$$= \frac{3x\cancel{(x + 2)}\cancel{(x - 2)}}{(x + 1)\cancel{(x + 2)}\cancel{(x - 2)}}$$

$$= \frac{3x}{x + 1}$$

90. $$\frac{\frac{3x}{y}}{\frac{6x}{y^2}} = \frac{\left(\frac{3x}{y}\right) y^2}{\left(\frac{6x}{y^2}\right) y^2}$$

$$= \frac{3xy}{6x}$$

$$= \frac{y}{2}$$

92. $$\frac{\frac{1}{x} + \frac{1}{y}}{\frac{1}{y} - \frac{1}{x}} = \frac{\left(\frac{1}{x} + \frac{1}{y}\right) xy}{\left(\frac{1}{y} - \frac{1}{x}\right) xy}$$

$$= \frac{y + x}{x - y}$$

94. $$i^{103} = i^{100}i^3$$

$$= (i^4)^{25}i^3$$

$$= 1^{25}(-i)$$

$$= -i$$

96. $$(3 - \sqrt{-36}) + (\sqrt{-16} + 2)$$

$$= 3 - 6i + 4i + 2$$

$$= 5 - 2i$$

98. $$(3 + \sqrt{-9})(\sqrt{2} - \sqrt{-25}) = (3 + 3i)(\sqrt{2} - 5i)$$

$$= 3\sqrt{2} - 15i + 3\sqrt{2}i - 15i^2$$

$$= 3\sqrt{2} + 15 + (3\sqrt{2} - 15)i$$

100. $$-\frac{2}{i^3} = -\frac{2i}{i^3 i}$$

$$= -\frac{2i}{i^4}$$

$$= -\frac{2i}{1} = -2i$$

102. $\frac{-2i}{2 - i} = -\frac{2i(2 + i)}{(2 - i)(2 + i)}$

$= -\frac{4i + 2i^2}{4 - i^2}$

$= -\frac{4i - 2}{4 + 1}$

$= -\frac{-2 + 4i}{5}$

$= \frac{2}{5} - \frac{4}{5}i$

104. $\frac{\sqrt{2} + 3i}{i - \sqrt{3}} = \frac{(\sqrt{2} + 3i)(i + \sqrt{3})}{(i - \sqrt{3})(i + \sqrt{3})}$

$= \frac{\sqrt{2}\,i + \sqrt{6} + 3i^2 + 3\sqrt{3}\,i}{i^2 - 3}$

$= \frac{\sqrt{6} - 3 + \sqrt{2}\,i + 3\sqrt{3}\,i}{-1 - 3}$

$= \frac{\sqrt{6} - 3}{-4} + \frac{\sqrt{2} + 3\sqrt{3}}{-4}i$

$= \frac{3 - \sqrt{6}}{4} - \frac{3\sqrt{3} + \sqrt{2}}{4}i$

106. $|3 - i| = \sqrt{3^2 + (-1)^2}$

$= \sqrt{9 + 1}$

$= \sqrt{10}$

108. $\left|\frac{1 + i}{1 - i}\right| = \left|\frac{(1 + i)(1 + i)}{(1 - i)(1 + i)}\right|$

$= \left|\frac{1 + 2i + i^2}{1 - i^2}\right|$

$= \left|\frac{2i}{2}\right|$

$= |0 + i|$

$= \sqrt{0^2 + 1^2}$

$= 1$

110. $\frac{2 + i}{i} = \frac{(2 + i)i^3}{i\,i^3}$

$= \frac{2i^3 + i^4}{1}$

$= 1 - 2i$

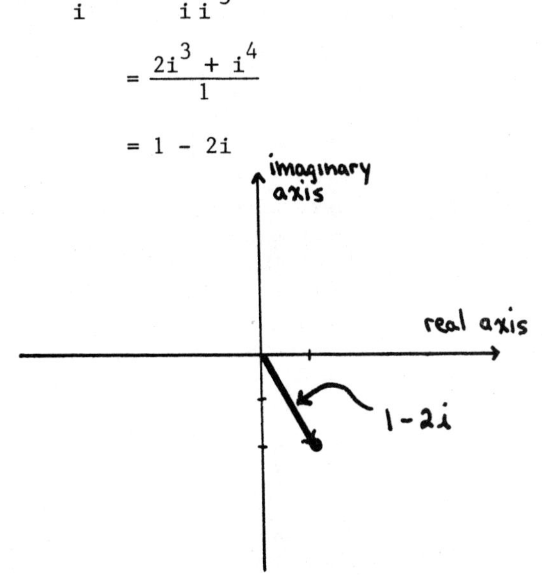

EXERCISE 2.1

2. The domain of x is the set of all real numbers except 0.

4. The domain of x is the set of all nonnegative numbers.

6. Because $x - 3$ must be greater than 0, the domain of x is the set of all real numbers greater than 3.

8. Factor the denominator to get

$$\frac{1}{(x - 5)(x - 2)} = 39$$

Because a denominator cannot be 0, x cannot be either 5 or 2. The domain of x is the set of all real numbers except 5 and 2.

10.
$$\begin{aligned} 3x + 2 &= x + 8 \\ 3x &= x + 6 \\ 2x &= 6 \\ x &= 3 \end{aligned}$$

A conditional equation.

12.
$$\begin{aligned} 3(x + 2) - x &= 2(x + 3) \\ 3x + 6 - x &= 2x + 6 \\ 2x + 6 &= 2x + 6 \end{aligned}$$

An identity.

14.
$$\begin{aligned} \frac{x}{2} - 7 &= 14 \\ \frac{x}{2} &= 21 \\ x &= 42 \end{aligned}$$

A conditional equation.

16.
$$\begin{aligned} x^2 &= (x + 4)(x - 4) + 16 \\ x^2 &= x^2 - 16 + 16 \\ x^2 &= x^2 \end{aligned}$$

An identity.

18.
$$\begin{aligned} x(x + 2) &= (x + 1)^2 \\ x^2 + 2x &= x^2 + 2x + 1 \\ 2x &= 2x + 1 \\ 0 &= 1 \end{aligned}$$

Because we have obtained the false result that $0 = 1$, this equation has no solution.

20.
$$\begin{aligned} x^2 - 8x + 15 &= (x - 3)(x + 5) \\ x^2 - 8x + 15 &= x^2 + 2x - 15 \\ -8x + 15 &= 2x - 15 \\ -10x + 15 &= -15 \\ -10x &= -30 \\ x &= 3 \end{aligned}$$

A conditional equation.

22.
$$\begin{aligned} 2x^2 + 5x - 3 &= 2x(x + 2.5 + 7) \\ 2x^2 + 5x - 3 &= 2x^2 + 5x + 14x \\ -3 &= 14x \\ -\frac{3}{14} &= x \\ x &= -\frac{3}{14} \end{aligned}$$

A conditional equation.

24.
$$\begin{aligned} 9x - 3 &= 15 + 3x \\ 9x &= 18 + 3x \\ 6x &= 18 \\ x &= 3 \end{aligned}$$

26. $\frac{4}{3}y + 12 = -4$

$\frac{4}{3}y = -16$

$4y = -48$

$y = -12$

28. $\frac{3p}{7} - p = -4$

$3p - 7p = -28$

$-4p = -28$

$p = 7$

30. $\frac{7}{2}x + 5 = x + \frac{15}{2}$

$7x + 10 = 2x + 15$

$5x = 5$

$x = 1$

32. $5(r - 4) = -5(r - 4)$

$5r - 20 = -5r + 20$

$10r = 40$

$r = 4$

34. $(x - 2)(x - 3) = (x + 3)(x + 4)$

$x^2 - 5x + 6 = x^2 + 7x + 12$

$-5x + 6 = 7x + 12$

$-12x = 6$

$x = -\frac{1}{2}$

36. $(t + 1)(t - 1) = (t + 2)(t - 3)+4$

$t^2 - 1 = t^2 - t - 6 + 4$

$-1 = -t - 2$

$1 = -t$

$-1 = t$

38. $\frac{3x + 1}{20} = \frac{1}{2}$

$20(\frac{3x + 1}{20}) = 20(\frac{1}{2})$

$3x + 1 = 10$

$3x = 9$

$x = 3$

40. $a(a - 3) + 5 = (a - 1)^2$

$a^2 - 3a + 5 = a^2 - 2a + 1$

$-3a + 5 = -2a + 1$

$5 = a + 1$

$4 = a$

42. $\frac{2 + x}{3} + \frac{x + 7}{2} = 4x + 1$

$6(\frac{2 + x}{3} + \frac{x + 7}{2}) = 6(4x + 1)$

$2(2 + x) + 3(x + 7) = 24x + 6$

$4 + 2x + 3x + 21 = 24x + 6$

$5x + 25 = 24x + 6$

$19 = 19x$

$1 = x$

44. $2x - \frac{7}{6} + \frac{x}{6} = \frac{4x + 2}{6}$

$6(2x - \frac{7}{6} + \frac{x}{6}) = 6(\frac{4x + 2}{6})$

$12x - 7 + x = 4x + 2$

$13x - 7 = 4x + 2$

$9x = 9$

$x = 1$

46. $\frac{3}{x} + \frac{1}{2} = \frac{4}{x}$

$2x(\frac{3}{x} + \frac{1}{2}) = 2x(\frac{4}{x})$

46. (cont'd)

$6 + x = 8$

$x = 2$

48.
$$\frac{3}{x-2} + \frac{1}{x} = \frac{3}{x-2}$$

$$x(x-2)\left[\frac{3}{x-2} + \frac{1}{x}\right] = x(x-2)\left[\frac{3}{x-2}\right]$$

$$3x + x - 2 = 3x$$

$$4x - 2 = 3x$$

$$x = 2$$

But 2 is not in the domain of x. This equation has no solutions.

50.
$$x + \frac{2(-2x+1)}{3x+5} = \frac{3x^2}{3x+5}$$

$$(3x+5)\left[x + \frac{2(-2x+1)}{3x+5}\right] = (3x+5)\left(\frac{3x^2}{3x+5}\right)$$

$$x(3x+5) + 2(-2x+1) = 3x^2$$

$$3x^2 + 5x - 4x + 2 = 3x^2$$

$$x + 2 = 0$$

$$x = -2$$

52.
$$\frac{2}{a-2} + \frac{1}{a+1} = \frac{1}{a^2 - a - 2}$$

$$\frac{2}{a-2} + \frac{1}{a+1} = \frac{1}{(a-2)(a+1)}$$

$$(a-2)(a+1)\left[\frac{2}{a-2} + \frac{1}{a+1}\right] = (a-2)(a+1)\left[\frac{1}{(a-2)(a+1)}\right]$$

$$2(a+1)+(a-2) = 1$$

$$2a + 2 + a - 2 = 1$$

$$3a = 1$$

$$a = \frac{1}{3}$$

54.
$$\frac{3x}{x^2 + x} - \frac{2x}{x^2 + 5x} = \frac{x+2}{x^2 + 6x + 5}$$

$$\frac{3x}{x(x+1)} - \frac{2x}{x(x+5)} = \frac{x+2}{(x+5)(x+1)}$$

$$x(x+1)(x+5)\left[\frac{3x}{x(x+1)} - \frac{2x}{x(x+5)}\right] = x(x+1)(x+5)\left[\frac{x+2}{(x+5)(x+1)}\right]$$

$$3x(x+5) - 2x(x+1) = x(x+2)$$

$$3x^2 + 15x - 2x^2 - 2x = x^2 + 2x$$

$$13x = 2x$$

$$11x = 0$$

$$x = 0$$

But 0 is not in the domain of x. Thus, this equation has no solutions.

56.
$$\frac{1}{n + 8} - \frac{3n - 4}{5n^2 + 42n + 16} = \frac{1}{5n + 2}$$
$$\frac{1}{n + 8} - \frac{3n - 4}{(5n + 2)(n + 8)} = \frac{1}{5n + 2}$$
$$(5n + 2)(n + 8)[\frac{1}{n + 8} - \frac{3n - 4}{(5n + 2)(n + 8)}] = (5n + 2)(n + 8)[\frac{1}{5n + 2}]$$
$$(5n + 2) - (3n - 4) = 1(n + 8)$$
$$5n + 2 - 3n + 4 = n + 8$$
$$2n + 6 = n + 8$$
$$n = 2$$

58.
$$\frac{4}{a^2 - 13a - 48} - \frac{2}{a^2 - 18a + 32} = \frac{1}{a^2 + a - 6}$$
$$\frac{4}{(a + 3)(a - 16)} - \frac{2}{(a - 16)(a - 2)} = \frac{1}{(a + 3)(a - 2)}$$
$$(a+3)(a-16)(a-2)[\frac{4}{(a+3)(a-16)} - \frac{2}{(a-16)(a-2)}] = (a+3)(a-16)(a-2)[\frac{1}{(a+3)(a-2)}]$$
$$4(a - 2) - 2(a + 3) = 1(a - 16)$$
$$4a - 8 - 2a - 6 = a - 16$$
$$2a - 14 = a - 16$$
$$a = -2$$

60.
$$\frac{6}{2a - 6} + \frac{3}{3a - 3} = \frac{1}{a^2 - 4a + 3}$$
$$\frac{6}{2(a - 3)} + \frac{3}{3(a - 1)} = \frac{1}{(a - 3)(a - 1)}$$
$$(a - 3)(a - 1)[\frac{3}{a - 3} + \frac{1}{a - 1}] = (a - 3)(a - 1)[\frac{1}{(a - 3)(a - 1)}]$$
$$3(a - 1) + 1(a - 3) = 1$$
$$3a - 3 + a - 3 = 1$$
$$4a - 6 = 1$$
$$4a = 7$$
$$a = \frac{7}{4}$$

62. $ax + c = 0$

Substitute $-\frac{c}{a}$ for x.

$$a(-\frac{c}{a}) + c = 0$$

62. (cont'd)

$$-c + c = 0$$
$$0 = 0$$

Thus, $-\frac{c}{a}$ checks.

EXERCISE 2.2

2. Let n represent the numerator of the fraction. Because the denominator exceeds the numerator by 1, you have the fraction $\frac{n}{n + 1}$.

   If 4 is added to the numerator and 3 is subtracted from the denominator, you get 7. Thus,

$$\frac{n + 4}{n + 1 - 3} = 7$$
$$\frac{n + 4}{n - 2} = 7$$
$$n + 4 = 7n - 14$$
$$18 = 6n$$
$$3 = n$$

   The fraction is

$$\frac{3}{3 + 1} \text{ or } \frac{3}{4}.$$

4. Let x represent the smallest of the three consecutive odd integers. Then $x + 2$ represents the second and $x + 4$ represents the largest.

   Thus,

$$x + x + 2 + x + 4 = 69$$
$$3x + 6 = 69$$
$$3x = 63$$
$$x = 21$$
$$x + 2 = 23$$
$$x + 4 = 25$$

   The three consecutive odd integers are 21, 23, and 25.

6. Let x represent the amount invested at 8%.

   Then $2x$ represents the amount invested at 9%.

   The interest earned at 8% is $0.08x$ and the interest earned at 9% is $0.09(2x)$.

   Thus,

$$0.08x + 0.09(2x) = 2080$$
$$8x + 9(2x) = 208000$$
$$8x + 18x = 208000$$
$$26x = 208000$$
$$x = 8000$$
$$2x = 16000$$

   \$8000 was invested at 8% and \$16000 was invested at 9%.

8. Let s represent the cost of a student ticket.

   Thus,

$$480(3) + 320s = 2080$$
$$1440 + 320s = 2080$$
$$320s = 640$$
$$s = 2$$

   The cost of each student ticket is \$2.

10. Let d represent the number of dimes. Then $2d$ represents the number of quarters.

10. (cont'd)

Then

$$\underbrace{0.25(2d) + 0.10d}_{\text{value of the money}} - \underbrace{[0.25d + 0.10(2d)]}_{\text{value of the money if the dimes were quarters and the quarters were dimes.}} = 0.60$$

$$25(2d) + 10d - 25d - 20d = 60$$
$$15d = 60$$
$$d = 4$$
$$2d = 8$$

She has 4 dimes and 8 quarters.

12. Let x represent the number of days to fill the pool using both hoses. Then

$$\frac{1}{3} + \frac{1}{2} = \frac{1}{x}$$
$$6x(\frac{1}{3} + \frac{1}{2}) = 6x(\frac{1}{x})$$
$$2x + 3x = 6$$
$$5x = 6$$
$$x = \frac{6}{5}$$

It will take $1\frac{1}{5}$ days.

14. Let x represent how long it will take Sally to stuff 1000 shrimp. Then

$$\frac{1}{6} + \frac{1}{x} = \frac{1}{4}$$
$$24x(\frac{1}{6} + \frac{1}{x}) = 24x(\frac{1}{4})$$
$$4x + 24 = 6x$$
$$24 = 2x$$
$$12 = x$$

Because Sally can stuff 1000 shrimp in 12 hours, she can stuff 500 shrimp in 6 hrs.

16. Let x represent the number of liters of alcohol to be added. Then,

$$0.20(1) + 1.00(x) = 0.25(1 + x)$$
$$20 + 100x = 25 + 25x$$
$$75x = 5$$
$$x = \frac{1}{15}$$

The nurse must add $\frac{1}{15}$ of a liter.

18. Let g represent the number of gallons of chlorine to be added.

$$.00(15,000) + 1.00g = 0.0003(15,000 + g)$$
$$10,000g = 3(15,000 + g)$$
$$10,000g = 45,000 + 3g$$
$$9,997g = 45,000$$
$$g \approx 4.5$$

About 4.5 gallons should be added.

20. Let x represent the number of liters of water that must evaporate. Then

$$\begin{aligned} 0.24(12) - 0.00(x) &= .36(12 - x) \\ 24(12) &= 36(12 - x) \\ 288 &= 432 - 36x \\ -144 &= -36x \\ 4 &= x \end{aligned}$$

4 liters of water must evaporate.

22. Let x represent Sally's grade on the first test. Then x + 3, x + 6, and x + 9 represent her scores on the next three tests. Thus,

$$\begin{aligned} \frac{x + x + 3 + x + 6 + x + 9}{4} &= 69.5 \\ 4x + 18 &= 278 \\ 4x &= 260 \\ x &= 65 \end{aligned}$$

Her first score was 65%.

24.

	d =	r ·	t
going	5r	r	5
coming	3(r + 26)	r + 26	3

$$\begin{aligned} 5r &= 3(r + 26) \\ 5r &= 3r + 78 \\ 2r &= 78 \\ r &= 39 \\ r + 26 &= 65 \end{aligned}$$

39 and 65 mph.

26.

	d =	r ·	t
morning	5r	r	5
afternoon	3(r+10)	r+10	3

$$\begin{aligned} 5r + 3(r + 10) &= 430 \\ 5r + 3r + 30 &= 430 \\ 8r + 30 &= 430 \\ 8r &= 400 \\ r &= 50 \end{aligned}$$

His rate was 50 mph.

28. Let s represent the number of pounds of soybean meal to be used. Then 1920 - s represents the number of pounds of oats to be used. Thus,

$$\begin{aligned} 0.117(480) + 0.118(1920 - s) + 0.445s &= 0.14(2400) \\ 117(480) + 118(1920 - s) + 445s &= 140(2400) \\ 56160 + 226560 - 118s + 445s &= 336000 \\ 282720 + 327s &= 336000 \\ 327s &= 53280 \\ s &\approx 163 \\ 1920 - s &\approx 1757 \end{aligned}$$

The farmer should use 480 pounds of barley, 1757 pounds of oats, and 163 pounds of soybean meal.

EXERCISE 2.3

2. $x^2 + 8x + 15 = 0$

$(x + 5)(x + 3) = 0$

$x + 5 = 0$ or $x + 3 = 0$

$x = -5$ | $x = -3$

4. $x^2 + 4x = 0$

$x(x + 4) = 0$

$x = 0$ or $x + 4 = 0$

$x = -4$

6. $3x^2 + 4x - 4 = 0$

$(3x - 2)(x + 2) = 0$

$3x - 2 = 0$ or $x + 2 = 0$

$3x = 2$ | $x = -2$

$x = \frac{2}{3}$

8. $2x^2 + 5x - 12 = 0$

$(2x - 3)(x + 4) = 0$

$2x - 3 = 0$ or $x + 4 = 0$

$2x = 3$ | $x = -4$

$x = \frac{3}{2}$

10. $6x^2 - 25x = -25$

$6x^2 - 25x + 25 = 0$

$(3x - 5)(2x - 5) = 0$

$3x - 5 = 0$ or $2x - 5 = 0$

$3x = 5$ | $2x = 5$

$x = \frac{5}{3}$ | $x = \frac{5}{2}$

12. $24x^2 + 6 = 24x$

$24x^2 - 24x + 6 = 0$

$4x^2 - 4x + 1 = 0$

$(2x - 1)(2x - 1) = 0$

$2x - 1 = 0$ or $2x - 1 = 0$

$2x = 1$ | $2x = 1$

$x = \frac{1}{2}$ | $x = \frac{1}{2}$

14. $x^2 = 20$

$x = \sqrt{20}$ or $x = -\sqrt{20}$

$x = 2\sqrt{5}$ | $x = -2\sqrt{5}$

16. $x^2 - 75 = 0$

$x^2 = 75$

$x = \sqrt{75}$ or $x = -\sqrt{75}$

$x = 5\sqrt{3}$ | $x = -5\sqrt{3}$

18. $(y + 2)^2 - 49 = 0$

$(y + 2)^2 = 49$

$y + 2 = \sqrt{49}$ or $y + 2 = -\sqrt{49}$

$y = -2 + 7$ | $y = -2 - 7$

$y = 5$ | $y = -9$

20. $x^2 - 6x + 9 = 25$

$(x - 3)^2 = 25$

$x - 3 = \sqrt{25}$ or $x - 3 = -\sqrt{25}$

$x = 3 + 5$ | $x = 3 - 5$

$x = 8$ | $x = -2$

22. $x^2 + 10x + 21 = 0$

$x^2 + 10x = -21$

$x^2 + 10x + 25 = 25 - 21$

$(x + 5)^2 = 4$

$x + 5 = \sqrt{4}$ or $x + 5 = -\sqrt{4}$

$x = -5 + 2$ | $x = -5 - 2$

$x = -3$ | $x = -7$

24. $x^2 - 9x + 20 = 0$

$x^2 - 9x = -20$

$x^2 - 9x + \frac{81}{4} = \frac{81}{4} - 20$

$(x - \frac{9}{2})^2 = \frac{1}{4}$

$x - \frac{9}{2} = \sqrt{\frac{1}{4}}$ or $x - \frac{9}{2} = -\sqrt{\frac{1}{4}}$

$x = \frac{9}{2} + \frac{1}{2}$ | $x = \frac{9}{2} - \frac{1}{2}$

$x = 5$ | $x = 4$

26. $x^2 + x = 0$

$x^2 + x + \frac{1}{4} = \frac{1}{4}$

$(x + \frac{1}{2})^2 = \frac{1}{4}$

$x + \frac{1}{2} = \sqrt{\frac{1}{4}}$ or $x + \frac{1}{2} = -\sqrt{\frac{1}{4}}$

$x = -\frac{1}{2} + \frac{1}{2}$ | $x = -\frac{1}{2} - \frac{1}{2}$

$x = 0$ | $x = -1$

28. $5x = 12 - 2x^2$

$2x^2 + 5x = 12$

$x^2 + \frac{5}{2}x = 6$

$x^2 + \frac{5}{2}x + \frac{25}{16} = \frac{25}{16} + 6$

$(x + \frac{5}{4})^2 = \frac{121}{16}$

$x + \frac{5}{4} = \sqrt{\frac{121}{16}}$ or $x + \frac{5}{4} = -\sqrt{\frac{121}{16}}$

$x = -\frac{5}{4} + \frac{11}{4}$ | $x = -\frac{5}{4} - \frac{11}{4}$

$x = \frac{3}{2}$ | $x = -4$

30. $x^2 + 1 = -4x$

$x^2 + 4x = -1$

$x^2 + 4x + 4 = 4 - 1$

30. (cont'd) $(x + 2)^2 = 3$

$x + 2 = \sqrt{3}$ or $x + 2 = -\sqrt{3}$

$x = -2 + \sqrt{3}$ | $x = -2 - \sqrt{3}$

32. $$2x^2 = 3x + 1$$
$$2x^2 - 3x = 1$$
$$x^2 - \frac{3}{2}x = \frac{1}{2}$$
$$x^2 - \frac{3}{2}x + \frac{9}{16} = \frac{9}{16} + \frac{1}{2}$$
$$(x - \frac{3}{4})^2 = \frac{17}{16}$$
$$x - \frac{3}{4} = \sqrt{\frac{17}{16}} \quad \text{or} \quad x - \frac{3}{4} = -\sqrt{\frac{17}{16}}$$
$$x = \frac{3}{4} + \frac{\sqrt{17}}{4} \quad \Big| \quad x = \frac{3}{4} - \frac{\sqrt{17}}{4}$$
$$x = \frac{3 + \sqrt{17}}{4} \quad \Big| \quad x = \frac{3 - \sqrt{17}}{4}$$

34. $x^2 - 20 = 0$
$$x = \frac{-0 \pm \sqrt{0^2 - 4(1)(-20)}}{2(1)}$$
$$x = \frac{\pm\sqrt{80}}{2}$$
$$x = \frac{\pm 4\sqrt{5}}{2}$$
$$x = \pm 2\sqrt{5}$$
$$x = 2\sqrt{5} \quad \text{or} \quad x = -2\sqrt{5}$$

36. $6x^2 + x - 2 = 0$
$$x = \frac{-1 \pm \sqrt{1^2 - 4(6)(-2)}}{2(6)}$$
$$x = \frac{-1 \pm \sqrt{1 + 48}}{12}$$
$$x = \frac{-1 \pm \sqrt{49}}{12}$$
$$x = \frac{-1 \pm 7}{12}$$
$$x = \frac{-1 + 7}{12} \quad \text{or} \quad x = \frac{-1 - 7}{12}$$
$$= \frac{1}{2} \quad \Big| \quad = -\frac{2}{3}$$

38. $4x^2 - 4x - 3 = 0$
$$x = \frac{4 \pm \sqrt{(-4)^2 - 4(4)(-3)}}{2(4)}$$
$$x = \frac{4 \pm \sqrt{16 + 48}}{8}$$
$$x = \frac{4 \pm \sqrt{64}}{8}$$
$$x = \frac{4 \pm 8}{8}$$

38. (cont'd)
$$x = \frac{4 + 8}{8} \quad \text{or} \quad x = \frac{4 - 8}{8}$$
$$= \frac{3}{2} \quad \Big| \quad = -\frac{1}{2}$$

40. $3x^2 + 18x + 15 = 0$

$x^2 + 6x + 5 = 0$

$$x = \frac{-6 \pm \sqrt{6^2 - 4(1)(5)}}{2(1)}$$

$$x = \frac{-6 \pm \sqrt{36 - 20}}{2}$$

$$x = \frac{-6 \pm \sqrt{16}}{2}$$

$$x = \frac{-6 \pm 4}{2}$$

$x = \frac{-6 + 4}{2} = -1$ or $x = \frac{-6 - 4}{2} = -5$

42. $2x(x + 3) = -1$

$2x^2 + 6x + 1 = 0$

$$x = \frac{-6 \pm \sqrt{6^2 - 4(2)(1)}}{2(2)}$$

$$x = \frac{-6 \pm \sqrt{36 - 8}}{4}$$

$$x = \frac{-6 \pm \sqrt{28}}{4}$$

$$x = \frac{-6 \pm 2\sqrt{7}}{4}$$

$$x = \frac{2(-3 \pm \sqrt{7})}{4}$$

$$x = \frac{-3 \pm \sqrt{7}}{2}$$

$x = \frac{-3 + \sqrt{7}}{2}$ or $x = \frac{-3 - \sqrt{7}}{2}$

44. $7x^2 = 2x + 2$

$7x^2 - 2x - 2 = 0$

$$x = \frac{2 \pm \sqrt{(-2)^2 - 4(7)(-2)}}{2(7)}$$

$$x = \frac{2 \pm \sqrt{4 + 56}}{14}$$

$$x = \frac{2 \pm \sqrt{60}}{14}$$

$$x = \frac{2 \pm 2\sqrt{15}}{14}$$

$$x = \frac{2(1 \pm \sqrt{15})}{14}$$

$$x = \frac{1 \pm \sqrt{15}}{7}$$

$x = \frac{1 + \sqrt{15}}{7}$ or $x = \frac{1 - \sqrt{15}}{7}$

46. $x - 2 = \frac{15}{x}$

$x^2 - 2x - 15 = 0$

$(x - 5)(x + 3) = 0$

$x - 5 = 0$, $x = 5$ or $x + 3 = 0$, $x = -3$

48. $15x - \frac{4}{x} = 4$

$15x^2 - 4x - 4 = 0$

$(5x + 2)(3x - 2) = 0$

$5x + 2 = 0$, $5x = -2$, $x = -\frac{2}{5}$ or $3x - 2 = 0$, $3x = 2$, $x = \frac{2}{3}$

50.
$$\frac{6}{x^2} + \frac{1}{x} = 12$$
$$6 + x = 12x^2$$
$$12x^2 - x - 6 = 0$$
$$(4x - 3)(3x + 2) = 0$$

$4x - 3 = 0$ or $3x + 2 = 0$

$4x = 3$ | $3x = -2$

$x = \frac{3}{4}$ | $x = -\frac{2}{3}$

52.
$$x(20 - \frac{17}{x}) - \frac{10}{x} = 0$$
$$20x - 17 - \frac{10}{x} = 0$$
$$20x^2 - 17x - 10 = 0$$
$$(5x + 2)(4x - 5) = 0$$

$5x + 2 = 0$ or $4x - 5 = 0$

$5x = -2$ | $4x = 5$

$x = -\frac{2}{5}$ | $x = \frac{5}{4}$

54.
$$\frac{a + 4}{2a} = \frac{a - 2}{3}$$
$$3(a + 4) = 2a(a - 2)$$
$$3a + 12 = 2a^2 - 4a$$
$$0 = 2a^2 - 7a - 12$$
$$a = \frac{-b \pm \sqrt{b^2 - 4ac}}{2a}$$
$$= \frac{-(-7) \pm \sqrt{(-7)^2 - 4(2)(-12)}}{2(2)}$$
$$= \frac{7 \pm \sqrt{145}}{4}$$

$a = \frac{7 + \sqrt{145}}{4}$ or $a = \frac{7 - \sqrt{145}}{4}$

56.
$$x^2 + 4x + 8 = 0$$
$$x = \frac{-4 \pm \sqrt{4^2 - 4(1)(8)}}{2(1)}$$
$$x = \frac{-4 \pm \sqrt{-16}}{2}$$
$$x = \frac{-4 \pm 4i}{2}$$
$$x = -2 \pm 2i$$

$x = -2 + 2i$ or $x = -2 - 2i$

58.
$$x^2 = -(2x + 5)$$
$$x^2 + 2x + 5 = 0$$
$$x = \frac{-2 \pm \sqrt{2^2 - 4(1)(5)}}{2(1)}$$
$$x = \frac{-2 \pm \sqrt{-16}}{2}$$
$$x = \frac{-2 \pm 4i}{2}$$
$$x = -1 \pm 2i$$

$x = -1 + 2i$ or $x = -1 - 2i$

60.
$$x^2 + \frac{5}{4} = x$$
$$4x^2 - 4x + 5 = 0$$
$$x = \frac{4 \pm \sqrt{(-4)^2 - 4(4)(5)}}{2(4)}$$
$$x = \frac{4 \pm \sqrt{16 - 80}}{8}$$
$$x = \frac{4 \pm \sqrt{-64}}{8}$$
$$x = \frac{4 \pm 8i}{8}$$
$$x = \frac{1}{2} \pm i$$

$x = \frac{1}{2} + i$ or $x = \frac{1}{2} - i$

EXERCISE 2.4

2. $b^2 - 4ac = (-5)^2 - 4(1)(2)$
$= 25 - 8$
$= 17$

Because 17 is positive but not a perfect square, the roots are irrational and unequal.

4. $b^2 - 4ac = 42^2 - 4(9)(49)$
$= 1764 - 1764$
$= 0$

Because the discriminant is 0, the roots are rational and equal.

6. $10x^2 + x = 21$
$10x^2 + x - 21 = 0$
$b^2 - 4ac = 1^2 - 4(10)(-21)$
$= 1 + 840$
$= 841$

Because 841 is a positive perfect square, the roots are rational and unequal.

8. $b^2 - 4ac = (-2b)^2 - 4(1)(b^2)$
$= 4b^2 - 4b^2$
$= 0$

Because any number b will cause the discriminant to be 0, any number b will give equal solutions.

10. $b^2 - 4ac = 10^2 - 4(2004)(1985)$
$b^2 - 4ac < 0$

Because the discriminant is less than 0, no roots can be real numbers.

12. $y^4 - 10y^2 + 9 = 0$
Let $x = y^2$. Then
$x^2 - 10x + 9 = 0$
$(x - 9)(x - 1) = 0$

$x = 9$ or $x = 1$

Because $x = y^2$, you have
$9 = y^2$ or $1 = y^2$
$y = 3, y = -3, y = 1, y = -1$

14. $x^4 = 26x^2 - 25$
$x^4 - 26x^2 + 25 = 0$
Let $z = x^2$. Then
$z^2 - 26z + 25 = 0$
$(z - 25)(z - 1) = 0$

$z = 25$ or $z = 1$

Because $z = x^2$, you have
$25 = x^2$ or $1 = x^2$
$x = 5, x = -5, x = 1, x = -1$

16. $2x^4 - 102x^2 + 196 = 0$
$x^4 - 51x^2 + 98 = 0$
Let $z = x^2$. Then
$z^2 - 51z + 98 = 0$
$(z - 49)(z - 2) = 0$
$z = 49$ or $z = 2$

Because $z = x^2$, you have
$x^2 = 49$ or $x^2 = 2$
$x = 7, x = -7, x = \sqrt{2}, x = -\sqrt{2}$

18. $6x^4 + 384 = 120x^2$

$$6x^4 - 120x^2 + 384 = 0$$
$$x^4 - 20x^2 + 64 = 0$$

Let $z = x^2$. Then

$$z^2 - 20z + 64 = 0$$
$$(z - 16)(z - 4) = 0$$

$z = 16$ or $z = 4$

Because $z = x^2$, you have

$16 = x^2$ or $4 = x^2$

$x = 4, x = -4, x = 2, x = -2$

20. $x + x^{1/2} - 20 = 0$

Let $z^2 = x$. Then

$$z^2 + z - 20 = 0$$
$$(z + 5)(z - 4) = 0$$

$z = -5$ or $z = 4$

Because $x = z^2$, you have

$x = (-5)^2$ or $x = 4^2$

~~$x = 25$~~ | $x = 16$

However, 25 does not check.
Thus, the only answer is $x = 16$.

22. $6a^{2/3} - a^{1/3} = 2$

$$6a^{2/3} - a^{1/3} - 2 = 0$$

Let $z = a^{1/3}$. Then

$$6z^2 - z - 2 = 0$$
$$(3z - 2)(2z + 1) = 0$$

$z = \frac{2}{3}$ or $z = -\frac{1}{2}$

Because $z = a^{1/3}$, you have

$\frac{2}{3} = a^{1/3}$ or $-\frac{1}{2} = a^{1/3}$

$\frac{8}{27} = a$ | $-\frac{1}{8} = a$

24. $6(y + 2)^2 - 27(y + 2) + 27 = 0$

$$2(y + 2)^2 - 9(y + 2) + 9 = 0$$

Let $x = y + 2$. Then

$$2x^2 - 9x + 9 = 0$$
$$(2x - 3)(x - 3) = 0$$

$x = \frac{3}{2}$ or $x = 3$

Because $x = y + 2$, you have

$\frac{3}{2} = y + 2$ or $3 = y + 2$

$-\frac{1}{2} = y$ | $1 = y$

26. $$\frac{1}{x - 1} + \frac{1}{x - 4} = \frac{5}{4}$$

$$4(x - 1)(x - 4)\left[\frac{1}{x - 1} + \frac{1}{x - 4}\right] = 4(x - 1)(x - 4)\left[\frac{5}{4}\right]$$
$$4(x - 4) + 4(x - 1) = 5(x^2 - 5x + 4)$$
$$4x - 16 + 4x - 4 = 5x^2 - 25x + 20$$
$$0 = 5x^2 - 33x + 40$$
$$(5x - 8)(x - 5) = 0$$

$x = \frac{8}{5}$ or $x = 5$

28.
$$\frac{x(2x+1)}{x-2} = \frac{10}{x-2}$$

$$(x-2)\left[\frac{x(2x+1)}{x-2}\right] = (x-2)\left[\frac{10}{x-2}\right]$$

$$x(2x+1) = 10$$

$$2x^2 + x - 10 = 0$$

$$(2x+5)(x-2) = 0$$

$x = -\frac{5}{2}$ or ~~$x = 2$~~

Because 2 is not in the domain of x, it cannot be a solution.

30.
$$\frac{1}{4-y} = \frac{1}{4} + \frac{1}{y+2}$$

$$4(4-y)(y+2)\left[\frac{1}{4-y}\right] = 4(4-y)(y+2)\left[\frac{1}{4} + \frac{1}{y+2}\right]$$

$$4(y+2) = (4-y)(y+2) + 4(4-y)$$

$$4y + 8 = 4y + 8 - y^2 - 2y + 16 - 4y$$

$$y^2 + 6y - 16 = 0$$

$$(y+8)(y-2) = 0$$

$y = -8$ or $y = 2$

32.
$$3\sqrt{x+1} = \sqrt{6}$$

$$(3\sqrt{x+1})^2 = (\sqrt{6})^2$$

$$9(x+1) = 6$$

$$9x + 9 = 6$$

$$9x = -3$$

$$x = -\frac{1}{3}$$

34.
$$\sqrt{5-x^2} = -(x+1)$$

$$(\sqrt{5-x^2})^2 = [-(x+1)]^2$$

$$5 - x^2 = x^2 + 2x + 1$$

$$0 = 2x^2 + 2x - 4$$

$$0 = x^2 + x - 2$$

$$0 = (x+2)(x-1)$$

$x = -2$ or ~~$x = 1$~~

The number 1 does not check.

36.
$$x - \sqrt{4x-4} = 0$$

$$x = \sqrt{4x-4}$$

$$x^2 = (\sqrt{4x-4})^2$$

$$x^2 = 4x - 4$$

$$x^2 - 4x + 4 = 0$$

$$(x-2)(x-2) = 0$$

$x = 2$ or $x = 2$

38.
$$\frac{\sqrt{x^2-1}}{\sqrt{3x-5}} = \sqrt{2}$$

$$\left(\frac{\sqrt{x^2-1}}{\sqrt{3x-5}}\right)^2 = (\sqrt{2})^2$$

$$\frac{x^2-1}{3x-5} = 2$$

$$x^2 - 1 = 6x - 10$$

$$x^2 - 6x + 9 = 0$$

$$(x-3)(x-3) = 0$$

$x = 3$ or $x = 3$

40. $\sqrt{x^2 + 1} = \frac{\sqrt{-7x + 11}}{\sqrt{6}}$

$$(\sqrt{x^2 + 1})^2 = \left(\frac{\sqrt{-7x + 11}}{\sqrt{6}}\right)^2$$

$$x^2 + 1 = \frac{-7x + 11}{6}$$

$$6x^2 + 6 = -7x + 11$$

$$6x^2 + 7x - 5 = 0$$

$$(3x + 5)(2x - 1) = 0$$

$$x = \frac{-5}{3} \quad \text{or} \quad x = \frac{1}{2}$$

42. $\sqrt{y + 2} = 4 - y$

$$(\sqrt{y + 2})^2 = (4 - y)^2$$

$$y + 2 = 16 - 8y + y^2$$

$$0 = y^2 - 9y + 14$$

$$0 = (y - 7)(y - 2)$$

~~$y = 7$~~ or $y = 2$

The number 7 does not check.

44. $x + 4 = \sqrt{\frac{6x + 6}{5}} + 3$

$$x + 1 = \sqrt{\frac{6x + 6}{5}}$$

$$(x + 1)^2 = \left(\sqrt{\frac{6x + 6}{5}}\right)^2$$

$$x^2 + 2x + 1 = \frac{6x + 6}{5}$$

$$5x^2 + 10x + 5 = 6x + 6$$

$$5x^2 + 4x - 1 = 0$$

$$(5x - 1)(x + 1) = 0$$

$$x = \frac{1}{5} \quad \text{or} \quad x = -1$$

46. $2x^{-4} - 11x^{-2} + 14 = 0$

$$\frac{2}{x^4} - \frac{11}{x^2} + 14 = 0$$

$$x^4\left(\frac{2}{x^4} - \frac{11}{x^2} + 14\right) = x^4(0)$$

$$2 - 11x^2 + 14x^4 = 0$$

$$14x^4 - 11x^2 + 2 = 0$$

Let $y = x^2$. Then

$$14y^2 - 11y + 2 = 0$$

$$(7y - 2)(2y - 1) = 0$$

$$y = \frac{2}{7} \quad \text{or} \quad y = \frac{1}{2}$$

Because $y = x^2$, you have

$$\frac{2}{7} = x^2 \quad \text{or} \quad \frac{1}{2} = x^2$$

$$x = \sqrt{\frac{2}{7}},\ x = -\sqrt{\frac{2}{7}},\ x = \sqrt{\frac{1}{2}}$$

$$x = -\sqrt{\frac{1}{2}}, \quad \text{or} \quad x = \frac{\sqrt{14}}{7},$$

$$x = -\frac{\sqrt{14}}{7},\ x = \frac{\sqrt{2}}{2},\ x = -\frac{\sqrt{2}}{2}$$

48. The formula found in Exercise 43 is

$$x = \frac{2c}{-b \pm \sqrt{b^2 - 4ca}}$$

Now solve $x^2 - 8x + 15 = 0$

$$x = \frac{2(15)}{8 \pm \sqrt{(-8)^2 - 4(15)(1)}}$$

$$x = \frac{30}{8 \pm \sqrt{64 - 60}}$$

$$x = \frac{30}{8 \pm 2}$$

48. (cont'd)

$$x = \frac{30}{8 + 2} \quad \text{or} \quad x = \frac{30}{8 - 2}$$

$$x = 3 \quad \Big| \quad x = 5$$

50. The roots of $ax^2 + bx + c = 0$ are

$$r_1 = \frac{-b + \sqrt{b^2 - 4ac}}{2a} \quad \text{and} \quad r_2 = \frac{-b - \sqrt{b^2 - 4ac}}{2a}$$

$$r_1 + r_2 = \frac{-b + \sqrt{b^2 - 4ac}}{2a} + \frac{-b - \sqrt{b^2 - 4ac}}{2a}$$

$$= \frac{-b + \sqrt{b^2 - 4ac} - b - \sqrt{b^2 - 4ac}}{2a}$$

$$= \frac{-2b}{2a}$$

$$= -\frac{b}{a}$$

$$r_1 r_2 = \left(\frac{-b + \sqrt{b^2 - 4ac}}{2a}\right)\left(\frac{-b - \sqrt{b^2 - 4ac}}{2a}\right)$$

$$= \frac{b^2 + b\sqrt{b^2 - 4ac} - b\sqrt{b^2 - 4ac} - (b^2 - 4ac)}{4a^2}$$

$$= \frac{b^2 - b^2 + 4ac}{4a^2}$$

$$= \frac{4ac}{4a^2}$$

$$= \frac{c}{a}$$

52. Let $a = x$
$b = x + 1$
$c = x + 2$

Then

$$a^2 + b^2 = c^2$$

$$x^2 + (x + 1)^2 = (x + 2)^2$$

$$x^2 + x^2 + 2x + 1 = x^2 + 4x + 4$$

$$x^2 - 2x - 3 = 0$$

$$(x - 3)(x + 1) = 0$$

$$x = 3 \quad \text{or} \quad x = -1$$

$$x + 1 = 4 \quad \Big| \quad x + 1 = 0$$

$$x + 2 = 5 \quad \Big| \quad x + 2 = 1$$

Either 3,4,5 or -1,0,1

EXERCISE 2.5

2. Let x represent the smallest integer.
Then $x + 2$ represents the next consecutive odd integer
and $x + 4$ represents the third consecutive odd integer.

Thus,

$$x(x + 4) = 45$$
$$x^2 + 4x - 45 = 0$$
$$(x + 9)(x - 5) = 0$$

$x = -9$	or	$x = 5$
$x + 2 = -7$		$x + 2 = 7$
$x + 4 = -5$		$x + 4 = 9$

The sum of the three integers is either -21 or 21.

4.

5w

w

$$\ell w = A$$
$$w(5w) = 125$$
$$5w^2 = 125$$
$$w^2 = 25$$

$w = 5$ or ~~$w = -25$~~

$5w = 25$

The perimeter is

$$p = 2w + 2\ell$$
$$= 2(5) + 2(25)$$
$$= 60$$

The perimeter is 60 ft.

6.

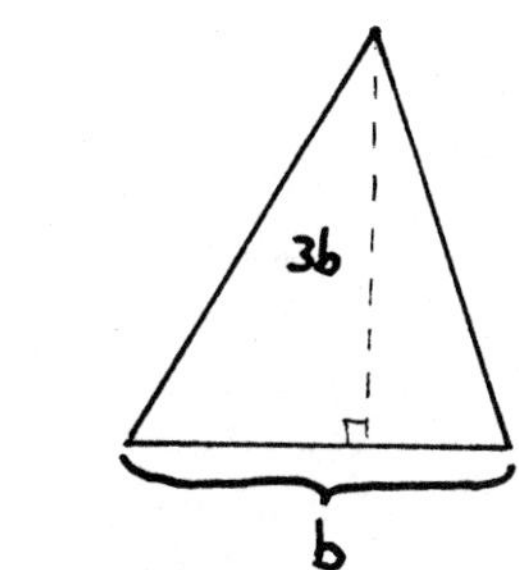

$$A = \frac{1}{2} bh$$
$$24 = \frac{1}{2} b(3b)$$
$$48 = 3b^2$$
$$16 = b^2$$

$b = 4$ or ~~$b = -4$~~

The base is 4 m long.

8.

	d =	r ·	t
going	120	r	$\frac{120}{r}$
returning	120	$r + 10$	$\frac{120}{r + 10}$

$$\frac{120}{r} - \frac{120}{r + 10} = 1$$

8. (cont'd)

$$120(r + 10) - 120r = 1r(r + 10)$$
$$120r + 1200 - 120r = r^2 + 10r$$
$$0 = r^2 + 10r - 1200$$
$$0 = (r + 40)(r - 30)$$
$$r = 30 \quad \text{or} \quad \cancel{r = -40}$$

The farmer drives at 30 kph and 40 kph.

10.

d	= r	• t
25	r	$\frac{25}{r}$
25	r + 25	$\frac{25}{r + 25}$

$$\frac{25}{r} - \frac{25}{r + 25} = \frac{1}{6}$$
$$25(6)(r + 25) - 6r(25) = \frac{1}{6}(6r)(r + 25)$$
$$150(r + 25) - 150r = r^2 + 25r$$
$$0 = r^2 + 25r - 3750$$
$$0 = (r + 75)(r - 50)$$
$$r = 50 \quad \text{or} \quad \cancel{r = -75}$$

The usual speed is 50 kph.

12. $h = 104t - 16t^2$

$0 = 104t - 16t^2$

$0 = 16t(6.5 - t)$

$t = 0 \quad \text{or} \quad t = 6.5$

The object will return in 6.5 seconds.

14.

$$h = 32t - 16t^2$$
$$16 = 32t - 16t^2$$
$$16t^2 - 32t + 16 = 0$$
$$t^2 - 2t + 1 = 0$$
$$(t - 1)(t - 1) = 0$$
$$t = 1 \quad \text{or} \quad t = 1$$

It will take 1 second.

16. Let x represent the time it takes both hoses to fill the pool. Then the second hose requires x + 3 hours to fill the pool and

$$\frac{1}{6} + \frac{1}{x + 3} = \frac{1}{x}$$

16. (cont'd)

$$x(x + 3) + 6x = 6(x + 3)$$
$$x^2 + 3x + 6x = 6x + 18$$
$$x^2 + 3x - 18 = 0$$
$$(x + 6)(x - 3) = 0$$
$$x = 3 \quad \text{or} \quad \cancel{x = -6}$$

16. (cont'd)

Because the second hose requires 3 more hours than both hoses together, it requires 6 hours.

18. Let x represent the time it takes Sarah to milk the cows. Then $x + 3$ represents the time it would take Heidi. Thus,

$$\frac{1}{x} + \frac{1}{x + 3} = \frac{1}{2}$$

$$2(x + 3) + 2x = x(x + 3)$$

$$2x + 6 + 2x = x^2 + 3x$$

$$0 = x^2 - x - 6$$

$$0 = (x - 3)(x + 2)$$

$x = 3$ or ~~$x = -2$~~

It would take Heidi $3 + 3$ or 6 hours to milk the cows.

20.

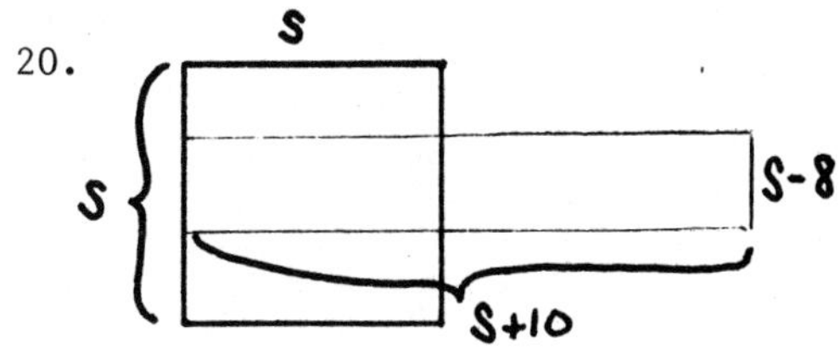

$$(s + 10)(s - 8) = 63$$

$$s^2 + 2s - 80 = 63$$

$$s^2 + 2s - 143 = 0$$

$$(s + 13)(s - 11) = 0$$

$s = 11$ or ~~$s = -13$~~

The area of the square is s^2 or 121 sq. m.

22. Let x represent the amount Laura invested. Then $x + 3000$ represents the amount Scott invested. Thus,

$$\frac{800}{x + 3000} - \frac{400}{x} = .02$$

$$\frac{80000}{x + 3000} - \frac{40000}{x} = 2$$

$$80000x - 40000(x + 3000) = 2x(x + 3000)$$

$$80000x - 40000x - 120000000 = 2x^2 + 6000x$$

$$0 = 2x^2 - 34000x + 120000000$$

$$0 = x^2 - 17000x + 60000000$$

$$0 = (x - 5000)(x - 12000)$$

$x = 5000$ or $x = 12000$

There are two answers. Either Scott invested

\$5000 + \$3000 = \$8000

or

\$12000 + \$3000 = \$15000

24. (Note that 1 quarter mile = 1320 ft.)

Let x represent the original distance between the trees. Then $x + 5$ is the distance recommended by daughter. Thus,

$$\frac{1320}{x} - \frac{1320}{x + 5} = 44$$

$$1320(x + 5) - 1320x = 44x(x + 5)$$

$$1320x + 6600 - 1320x = 44x^2 + 220x$$

$$0 = 44x^2 + 220x - 6600$$

$$0 = x^2 + 5x - 150$$

$$0 = (x + 15)(x - 10)$$

$$x = 10 \quad \text{or} \quad \cancel{x = -15}$$

Because the farmer takes his daughter's advice, he plants

$$\frac{1320}{x + 5} = \frac{1320}{15} = 88 \text{ trees.}$$

EXERCISE 2.6

2.
$$p = 2\ell + 2w$$
$$p - 2\ell = 2w$$
$$\frac{p - 2\ell}{2} = w$$
$$w = \frac{p - 2\ell}{2}$$

4.
$$V = \frac{1}{3}\pi r^2 h$$
$$3V = \pi r^2 h$$
$$\frac{3V}{\pi r^2} = h$$
$$h = \frac{3V}{\pi r^2}$$

6.
$$z = \frac{x - \mu}{\sigma}$$
$$z\sigma = x - \mu$$
$$\mu = x - z\sigma$$

8.
$$P_n = L + (\frac{s}{f})i$$
$$P_n - L = \frac{s}{f} i$$
$$f(P_n - L) = si$$
$$f = \frac{si}{P_n - L}$$

10.
$$\frac{1}{r} = \frac{1}{r_1} + \frac{1}{r_2}$$
$$r_1 r_2 = rr_2 + rr_1$$
$$r_1 r_2 - rr_1 = rr_2$$
$$r_1(r_2 - r) = rr_2$$
$$r_1 = \frac{rr2}{r_2 - r}$$

12.
$$\ell = a + (n - 1)d$$
$$\ell - a = (n - 1)d$$
$$\frac{\ell - a}{n - 1} = d$$
$$d = \frac{\ell - a}{n - 1}$$

14. $S = \pi h(r + h)$

$S = \pi rh + \pi h^2$

$0 = \pi h^2 + \pi rh - S$

$$h = \frac{-\pi r \pm \sqrt{\pi^2 r^2 - 4\pi(-S)}}{2\pi}$$

$$h = \frac{-\pi r \pm \sqrt{\pi^2 r^2 + 4\pi S}}{2\pi}$$

16. $x + y = \dfrac{7y + 1}{3x}$

$3x^2 + 3xy = 7y + 1$

$3x^2 + 3yx - (7y + 1) = 0$

$$x = \frac{-3y \pm \sqrt{9y^2 - 4(3)(-7y - 1)}}{6}$$

$$x = \frac{-3y \pm \sqrt{9y^2 + 84y + 12}}{6}$$

18. $S = \dfrac{a - \ell r}{1 - r}$

$S(1 - r) = a - \ell r$

$S - Sr = a - \ell r$

$S - a = Sr - \ell r$

$S - a = r(S - \ell)$

$\dfrac{S - a}{S - \ell} = r$

$r = \dfrac{S - a}{S - \ell}$

or

$r = \dfrac{a - S}{\ell - S}$

20. $xy = ax - y^2$

$y^2 = ax - xy$

$y^2 = x(a - y)$

$\dfrac{y^2}{a - y} = x$

$x = \dfrac{y^2}{a - y}$

22. $a = (n - 2)\,\dfrac{180}{n}$

$an = 180n - 360$

$an - 180n = -360$

$n(a - 180) = -360$

$n = \dfrac{-360}{a - 180}$

or

$n = \dfrac{360}{180 - a}$

24. $V = \frac{1}{3}(B_1 + B_2 + \sqrt{B_1 B_2})h$

$3V = (B_1 + B_2 + \sqrt{B_1 B_2})h$

$$\frac{3V}{B_1 + B_2 + \sqrt{B_1 B_2}} = h$$

$$h = \frac{3V}{B_1 + B_2 + \sqrt{B_1 B_2}}$$

26. $A = \frac{1}{2} r^2(\theta - \phi)$

$2A = r^2(\theta - \phi)$

$\dfrac{2A}{r^2} = \theta - \phi$

$\dfrac{2A}{r^2} + \phi = \theta$

or

$\dfrac{2A + r^2\phi}{r^2} = \theta$

28. $r = \dfrac{x + y}{1 - xy}$

$r(1 - xy) = x + y$

$r - rxy = x + y$

$r - x = y + rxy$

$r - x = y(1 + rx)$

$\dfrac{r - x}{1 + rx} = y$

30. $$y - y_1 = \frac{y_2 - y_1}{x_2 - x_1}(x - x_1)$$

$$(y - y_1)(x_2 - x_1) = (y_2 - y_1)(x - x_1)$$

$$\frac{(y - y_1)(x_2 - x_1)}{y_2 - y_1} = x - x_1$$

$$x = \frac{(y - y_1)(x_2 - x_1)}{y_2 - y_1} + x_1$$

32. $$y - y_1 = \frac{y_2 - y_1}{x_2 - x_1}(x - x_1)$$

$$\frac{(y - y_1)(x_2 - x_1)}{y_2 - y_1} = x - x_1$$

$$x_1 = x - \frac{(y - y_1)(x_2 - x_1)}{y_2 - y_1}$$

REVIEW EXERCISES

2. All numbers except 0.

4. All numbers x

6. All numbers x except 2 and 3.

8. $$\frac{3}{2}x = 7(x + 11)$$

$$3x = 14(x + 11)$$

$$3x = 14x + 154$$

$$-154 = 11x$$

$$-14 = x$$

A conditional equation.

10. $$\frac{x + 3}{x + 4} + \frac{x + 3}{x + 2} = 2$$

$$(x + 3)(x + 2) + (x + 4)(x + 3) = 2(x + 4)(x + 2)$$

$$x^2 + 5x + 6 + x^2 + 7x + 12 = 2x^2 + 12x + 16$$

$$12x + 18 = 12x + 16$$

$$18 = 16$$

This equation has no solutions.

12. $$\frac{8x^2 + 72x}{9 + x} = 8x$$

$$8x^2 + 72x = 8x(9 + x)$$

$$8x^2 + 72x = 72x + 8x^2$$

An identity.

14. $$x + \frac{1}{2x - 3} = \frac{2x^2}{2x - 3}$$

$$x(2x - 3) + 1 = 2x^2$$

$$2x^2 - 3x + 1 = 2x^2$$

$$-3x + 1 = 0$$

14. (cont'd)

$$1 = 3x$$
$$\frac{1}{3} = x$$

A conditional equation.

16.

$$12x^2 + 13x = 4$$
$$12x^2 + 13x - 4 = 0$$
$$(4x - 1)(3x + 4) = 0$$

$4x - 1 = 0$ or $3x + 4 = 0$

$4x = 1$ | $3x = -4$

$x = \frac{1}{4}$ | $x = \frac{-4}{3}$

18.

$$27x^2 = 30x - 8$$
$$27x^2 - 30x + 8 = 0$$
$$(3x - 2)(9x - 4) = 0$$

$3x - 2 = 0$ or $9x - 4 = 0$

$3x = 2$ | $9x = 4$

$x = \frac{2}{3}$ | $x = \frac{4}{9}$

20.

$$3x^2 + 18x = -24$$
$$x^2 + 6x = -8$$
$$x^2 + 6x + 9 = 9 - 8$$
$$(x + 3)^2 = 1$$

$x + 3 = \sqrt{1}$ or $x + 3 = -\sqrt{1}$

$x + 3 = 1$ | $x + 3 = -1$

$x = -2$ | $x = -4$

22.

$$5x^2 - x = 0$$
$$x^2 - \frac{1}{5}x = 0$$
$$x^2 - \frac{1}{5}x + \frac{1}{100} = \frac{1}{100}$$
$$(x - \frac{1}{10})^2 = \frac{1}{100}$$

$x - \frac{1}{10} = \sqrt{\frac{1}{100}}$ or $x - \frac{1}{10} = -\sqrt{\frac{1}{100}}$

$x = \frac{1}{10} + \frac{1}{10}$ | $x = \frac{1}{10} - \frac{1}{10}$

$x = \frac{1}{5}$ | $x = 0$

24.

$$3x^2 - 25x = 18$$
$$3x^2 - 25x - 18 = 0$$
$$x = \frac{25 \pm \sqrt{625 - 4(3)(-18)}}{2(3)}$$
$$x = \frac{25 \pm \sqrt{625 + 216}}{6}$$
$$x = \frac{25 \pm 29}{6}$$

$x = 9$ or $x = -\frac{2}{3}$

26.

$$-5 = a^2 + 2a$$
$$a^2 + 2a + 5 = 0$$
$$a = \frac{-2 \pm \sqrt{2^2 - 4(1)(5)}}{2(1)}$$
$$a = \frac{-2 \pm \sqrt{4 - 20}}{2}$$
$$a = \frac{-2 \pm \sqrt{-16}}{2}$$
$$a = \frac{-2 \pm 4i}{2}$$

26. (cont'd)

$$a = \frac{2(-1 \pm 2i)}{2}$$

$$a = -1 \pm 2i$$

28. $\frac{12}{x} - \frac{x}{2} = x - 3$

$$24 - x^2 = 2x(x - 3)$$
$$24 - x^2 = 2x^2 - 6x$$
$$0 = 3x^2 - 6x - 24$$
$$0 = x^2 - 2x - 8$$
$$0 = (x - 4)(x + 2)$$

$x = 4$ or $x = -2$

30. $x^4 + 36 = 37x^2$

$$x^4 - 37x^2 + 36 = 0$$

Let $y = x^2$. Then

$$y^2 - 37y + 36 = 0$$
$$(y - 36)(y - 1) = 0$$

$y = 36$ or $y = 1$

Because $y = x^2$, you have

$36 = x^2$ or $1 = x^2$

Thus,

$x = 6$, $x = -6$, $x = 1$, $x = -1$

32. $\sqrt{5 - x} + \sqrt{5 + x} = 4$

$$\sqrt{5 - x} = 4 - \sqrt{5 + x}$$
$$5 - x = 16 - 8\sqrt{5 + x} + 5 + x$$
$$-2x - 16 = -8\sqrt{5 + x}$$
$$x + 8 = 4\sqrt{5 + x}$$
$$x^2 + 16x + 64 = 16(5 + x)$$
$$x^2 + 16x + 64 = 80 + 16x$$
$$x^2 - 16 = 0$$
$$(x + 4)(x - 4) = 0$$

$x = -4$ or $x = 4$

34. $\sqrt{y + 5} + \sqrt{y} = 1$

$$\sqrt{y + 5} = 1 - \sqrt{y}$$
$$y + 5 = 1 - 2\sqrt{y} + y$$
$$4 = -2\sqrt{y}$$
$$-2 = \sqrt{y}$$
$$4 = y$$

However, 4 does not check. This equation has no solutions.

36. $4y^2 + (k + 2)y + k - 1 = 0$

$$b^2 - 4ac = (k + 2)^2 - 4(4)(k - 1)$$
$$= k^2 + 4k + 4 - 16k + 16$$
$$= k^2 - 12k + 20$$

$$k^2 - 12k + 20 = 0$$
$$(k - 10)(k - 2) = 0$$

$k = 10$ or $k = 2$

38. Scott can wash $\frac{37}{3}$ windows per hour and Bill can wash $\frac{27}{2}$ windows per hour. Let x represent the number of hours required for them to wash 100 windows. Then, together they will wash

$\frac{100}{x}$ windows per hour. Thus,

$$\frac{37}{3} + \frac{27}{2} = \frac{100}{x}$$

$$6x\left(\frac{37}{3} + \frac{27}{2}\right) = 6x\left(\frac{100}{x}\right)$$

$$74x + 81x = 600$$

$$155x = 600$$

$$x = \frac{600}{155} \approx 3.9$$

It will take about 3.9 hours.

40. Let z represent the ounces of pure zinc to be added. Then

$$0.30(20) + 1.00(z) = 0.40(20 + z)$$

$$30(20) + 100z = 40(20 + z)$$

$$600 + 100z = 800 + 40z$$

$$60z = 200$$

$$z = \frac{200}{60}$$

$$z = 3\frac{1}{3}$$

$3\frac{1}{3}$ ounces of zinc must be added.

42. Let x represent the time it takes George. Then x + 9 represents the time it takes his son.

$$\frac{1}{x} + \frac{1}{x + 9} = \frac{1}{20}$$

$$20(x + 9) + 20x = x(x + 9)$$

$$20x + 180 + 20x = x^2 + 9x$$

$$0 = x^2 - 31x - 180$$

$$0 = (x - 36)(x + 5)$$

$x = 36$ or ~~$x = -5$~~

$x + 9 = 45$

It will take George 36 hours and his son 45 hours.

44.

	d	= r	· t
jet	3520	r + 120	$\frac{3520}{r + 120}$
prop	3520	r	$\frac{3520}{r}$

$$\frac{3520}{r} - \frac{3520}{r + 120} = 3$$

$$3520(r + 120) - 3520r = 3r(r + 120)$$

$$3520r + 422400 - 3520r = 3r^2 + 360r$$

$$0 = 3r^2 + 360r - 422400$$

$$0 = r^2 + 120r - 140800$$

44. (cont'd)

$$0 = (r - 320)(r + 440)$$

$r = 320$ or ~~$r = -440$~~

The speed of the prop plane is 320 mph and the jet is 440 mph.

46. $$\frac{1}{C} = \frac{1}{C_1} + \frac{1}{C_2}$$

$$C_1C_2 = CC_2 + CC_1$$

$$C_1C_2 = C(C_2 + C_1)$$

$$\frac{C_1C_2}{C_2 + C_1} = C$$

48. $s(s - a)(s - b)(s - c) = A^2$

$$s - b = \frac{A^2}{s(s - a)(s - c)}$$

$$-b = \frac{A^2}{s(s - a)(s - c)} - s$$

$$b = s - \frac{A^2}{s(s - a)(s - c)}$$

50. $$\frac{y}{x} = \frac{x + y}{2}$$

$$2y = x^2 + xy$$

$$0 = x^2 + yx - 2y$$

$$x = \frac{-y \pm \sqrt{y^2 - 4(1)(-2y)}}{2(1)}$$

$$x = \frac{-y \pm \sqrt{y^2 + 8y}}{2}$$

EXERCISE 3.1

1 - 12.

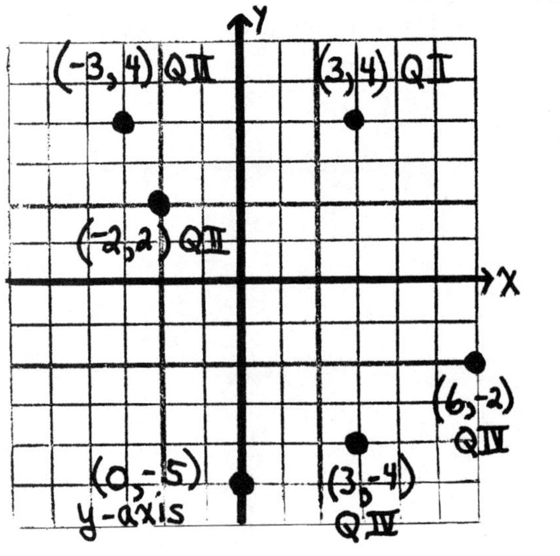

14.

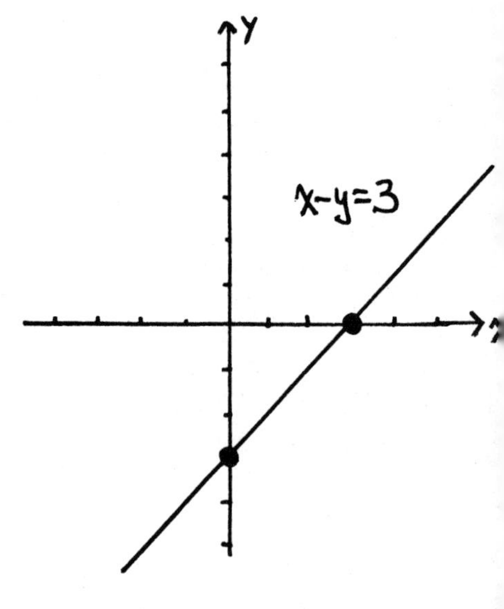

16.

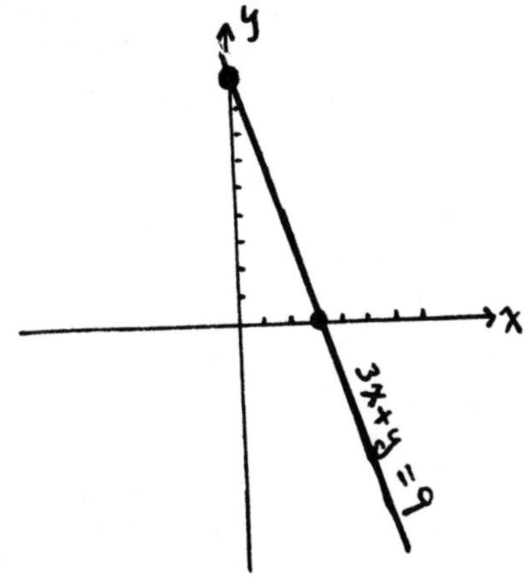

18.

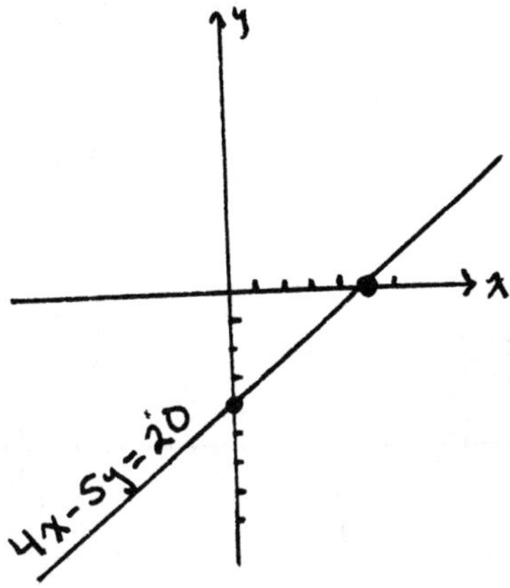

20.

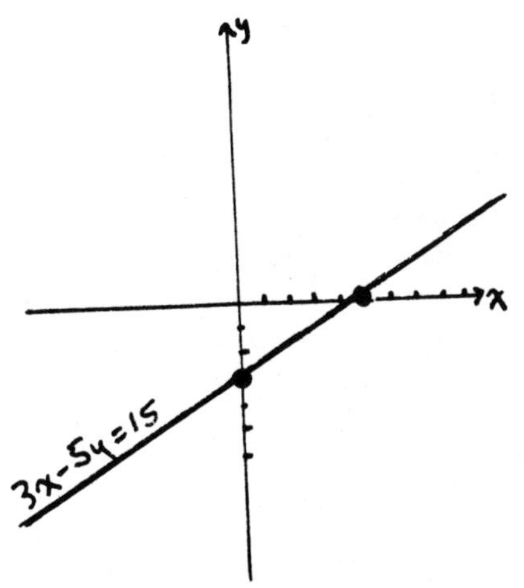

22. $y + 3 = -4x$

$y = -4x - 3$

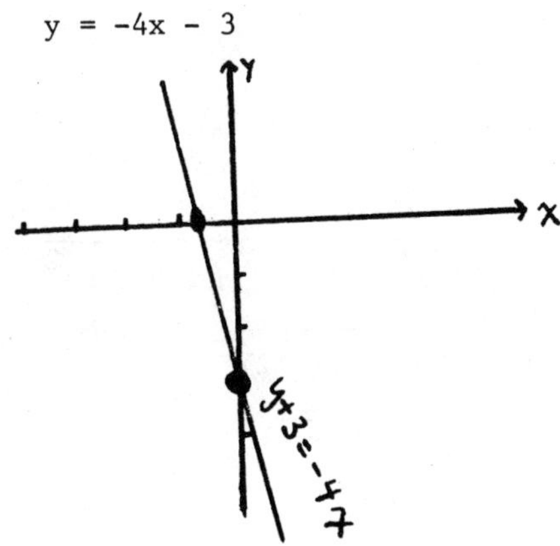

24. $4x + 8y - 1 = 0$

$8y = -4x + 1$

$y = -\frac{1}{2}x + \frac{1}{8}$

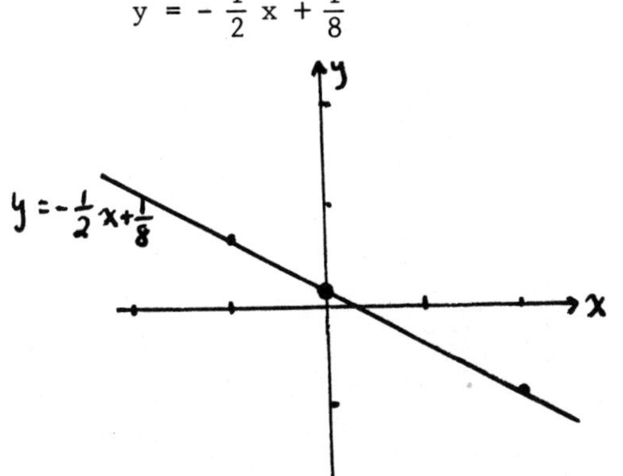

26. $5(x + 2) = 3y - x$

$5x + 10 = 3y - x$

$6x + 10 = 3y$

$y = 2x + \frac{10}{3}$

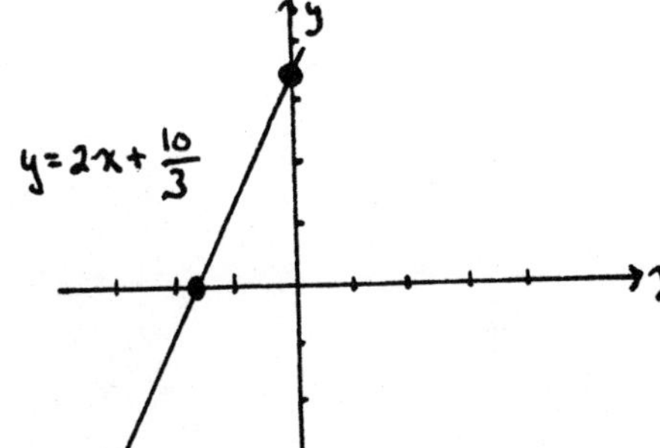

28. $2(y - x) = 3(x + 2)$

$$2y - 2x = 3x + 6$$
$$2y = 5x + 6$$
$$y = \frac{5}{2}x + 3$$

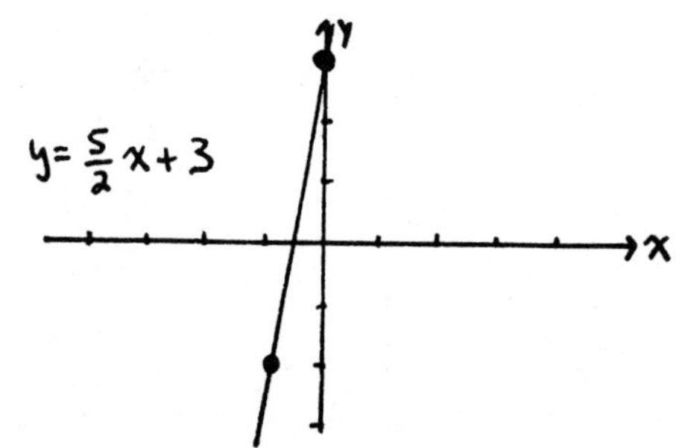

30. $d = \sqrt{(-5 - 0)^2 + (12 - 0)^2}$

$$= \sqrt{25 + 144}$$
$$= \sqrt{169}$$
$$= 13$$

32. $d = \sqrt{(5 - 0)^2 + (0 - 0)^2}$

$$= \sqrt{25 + 0}$$
$$= 5$$

34. $d = \sqrt{(a - 0)^2 + (-a - 0)^2}$

$$= \sqrt{a^2 + a^2}$$
$$= \sqrt{2a^2}$$
$$= a\sqrt{2}$$

36. $d = \sqrt{[4 - (-1)]^2 + (-6 - 6)^2}$

$$= \sqrt{5^2 + (-12)^2}$$
$$= \sqrt{25 + 144}$$
$$= \sqrt{169}$$
$$= 13$$

38. $d = \sqrt{[-2 - (-9)]^2 + [-15 - (-39)]^2}$

$$= \sqrt{7^2 + 24^2}$$
$$= \sqrt{49 + 576}$$
$$= \sqrt{625}$$
$$= 25$$

40. $d = \sqrt{[6 - (-3)]^2 + (-3 - 2)^2}$

$$= \sqrt{9^2 + (-5)^2}$$
$$= \sqrt{81 + 25}$$
$$= \sqrt{106}$$

42. $d = \sqrt{(4 - 4)^2 + [-6 - (-8)]^2}$

$$= \sqrt{0^2 + 2^2}$$
$$= \sqrt{4}$$
$$= 2$$

44. $d = \sqrt{(\sqrt{3} - \pi)^2 + (\pi - \sqrt{3})^2}$

$= \sqrt{3 - 2\sqrt{3}\pi + \pi^2 + \pi^2 - 2\sqrt{3}\pi + 3}$

$= \sqrt{6 - 4\sqrt{3}\pi + 2\pi^2}$

46. $d = \sqrt{(a - b)^2 + (b - a)^2}$

$= \sqrt{a^2 - 2ab + b^2 + b^2 - 2ab + a^2}$

$= \sqrt{2a^2 - 4ab + 2b^2}$

$= \sqrt{2(a^2 - 2ab + b^2)}$

$= \sqrt{2(a - b)^2}$

$= |a - b| \sqrt{2}$

48. $\left(\frac{3 + (-1)}{2}, \frac{-6 + (-6)}{2}\right) = \left(\frac{2}{2}, \frac{-12}{2}\right)$

$= (1,-6)$

50. $\left(\frac{0 + (-10)}{2}, \frac{3 + (-13)}{2}\right) = \left(\frac{-10}{2}, \frac{-10}{2}\right)$

$= (-5, -5)$

52. $\left(\frac{\sqrt{3} + 0}{2}, \frac{0 + \sqrt{3}}{2}\right) = \left(\frac{\sqrt{3}}{2}, \frac{\sqrt{3}}{2}\right)$

54. $\left(\frac{a + 0}{2}, \frac{b + 0}{2}\right) = \left(\frac{a}{2}, \frac{b}{2}\right)$

56. $x_M = \frac{x_1 + x_2}{2}$ $\quad y_M = \frac{y_1 + y_2}{2}$

$-5 = \frac{2 + x_2}{2}$ $\quad 6 = \frac{-7 + y_2}{2}$

$-10 = 2 + x_2$ $\quad 12 = -7 + y_2$

$-12 = x_2$ $\quad 19 = y_2$

The coordinates of point Q are (-12,19).

58. $x_M = \frac{x_1 + x_2}{2}$ $\quad y_M = \frac{y_1 + y_2}{2}$

$0 = \frac{-7 + x_2}{2}$ $\quad 0 = \frac{3 + y_2}{2}$

$0 = -7 + x_2$ $\quad 0 = 3 + y_2$

$7 = x_2$ $\quad -3 = y_2$

The coordinates of point Q are (7,-3).

60. Find the distance between each of the points.

$d_1 = \sqrt{(-1 - 3)^2 + (2 - 1)^2} = \sqrt{16 + 1} = \sqrt{17}$

$d_2 = \sqrt{(3 - 4)^2 + (1 - 5)^2} = \sqrt{1 + 16} = \sqrt{17}$

Because two sides are of equal length, the triangle is isosceles.

62. The radius of the circle is

$r = \sqrt{(6 - 4)^2 + [-9 - (-2)]^2}$

$= \sqrt{2^2 + (-7)^2}$

$= \sqrt{53}$

64. $d = \sqrt{(x_2 - x_1)^2 + (y_2 - y_1)^2}$

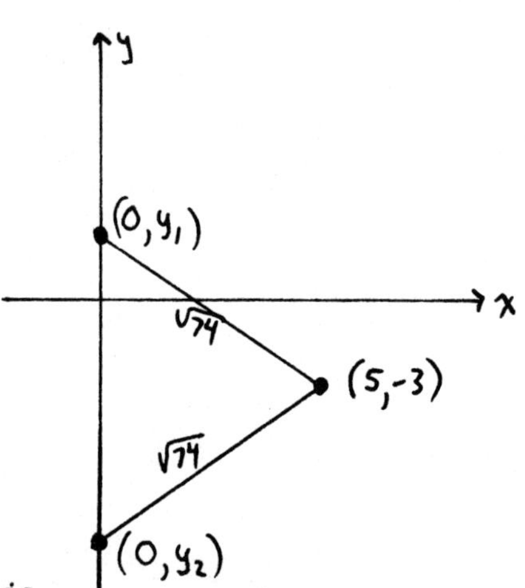

$$\sqrt{74} = \sqrt{(5 - 0)^2 + (-3 - y)^2}$$

$$74 = 5^2 + 9 + 6y + y^2$$

$$0 = y^2 + 6y - 40$$

$$0 = (y + 10)(y - 4)$$

$y = -10$ or $y = 4$

The two points are (0,4) and (0,-10).

66. The distance between (a,b) and (c,d) is

$$d = \sqrt{(a - c)^2 + (b - d)^2}$$

The distance between (a - c, b - d) and (0,0) is

$$d = \sqrt{(a - c)^2 + (b - d)^2}$$

Thus, the distances are equal.

68. The coordinates of M are $(\frac{b}{2}, \frac{c}{2})$.

The coordinates of N are $(\frac{a + b}{2}, \frac{c}{2})$.

$$d(MN) = \sqrt{(\frac{a + b}{2} - \frac{b}{2})^2 + (\frac{c}{2} - \frac{c}{2})^2}$$

$$= \sqrt{(\frac{a}{2})^2}$$

$$= \sqrt{\frac{a^2}{4}}$$

$$= \frac{\sqrt{a^2}}{2}$$

$$\frac{1}{2}[d(AB)] = \frac{1}{2}\sqrt{(a - 0)^2 + (0 - 0)^2}$$

$$= \frac{1}{2}\sqrt{a^2}$$

$$= \frac{\sqrt{a^2}}{2}$$

Thus,

$$d(MN) = \frac{1}{2}[d(AB)]$$

EXERCISE 3.2

2. $\frac{3-(-1)}{5-3} = \frac{4}{2} = 2$

4. $\frac{16-7}{6-3} = \frac{9}{3} = 3$

6. $\frac{17-17}{17-5} = \frac{0}{12} = 0$

8. $\frac{2-\sqrt{7}}{\sqrt{7}-2} = \frac{-(\sqrt{7}-2)}{\sqrt{7}-2} = -1$

10. $\frac{a-0}{a+b-b} = \frac{a}{a} = 1$

12. If $x = 0$, then $y = -8$.

If $x = 1$, then $y = -3$.

The slope between $(0,-8)$ and $(1,-3)$ is

$m = \frac{-3-(-8)}{1-0}$

$= 5$

14. If $x = 0$, then $y = \frac{5}{8}$.

If $y = 0$, then $x = \frac{5}{2}$.

The slope between $(0,\frac{5}{8})$ and $(\frac{5}{2},0)$ is

$m = \frac{0-\frac{5}{8}}{\frac{5}{2}-0}$

$= \frac{-\frac{5}{8}}{\frac{5}{2}}$

$= -\frac{1}{4}$

16. $4(x-2) = 3y + 2$

$4x - 8 = 3y + 2$

$4x - 10 = 3y$

If $x = 1$, then $y = -2$.

If $x = -2$, then $y = -6$.

The slope between $(1,-2)$ and $(-2,-6)$ is

$m = \frac{-6-(-2)}{-2-1}$

$= \frac{4}{3}$

18. $2x + 5 = 2(y + x)$

$2x + 5 = 2y + 2x$

$5 = 2y$

If $x = 0$, then $y = \frac{5}{2}$.

If $x = 2$, then $y = \frac{5}{2}$.

The slope between $(0, \frac{5}{2})$ and $(2, \frac{5}{2})$ is

18. (cont'd)

$m = \frac{\frac{5}{2}-\frac{5}{2}}{2-0}$

$= 0$

20. Slopes of $\frac{2}{3}$ and $\frac{3}{2}$ are not equal nor are they negative reciprocals. Thus, the lines are neither.

22. Because slopes of 1 and -1 are negative reciprocals, the lines are perpendicular.

24. Because slopes of $2\sqrt{7}$ and $\sqrt{28}$ are equal, the lines are parallel.

26. The slope of RS is $\frac{7-5}{2-(-3)} = \frac{2}{5}$. The slope of PQ is

$$\frac{4-8}{-13-(-3)} = \frac{-4}{-10} = \frac{2}{5}.$$

Because the slopes are equal, the lines are parallel.

28. The slope of RS is $\frac{2}{5}$.

The slope of PQ is

$$\frac{1-(-9)}{4-0} = \frac{10}{4} = \frac{5}{2}.$$

Because the slopes are not equal and not negative reciprocals, the lines are neither.

30. The slope of RS is $\frac{2}{5}$.

The slope of PQ is

$$\frac{6b-b}{-b-b} = \frac{5b}{-2b} = -\frac{5}{2}.$$

Because the slopes are negative reciprocals, the lines are perpendicular.

32. Slope of PQ $= \frac{-2-(-1)}{3-1} = \frac{-1}{2}$

Slope of PR $= \frac{5-8}{2-(-2)} = \frac{-3}{4}$

Because the slopes are not equal, the points do not lie on the same line.

34. Slope of PQ $= \frac{6-(-2)}{4-8} = \frac{8}{-4} = -2$

Slope of PR $= \frac{7-(-2)}{6-8} = \frac{9}{-2} = -\frac{9}{2}$

Slope of QR $= \frac{7-6}{6-4} = \frac{1}{2}$

Because the slopes of PQ and QR are negative reciprocals, PQ and QR are perpendicular.

36. Slope of PQ is undefined.

Slope of PR $= \frac{3-3}{7-1} = 0$

Thus, PQ and PR are perpendicular.

38. Slope of DE $= \frac{3-1}{-1-0} = \frac{2}{-1} = -2$

Slope of DF $= \frac{5-1}{3-0} = \frac{4}{3}$

Slope of EF $= \frac{5-3}{3-(-1)} = \frac{2}{4} = \frac{1}{2}$

Since the slopes are different, the points do not fall on a line but form the vertices of a triangle. Because the slopes of DE and EF are negative reciprocals, DE and EF are perpendicular and form a right angle. Thus, triangle DEF is a right triangle.

40. $d(EF) = \sqrt{[3-(-1)]^2 + [0-(-1)]^2} = \sqrt{17}$

$d(FG) = \sqrt{(2-3)^2 + (4-0)^2} = \sqrt{17}$

$d(GH) = \sqrt{(-2-2)^2 + (3-4)^2} = \sqrt{17}$

$d(HE) = \sqrt{[-1-(-2)]^2 + (-1-3)^2} = \sqrt{17}$

Because all sides of quadrilateral EFGH are equal, the quadrilateral is a rhombus.

Slope of EF $= \dfrac{0-(-1)}{3-(-1)} = \dfrac{1}{4}$

Slope of EH $= \dfrac{3-(-1)}{-2-(-1)} = \dfrac{4}{-1} = -4$

Because the slopes of EF and EH are negative reciprocals, EF and EH are perpendicular and form right angles. Because rhombus EFGH has a right angle, it is a square.

42. Slope of EF $= \dfrac{1-(-2)}{5-1} = \dfrac{3}{4}$

Slope of FG $= \dfrac{4-1}{3-5} = -\dfrac{3}{2}$

Slope of GH $= \dfrac{4-4}{-3-3} = 0$

Slope of HE $= \dfrac{-2-4}{1-(-3)} = -\dfrac{6}{4} = -\dfrac{3}{2}$

Thus, FG and HE are parallel. A quadrilateral with exactly one pair of parallel sides is a trapezoid.

44. Slope of AD $= \dfrac{c-0}{a+b-0} = \dfrac{c}{a+b}$

Slope of BC $= \dfrac{c-0}{b-a} = \dfrac{c}{b-a}$

Because you are given that

$d(AB) = d(AC)$,

$a = \sqrt{b^2 + c^2}$

or

$a^2 = b^2 + c^2$

Now find the product of $\dfrac{c}{a+b}$ and $\dfrac{c}{b-a}$, and substitute $-c^2$ for $b^2 - a^2$.

$$\frac{c}{a+b} \cdot \frac{c}{b-a} = \frac{c^2}{b^2 - a^2}$$

$$= \frac{c^2}{-c^2}$$

$$= -1$$

Because the slopes of AD and BC are negative reciprocals, the segments are perpendicular.

EXERCISE 3.3

2. $y - y_1 = m(x - x_1)$

$y - 5 = -3(x - 3)$

$y - 5 = -3x + 9$

$y = -3x + 14$

4. $y - y_1 = m(x - x_1)$

$y + 2 = -6(x - \frac{1}{4})$

$y + 2 = -6x + \frac{3}{2}$

$y = -6x - \frac{1}{2}$

6. $y - y_1 = m(x - x_1)$

$y + 8 = -3(x - 0)$

$y + 8 = -3x$

$y = -3x - 8$

8. $y = mx + b$

$y = -\frac{1}{3}x + \frac{2}{3}$

10. $y = mx + b$

$y = \pi x + \frac{1}{\pi}$

12. $y = mx + b$

$y = ax + 2a$

14. $y = mx + b$

$-7 = -\frac{2}{3}(-3) + b$

$-7 = 2 + b$

$-9 = b$

$y = -\frac{2}{3}x - 9$

$3y = -2x - 27$

$2x + 3y = -27$

16. $y = mx + b$

$9 = 1(-5) + b$

$14 = b$

$y = 1x + 14$

$-14 = x - y$

$x - y = -14$

18. $y = mx + b$

$0 = 2\sqrt{3}(-\sqrt{3}) + b$

$0 = -6 + b$

$6 = b$

$y = 2\sqrt{3}\,x + 6$

$-6 = 2\sqrt{3}\,x - y$

$2\sqrt{3}\,x - y = -6$

20. $m = \frac{0 - 5}{-5 - 0} = 1$

$y - y_1 = m(x - x_1)$

$y - 0 = 1(x + 5)$

$y = x + 5$

$x - y = -5$

22. $m = \frac{-7 - 5}{-5 + 7} = \frac{-12}{2} = -6$

$y - y_1 = m(x - x_1)$

$y - 5 = -6(x + 7)$

$y - 5 = -6x - 42$

$6x + y = -37$

24. $m = \frac{-9 - (-5)}{5 - (-9)} = \frac{-4}{14} = -\frac{2}{7}$

$y - y_1 = m(x - x_1)$

$y + 9 = -\frac{2}{7}(x - 5)$

$7y + 63 = -2x + 10$

$2x + 7y = -53$

26. $-2(3x + 6) = -2y + 15$

$-6x - 12 = -2y + 15$

$2y = 6x + 27$

$y = 3x + \frac{27}{2}$

Slope is 3.

y-intercept is $\frac{27}{2}$.

28. $3(y + 2) + 2x = 2(y + x)$

$3y + 6 + 2x = 2y + 2x$

$y + 6 = 0$

$y = 0x - 6$

Slope is 0.

y-intercept is -6.

30. $m = \frac{-6 - 3}{-3 - 15} = \frac{-9}{-18} = \frac{1}{2}$

$y = mx + b$

$3 = \frac{1}{2}(15) + b$

$-\frac{9}{2} = b$

Slope is $\frac{1}{2}$.

y-intercept is $-\frac{9}{2}$.

32. $3y + 1 = 6(x - 2)$

$3y + 1 = 6x - 12$

$3y = 6x - 13$

$y = 2x - \frac{13}{2}$

The slope of the desired line is 2.

$y = mx + b$

$0 = 2(5) + b$

$-10 = b$

The y-intercept of the desired line is -10.

34. $x = 2y - 7$

$2y = x + 7$

$y = \frac{1}{2}x + \frac{7}{2}$

The slope of the desired line is the negative reciprocal of $\frac{1}{2}$, which is -2.

34. (cont'd)

$y = mx + b$

$8 = -2(0) + b$

$8 = b$

The y-intercept of the desired line is 8.

36. $y - y_1 = m(x - x_1)$

$y - 6 = \frac{3}{5}(x + 2)$

$5y - 30 = 3x + 6$

$-36 = 3x - 5y$

$3x - 5y = -36$

38. $m = \frac{3 - 5}{-5 - 3} = \frac{-2}{-8} = \frac{1}{4}$

$y - y_1 = m(x - x_1)$

$y - 5 = \frac{1}{4}(x - 3)$

$4y - 20 = x - 3$

$-17 = x - 4y$

$x - 4y = -17$

40. $m = \frac{-9 - 0}{5 - 0} = -\frac{9}{5}$

$y - y_1 = m(x - x_1)$

$y - 0 = -\frac{9}{5}(x - 0)$

$5y = -9x$

$9x + 5y = 0$

42. $m = \frac{-3 - 0}{0 - 4} = \frac{3}{4}$

$y = mx + b$

$y = \frac{3}{4}x - 3$

$4y = 3x - 12$

$12 = 3x - 4y$

$3x - 4y = 12$

44. $y = mx + b$

$-3 = m(4) - 2$

$-1 = 4m$

$-\frac{1}{4} = m$

$y = -\frac{1}{4}x - 2$

$4y = -x - 8$

$x + 4y = -8$

46. $y - y_1 = m(x - x_1)$

$y - 0 = -\frac{1}{2}(x - 10)$

$2y = -x + 10$

$x + 2y = 10$

48. $m = 4$

$y - y_1 = m(x - x_1)$

$y - 0 = 4(x + 4)$

$y = 4x + 16$

$-16 = 4x - y$

$4x - y = -16$

50. $m = 3$

y-intercept is -3.

Thus,

$y = 3x - 3$

$3x - y = 3$

52. $m = -\frac{3}{2}$

$y - y_1 = m(x - x_1)$

$y - 0 = -\frac{3}{2}(x - 0)$

52. (cont'd)

$2y = -3x$

$3x + 2y = 0$

54. $m = \frac{5}{3}$

$$y - y_1 = m(x - x_1)$$

$$y - 3 = \frac{5}{3}(x + 2)$$

$$3y - 9 = 5x + 10$$

$$-19 = 5x - 3y$$

$$5x - 3y = -19$$

56. Line passes through (a,0) and (0,b).

$$m = \frac{b - 0}{0 - a} = -\frac{b}{a}$$

$$y = mx + b$$

$$y = -\frac{b}{a}x + b$$

$$\frac{b}{a}x + y = b$$

$$\frac{bx}{ab} + \frac{y}{b} = \frac{b}{b}$$

$$\frac{x}{a} + \frac{y}{b} = 1$$

58. $Ax + By = C$

$$Ax + 0y = C$$

$$Ax = C$$

$$x = \frac{C}{A}$$

60. The slope of $Ax + By = C$ is $-\frac{A}{B}$.

The slope of $kAx + kBy = D$ is

$$-\frac{kA}{kB} = -\frac{A}{B}$$

Thus, the lines are parallel.

EXERCISE 3.4

2. $y - 2x = 0$

$$y = 2x$$

Since each x determines one y, the equation determines a function.

4. $|y| = x$

Since a number x such as 6 determines two values y (6 and -6), the equation does not determine a function.

6. $y - 7 = 7$

$$y = 14$$

Since each number x determines the value 14 for y, the equation determines a function.

8. $|x - 2| = y$

Since each number x determines one value of y, the equation determines a function.

10. $x = 7$

Since every value y corresponds to the number 7, the equation does not determine a function.

12. Domain is the set of all real numbers. Range is the set of all real numbers.

$$y = f(x) = -5x + 2$$

$$f(3) = -5(3) + 2$$

$$= -13$$

14. Domain is the set of all real numbers. Range is the set of all real numbers greater than or equal to 3.

$$y = f(x) = x^2 + 3$$
$$f(3) = 3^2 + 3$$
$$= 12$$

16. Domain is the set of all real numbers except -3. Range is the set of all real numbers except 0.

$$y = f(x) = \frac{-7}{x + 3}$$
$$f(3) = \frac{-7}{3 + 3}$$
$$= -\frac{7}{6}$$

18. Domain is the set of all real numbers such that $x \leq -3$ or $x \geq 3$. Range is the set of all nonnegative values.

$$y = f(x) = \sqrt{x^2 - 9}$$
$$f(3) = \sqrt{3^2 - 9}$$
$$= 0$$

20. Domain is the set of all numbers except 2.

$$f(-2) = \frac{3}{-2 - 2} = -\frac{3}{4}$$
$$f(0) = \frac{3}{0 - 2} = -\frac{3}{2}$$
$$f(a) = \frac{3}{a - 2} \quad (a \neq 2)$$

22. Domain is the set of all numbers except 0.

$$f(-2) = \frac{-2 + 2}{-2} = 0$$
$$f(0) = \frac{0 + 2}{0} = \text{undefined}$$
$$f(a) = \frac{a + 2}{a}$$

24. Domain is the set of all numbers x such that $-5 \leq x \leq 5$.

$$f(-2) = \sqrt{25 -(-2)^2} = \sqrt{21}$$
$$f(0) = \sqrt{25 - 0^2} = 5$$
$$f(a) = \sqrt{25 - a^2}$$

26. Domain is the set of all numbers x such that $-7 < x < 7$.

$$f(-2) = \frac{1}{\sqrt{49 -(-2)^2}} = \frac{1}{\sqrt{45}} = \frac{3\sqrt{15}}{45} = \frac{\sqrt{15}}{15}$$
$$f(0) = \frac{1}{\sqrt{49 - 0^2}} = \frac{1}{7}$$
$$f(a) = \frac{1}{\sqrt{49 - a^2}}$$

28. No function because three values of y correspond to one number x.

30. No function because it does not pass the vertical line test.

32. A function.

34.

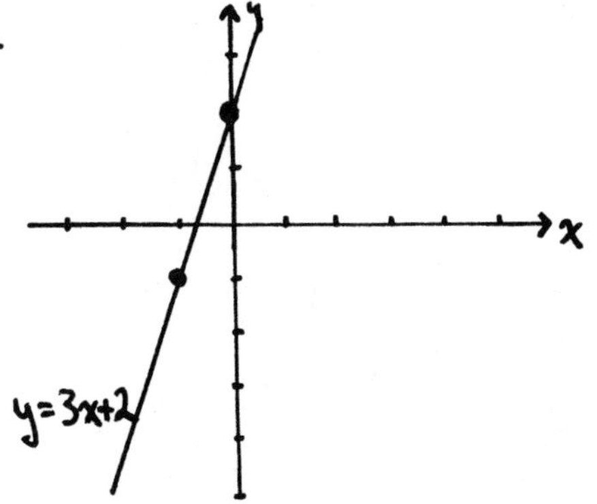

a function

36.

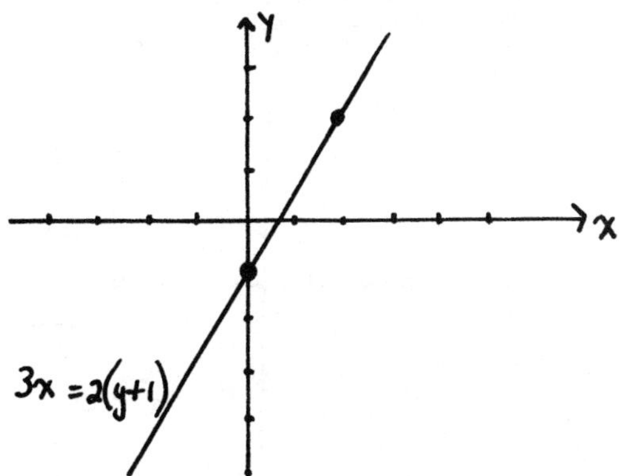

a function

38.

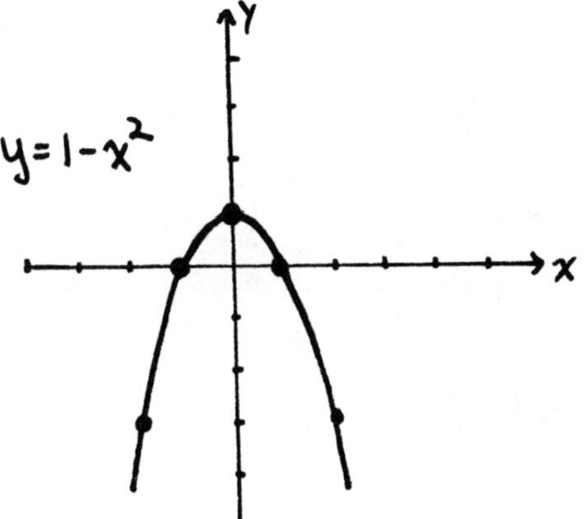

a function

40.

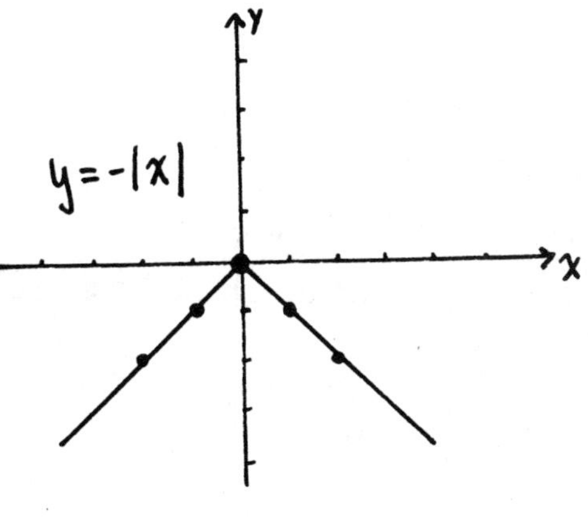

a function

42.

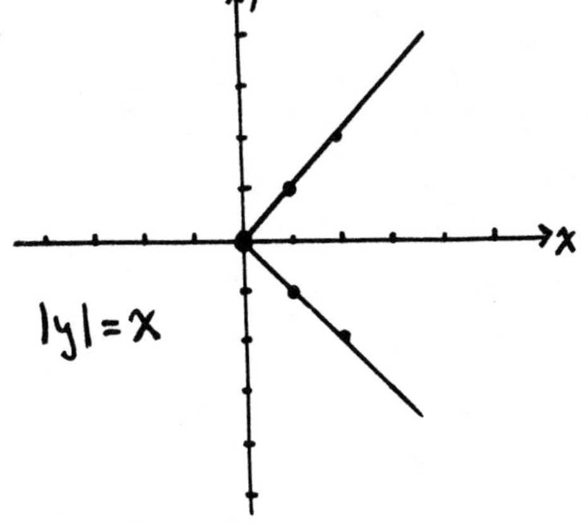

not a function

44.

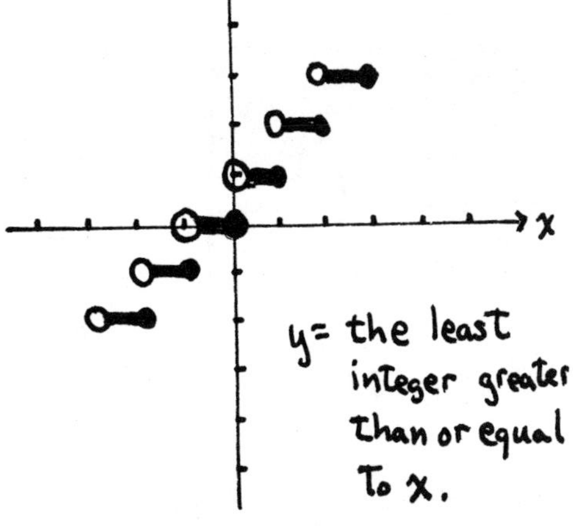

a function

46.

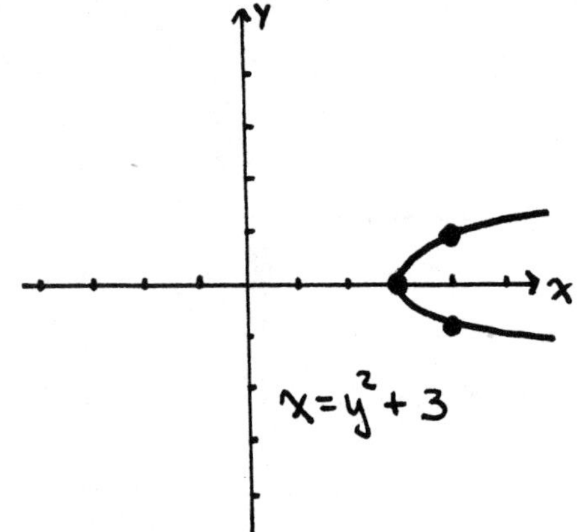

not a function

48.

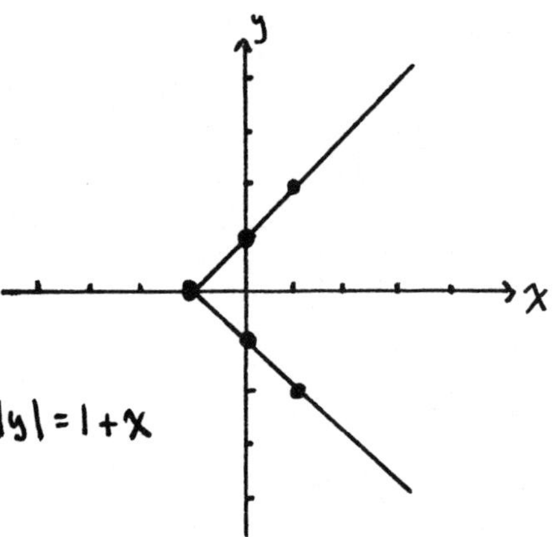

not a function

50.

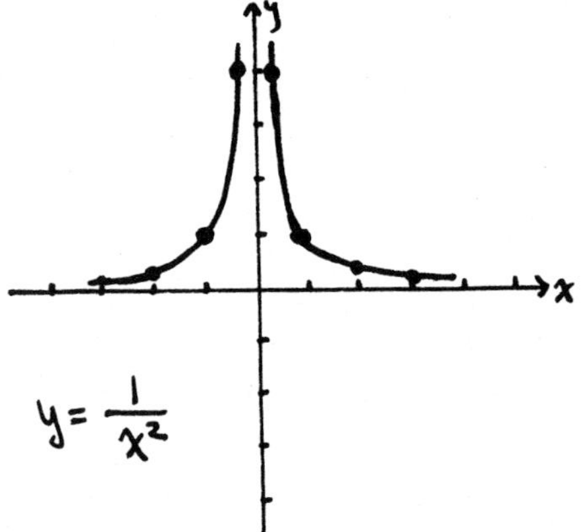

a function

52.

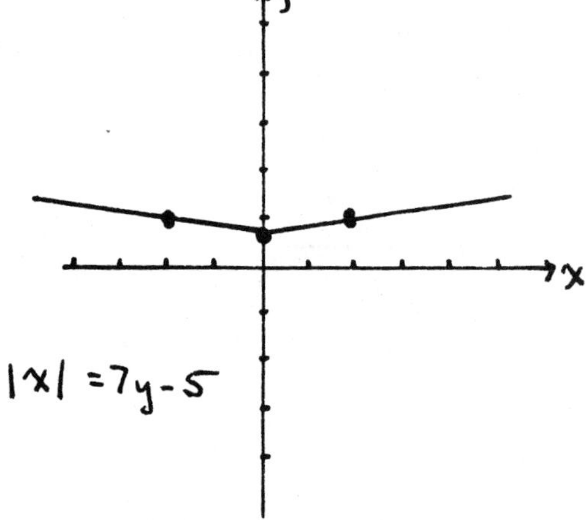

a function

54.

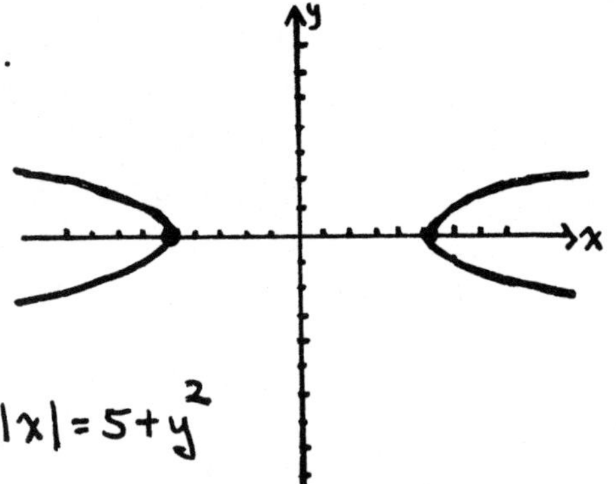

not a function

56. $v = mt + b$

$$m = \frac{79 - 15}{2 - 0} = \frac{64}{2} = 32$$

$15 = 32(0) + b$

$15 = b$

Thus,

$v = 32t + 15$

58. $A = mt + b$

$m = \frac{320 - 272}{5 - 3} = \frac{48}{2} = 24$

$272 = 24(3) + b$

$272 = 72b$

$200 = b$

Thus,

$A = 24t + 200$

60. $A = \pi r^2$

$\frac{A}{\pi} = r^2$

$r = \sqrt{\frac{A}{\pi}}$

62. $A = \pi r^2$

$C = 2\pi r$

Thus,

$A = \pi r^2$

$A = \frac{\pi\ 2\pi r\ 2\pi r}{4\pi^2}$

$A = \frac{C^2}{4\pi}$

64.

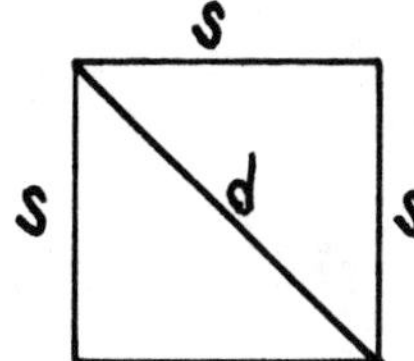

$d^2 = s^2 + s^2$

$d = \sqrt{2s^2}$

$d = s\sqrt{2}$

EXERCISE 3.5

2.

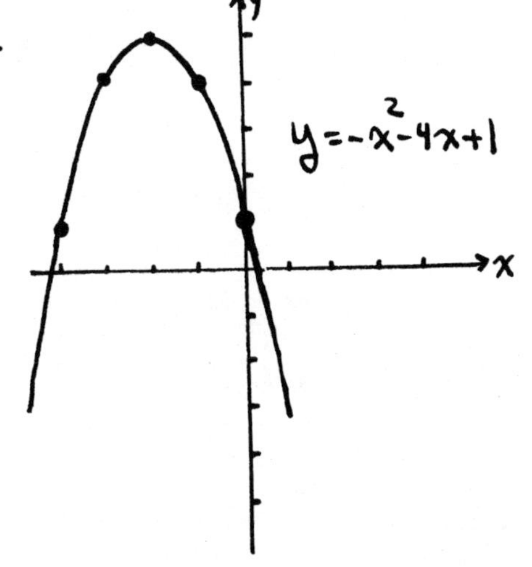

4.

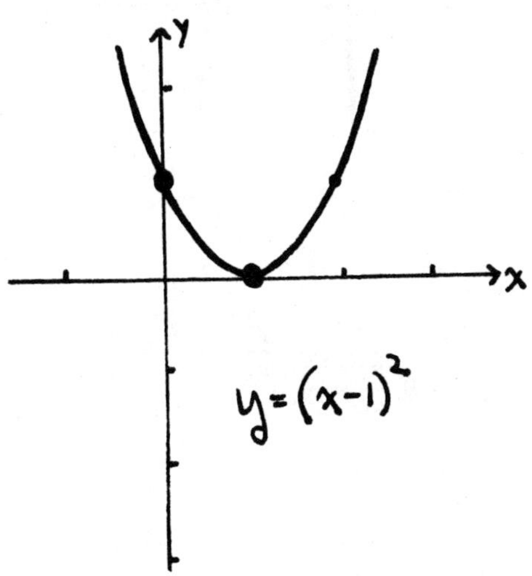

6. 

8.

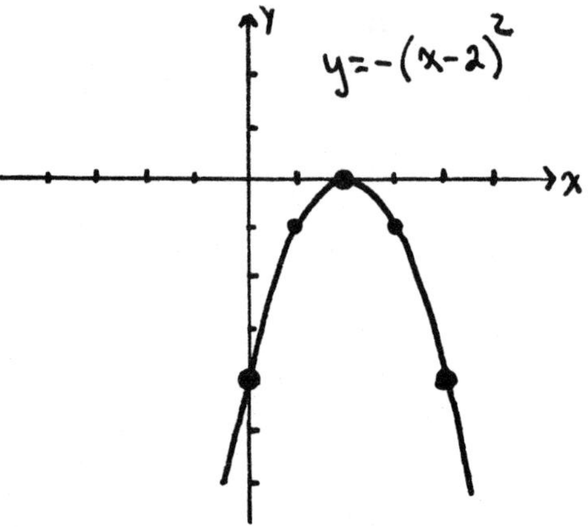

10.

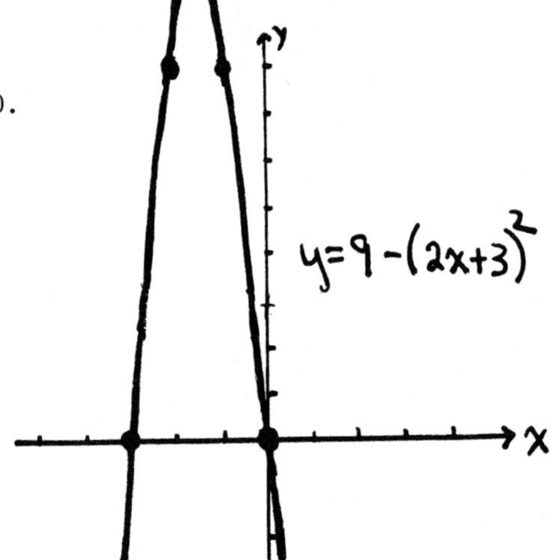

12. $\left(-\frac{b}{2a}, c - \frac{b^2}{4a}\right) = \left(-\frac{-10}{2}, 25 - \frac{100}{4}\right)$

$= (5,0)$

14. $y = -x^2 + 9x - 2$

$\left(-\frac{b}{2a}, c - \frac{b^2}{4a}\right) = \left(-\frac{9}{-2}, -2 - \frac{81}{-4}\right)$

$= \left(\frac{9}{2}, \frac{73}{4}\right)$

16. $2x^2 + 16x - y + 33 = 0$

$y = 2x^2 + 16x + 33$

$\left(-\frac{b}{2a}, c - \frac{b^2}{4a}\right) = \left(-\frac{16}{4}, 33 - \frac{256}{8}\right)$

$= (-4,1)$

18. Because x appears with even exponents only, the curve is symmetric to the y-axis. Because

$x^2 + 2 = (-x)^2 + 2,$

the function is even.

20. The curve is symmetric to the y-axis, x-axis, and origin.

22. There are no symmetries. The function is neither even nor odd.

24. The curve is symmetric to the y-axis. The curve is an even function.

26. The curve is symmetric to the x-axis.

28.

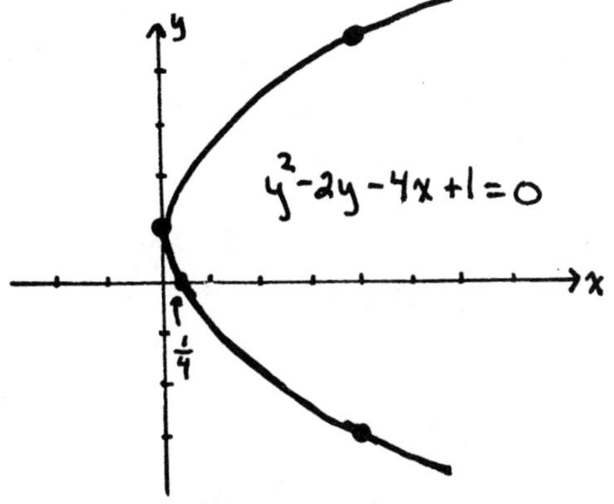

The graph is a parabola, but it is not a function.

30. $y = 400x - 16x^2$

$y = -16x^2 + 400x$

The y value of the vertex is

$c - \frac{b^2}{4a} = 0 - \frac{160000}{-64}$

$= 2500$ ft

32. $s = -16t^2 + 80t$

The t coordinate of the vertex is

$-\frac{b}{2a} = -\frac{80}{-32} = 2\frac{1}{2}$

It will take $2(\frac{5}{2})$ or 5 seconds.

34. The vertex of

$s = -16t^2 + 80t$ is $(\frac{5}{2}, 100)$.

It falls back to earth in 5 seconds. Hence, it takes $2\frac{1}{2}$ seconds to reach its maximum height and $2\frac{1}{2}$ seconds to fall back.

36.

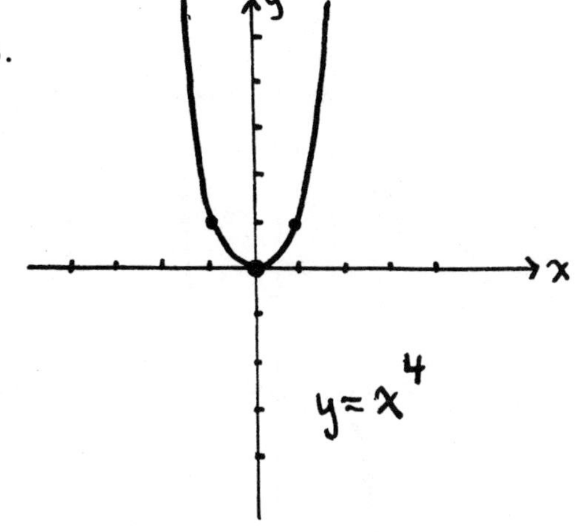

38.

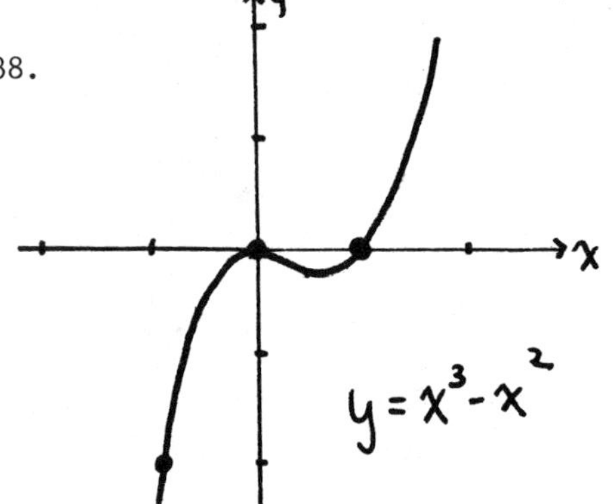

40.

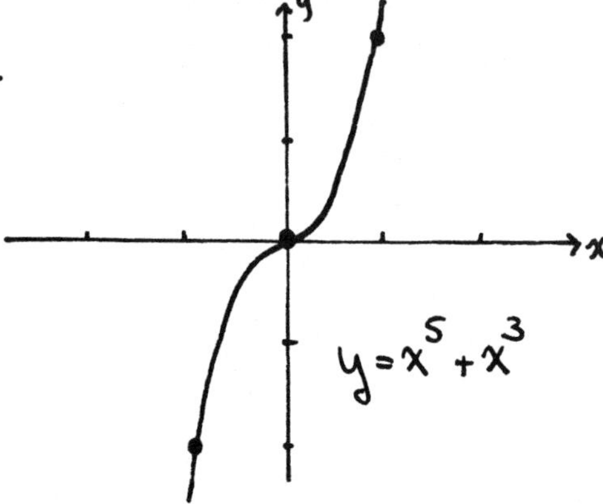

42.

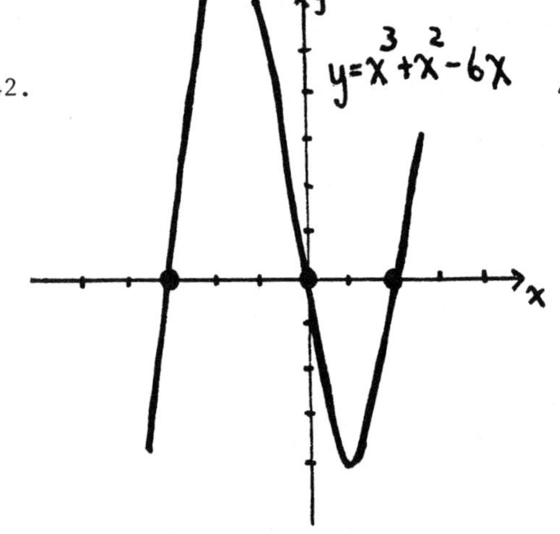

44.

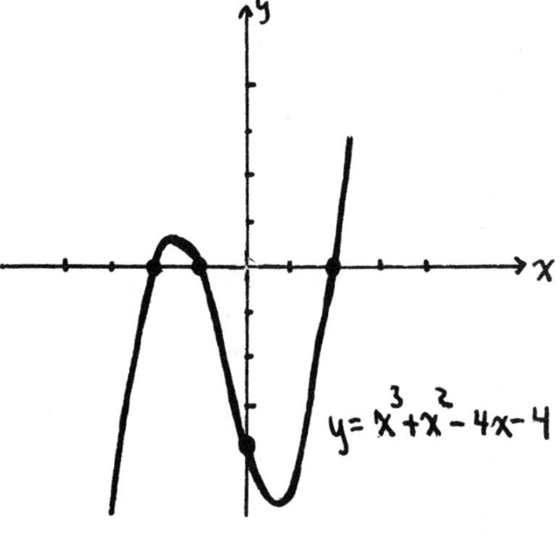

46.

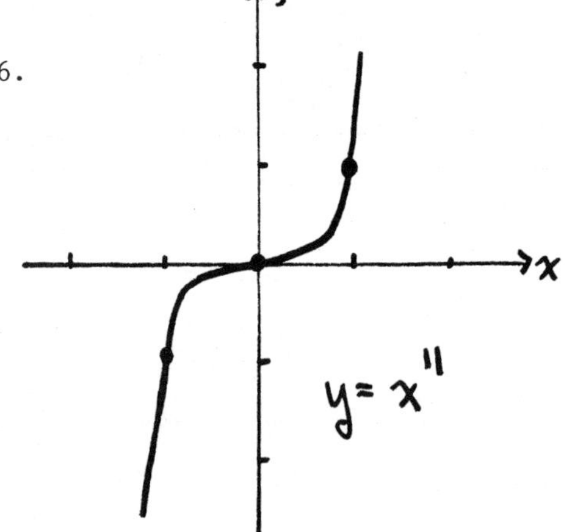

48.

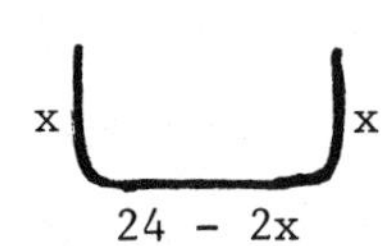

$$A = x(24 - 2x)$$
$$= -2x^2 + 24x$$

The maximum area will be the A coordinate of the vertex of the parabola. Thus,

$$\max A = c - \frac{b^2}{4a}$$
$$= 0 - \frac{576}{-8}$$
$$= 72$$

48. (cont'd)

So,

$$-2x^2 + 24x = 72$$

$$x^2 - 12x + 36 = 0$$

$$(x - 6)(x - 6) = 0$$

$$x = 6$$

$$24 - 2x = 12$$

The dimensions are 6 inches by 12 inches.

52.

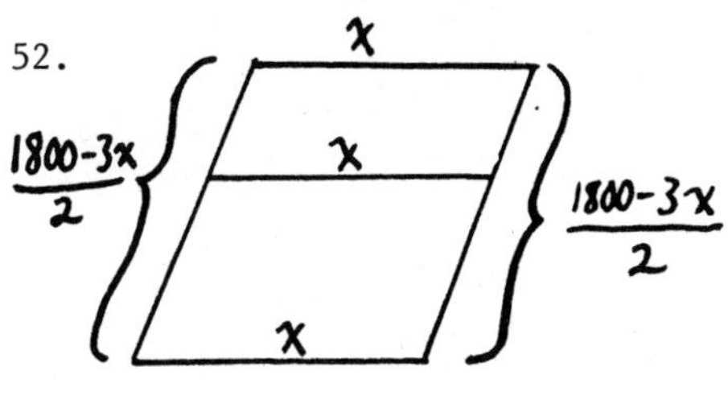

$$A = x(-\frac{3x}{2} + 900)$$

$$A = -\frac{3}{2}x^2 + 900x$$

The maximum area is

$$\max A = c - \frac{b^2}{4a}$$

$$= 0 - \frac{810000}{-6}$$

$$= 135{,}000$$

So,

$$-\frac{3}{2}x^2 + 900x = 135{,}000$$

$$-3x^2 + 1800x = 270{,}000$$

$$x^2 - 600x + 90000 = 0$$

$$(x - 300)(x + 300) = 0$$

$$x = 300$$

$$\frac{1800 - 3x}{2} = \frac{1800 - 900}{2} = 450$$

The dimensions are 300 ft by 450 ft.

50.

x

$\frac{D - 2x}{2}$ $\frac{D - 2x}{2}$

x

$$A = x(\frac{D - 2x}{2})$$

$$A = -\frac{2x^2}{2} + \frac{Dx}{2}$$

$$A = -x^2 + \frac{D}{2}x$$

The maximum area is the A coordinate of the vertex of the parabola. Thus,

$$\max A = c - \frac{b^2}{4a}$$

$$= 0 - \frac{\frac{D^2}{4}}{-4}$$

$$= \frac{D^2}{16}$$

So,

$$-x^2 + \frac{D}{2}x = \frac{D^2}{16}$$

$$x^2 - \frac{D}{2}x + \frac{D^2}{16} = 0$$

$$(x - \frac{D}{4})(x - \frac{D}{4}) = 0$$

$$x = \frac{D}{4}$$

$$\frac{D - 2x}{2} = \frac{D - 2(\frac{D}{4})}{2}$$

$$= \frac{\frac{D}{2}}{2}$$

$$= \frac{D}{4}$$

Because all four sides are of equal length, the rectangle is a square.

EXERCISE 3.6

2.

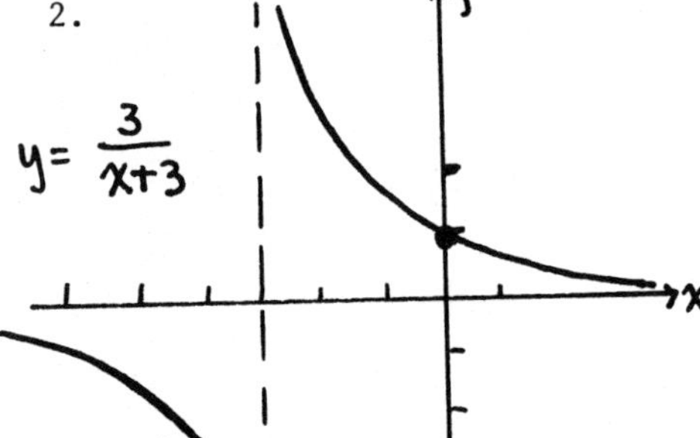

4.

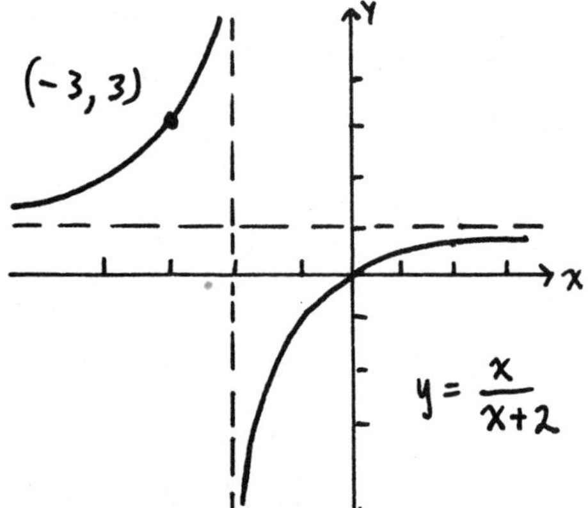

6.

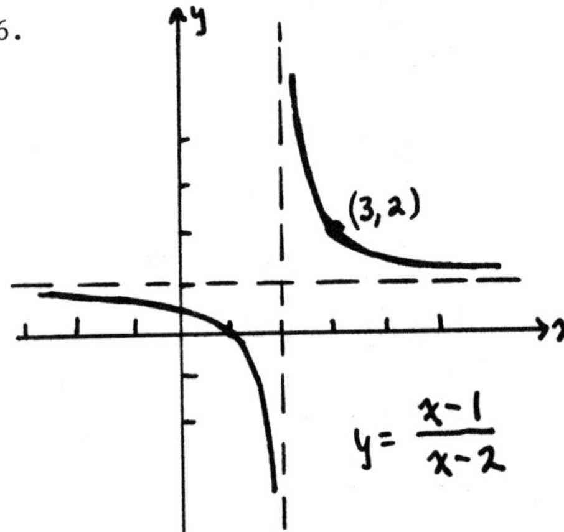

8.

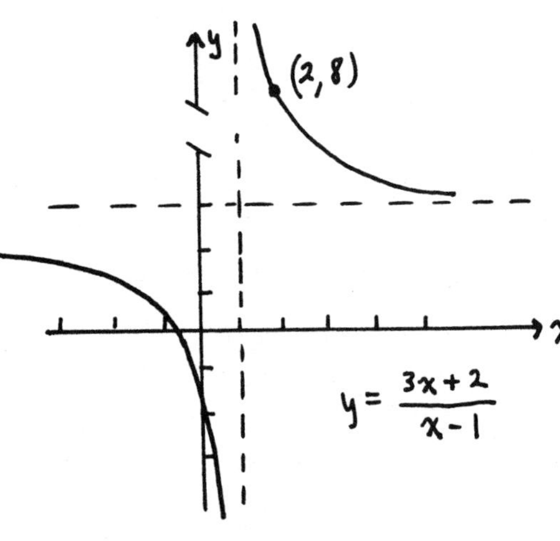

10.

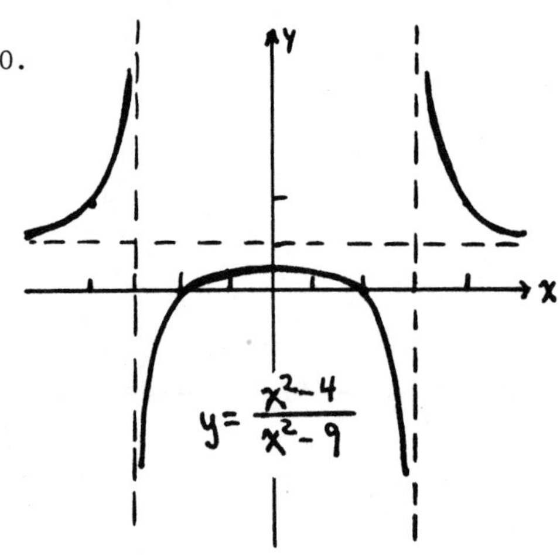

12.

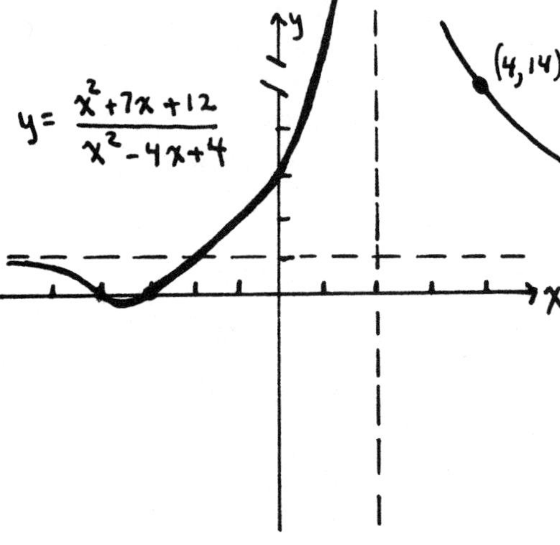

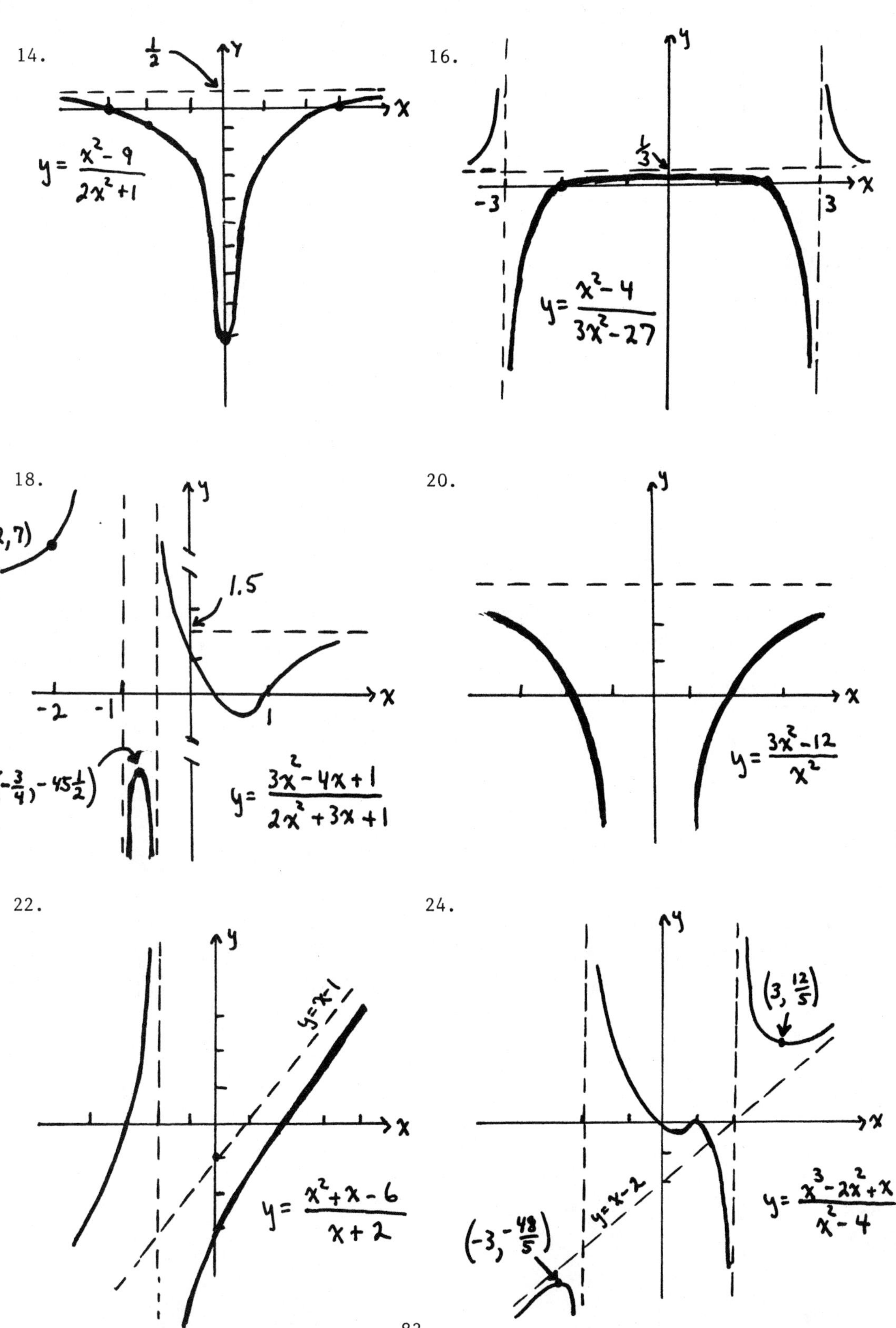
14.
$\frac{1}{2}$
y
x
$y = \frac{x^2-9}{2x^2+1}$
16.
y
$\frac{1}{3}$
x
-3
3
$y=\frac{x^2-4}{3x^2-27}$
18.
y
-2,7)
1.5
x
-2
-1
1
$(-\frac{3}{4}, -45\frac{1}{2})$
$y=\frac{3x^2-4x+1}{2x^2+3x+1}$
20.
y
x
$y=\frac{3x^2-12}{x^2}$
22.
y
y=x-1
x
$y=\frac{x^2+x-6}{x+2}$
24.
y
$(3, \frac{12}{5})$
x
y=x-2
$(-3, -\frac{48}{5})$
$y=\frac{x^3-2x^2+x}{x^2-4}$

26. Yes. The graphs in Exercises 11 and 12 are examples.

EXERCISE 3.7

2. $(f - g)(x) = (2x + 1) - (3x - 2)$
$= 2x + 1 - 3x + 2$
$= -x + 3$

4. $(f/g)(x) = \dfrac{2x + 1}{3x - 2}$

6. $(f + g)(x) = (x^2 + x) + (x^2 - 1)$
$= x^2 + x + x^2 - 1$
$= 2x^2 + x - 1$

8. $(f \cdot g)(x) = (x^2 + x)(x^2 - 1)$
$= x^4 + x^3 - x^2 - x$

10. $(f + g)(x) = x^2 + 3x - 3$
$(f + g)(-3) = (-3)^2 + 3(-3) - 3$
$= 9 - 9 - 3$
$= -3$

12. $(f - g)(x) = x^2 - 3x + 1$
$(f - g)(-5) = (-5)^2 - 3(-5) + 1$
$= 25 + 15 + 1$
$= 41$

14. $(f \cdot g)(x) = 3x^3 - 2x^2 - 3x + 2$
$(f \cdot g)(-1) = 3(-1)^3 - 2(-1)^2 - 3(-1) + 2$
$= 3(-1) - 2(1) + 3 + 2$
$= 0$

16. $(f/g)(x) = \dfrac{x^2 - 1}{3x - 2}$
$(f/g)(1) = \dfrac{1^2 - 1}{3(1) - 2}$
$= 0$

18. One possible answer is $f(x) = 3x$ and $g(x) = x$.

20. One possible answer is $f(x) = 5x$ and $g(x) = -x^4$.

22. $y = (3x - 2)(3x + 2)$
$= 9x^2 - 4$

One possible answer is $f(x) = 9x^2$ and $g(x) = -4$.

24. One possible answer is $f(x) = 15x^5$ and $g(x) = 3$.

26. $(g \circ f)(-3) = g(f(-3))$

$f(-3) = 2(-3) - 5 = -11$

$g(f(-3)) = g(-11) = 5(-11) - 2$

$= -55 - 2$

$= -57$

28. $(g \circ g)(\frac{3}{5}) = g(g(\frac{3}{5}))$

$g(\frac{3}{5}) = 5(\frac{3}{5}) - 2$

$= 3 - 2 = 1$

$g(g(\frac{3}{5})) = g(1) = 5(1) - 2$

$= 3$

30. $(g \circ f)(3) = g(f(3))$

$f(3) = 3(3)^2 - 2 = 25$

$g(f(3)) = g(25) = 4(25 + 1)$

$= 104$

32. $(g \circ g)(-4) = g(g(-4))$

$g(-4) = 4(-4 + 1) = -12$

$g(g(-4)) = g(-12) = 4(-12 + 1)$

$= -44$

34. $(g \circ f)(x) = g(f(x)) = g(3x) = 3x + 1$

The domain is the set of all real numbers x.

36. $(g \circ g)(x) = g(g(x)) = g(x + 1) = (x + 1) + 1 = x + 2$

The domain is the set of all real numbers x.

38. $(f \circ g)(x) = f(g(x)) = f(2x) = (2x)^2 = 4x^2$

The domain is the set of all real numbers x.

40. $(g \circ g)(x) = g(g(x)) = 2(2x) = 4x$

The domain is the set of all real numbers x.

42. $(g \circ f)(x) = g(f(x)) = g(\sqrt{x}) = (\sqrt{x})^2 + 1 = x + 1$

Because the domain of f is the set of nonnegative numbers and the domain of g is the set of all real numbers, the domain of $g \circ f$ is the set of nonnegative numbers.

44. $(g \circ g)(x) = g(g(x)) = g(x^2 + 1) = [(x^2 + 1)^2 + 1] = x^4 + 2x^2 + 2$

The domain of $g \circ g$ is the set of all real numbers.

46. $(f \circ g)(x) = f(g(x)) = f(x^2 - 1) = \sqrt{x^2 - 1 + 1} = \sqrt{x^2} = |x|$

The domain of $f \circ g$ is the set of all real numbers x.

48. $(f \circ f)(x) = f(f(x)) = f(\sqrt{x + 1}) = \sqrt{\sqrt{x + 1} + 1}$

The domain of $f \circ f$ is the set of all real numbers such that $x \geq -1$.

50. If $f(x) = 7x - 5$ and $g(x) = x$, then $(f \circ g)(x) = f(g(x)) = 7x - 5$

52. If $f(x) = x-3$ and $g(x) = x^3$, then $(f \circ g)(x) = f(g(x)) = x^3 - 3$.

54. If $f(x) = x^3$ and $g(x) = x - 3$, then $(f \circ g)(x) = f(g(x)) = (x - 3)^3$.

56. If $f(x) = \frac{1}{x}$ and $g(x) = x - 5$, then $(f \circ g)(x) = f(g(x)) = \frac{1}{x - 5}$.

58. If $f(x) = \frac{1}{x} - 5$ and $g(x) = x$, then $(f \circ g)(x) = f(g(x)) = \frac{1}{x} - 5$.

60. If $f(x) = 3$ and $g(x) = 3x$, then $(f \circ g)(x) = f(g(x)) = 3$.

62. Let $g(x) = x^2$, then

$(g + g)(x) = x^2 + x^2 = 2x^2$

but

$g(x+x) = g(2x) = (2x)^2 = 4x^2$

64. Let $g(x) = \frac{x}{x - 1}$. Then

$$(g \circ g)(x) = g(g(x)) = \frac{\frac{x}{x - 1}}{\frac{x}{x - 1} - 1}$$

$$= \frac{x}{x - 1(x - 1)} = \frac{x}{x - x + 1} = x$$

EXERCISE 3.8

2. The equation $y = \frac{1}{2} x$ determines a function. Since each value of y corresponds to a different number x, the function is one-to-one.

4. The equation $y = x^4 - x^2$ determines a function. Since some values of y correspond to two numbers x (such as $f(1) = 0$ and $f(-1) = 0$), the function is not one-to-one.

6. The equation $y = x^2 - x$ determines a function. Since some values of y correspond to two numbers x (such as $f(1) = 0$ and $f(0) = 0$), the function is not one-to-one.

8. The equation $y = |x - 3|$ determines a function. Since some values of y correspond to two numbers x (such as $f(2) = 1$ and $f(4) = 1$), the function is not one-to-one.

10. The equation $x = \sqrt{y - 5}$ where $y \geq 5$ is a function. Since each value y corresponds to a different number x, the function is one-to-one.

12. Not one-to-one.

14. One-to-one.

16. $(f \circ g)(x) = f(g(x)) = f(\frac{x - 2}{3}) = 3(\frac{x - 2}{3}) + 2 = x$

$(g \circ f)(x) = g(f(x)) = g(3x + 2) = \frac{3x + 2 - 2}{3} = x$

18. $(f\circ g)(x) = f(g(x)) = f\left(\frac{x+1}{x-1}\right) = \dfrac{\frac{x+1}{x-1}+1}{\frac{x+1}{x-1}-1} = \frac{x+1+x-1}{x+1-x+1} = \frac{2x}{2} = x$

$(g\circ f)(x) = g(f(x)) = g\left(\frac{x+1}{x-1}\right) = \dfrac{\frac{x+1}{x-1}+1}{\frac{x+1}{x-1}-1} = \frac{x+1+x-1}{x+1-x+1} = \frac{2x}{2} = x$

20. The inverse of $y = \frac{1}{3}x$ is $x = \frac{1}{3}y$ or $y = 3x$. Thus,

$f(x) = \frac{1}{3}x$ and $f^{-1}(x) = 3x$.

$(f\circ f^{-1})(x) = f(f^{-1}(x)) = f(3x) = \frac{1}{3}(3x) = x$

$(f^{-1}\circ f)(x) = f^{-1}(f(x)) = f^{-1}(\frac{1}{3}x) = 3(\frac{1}{3}x) = x$

22. The inverse of $y = 2x - 5$ is $x = 2y - 5$ or $y = \frac{x+5}{2}$. Thus,

$f(x) = 2x - 5$ and $f^{-1}(x) = \frac{x+5}{2}$.

$(f\circ f^{-1})(x) = f(f^{-1}(x)) = f(\frac{x+5}{2}) = 2(\frac{x+5}{2}) - 5 = x$

$(f^{-1}\circ f)(x) = f^{-1}(f(x)) = f^{-1}(2x-5) = \frac{2x-5+5}{2} = x$

24. The inverse of $y = \frac{1}{x-2}$ is $x = \frac{1}{y-2}$ or $y = \frac{1}{x} + 2$. Thus,

$f(x) = \frac{1}{x-2}$ and $f^{-1}(x) = \frac{1}{x} + 2$.

$(f\circ f^{-1})(x) = f(f^{-1}(x)) = f(\frac{1}{x}+2) = \dfrac{1}{\frac{1}{x}+2-2} = x$

$(f^{-1}\circ f)(x) = f^{-1}(f(x)) = f^{-1}(\frac{1}{x-2}) = \dfrac{1}{\frac{1}{x-2}} + 2 = x - 2 + 2 = x$

26. The inverse of $y = \frac{1}{x^3}$ is $x = \frac{1}{y^3}$ or $y = \sqrt[3]{\frac{1}{x}}$. Thus,

$f(x) = \frac{1}{x^3}$ and $f^{-1}(x) = \sqrt[3]{\frac{1}{x}}$

26. (cont'd)

$$(f\circ f^{-1})(x) = f(f^{-1}(x)) = f\left(\sqrt[3]{\frac{1}{x}}\right) = \frac{1}{\left(\sqrt[3]{\frac{1}{x}}\right)^3} = x$$

$$(f^{-1}\circ f)(x) = f^{-1}(f(x)) = f^{-1}\left(\frac{1}{x^3}\right) = \sqrt[3]{\frac{1}{\frac{1}{x^3}}} = \sqrt[3]{x^3} = x$$

28. The inverse of $y = \frac{3}{2}x$ is

$x = \frac{3}{2}y$ or $y = \frac{2}{3}x$.

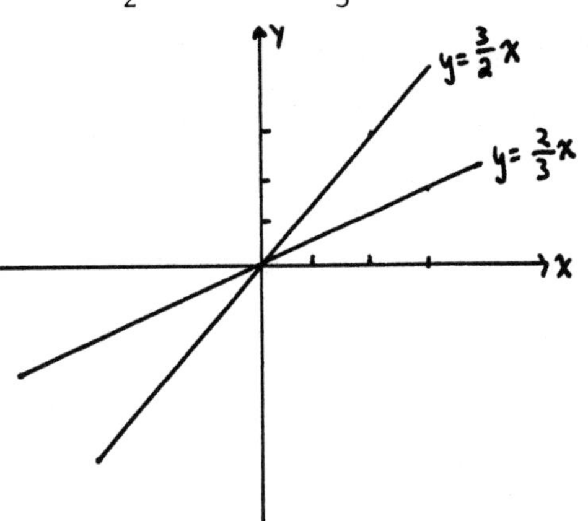

30. The inverse of $y = \frac{3}{2}x - 2$ is

$x = \frac{3}{2}y - 2$ or $y = \frac{2}{3}(x + 2)$.

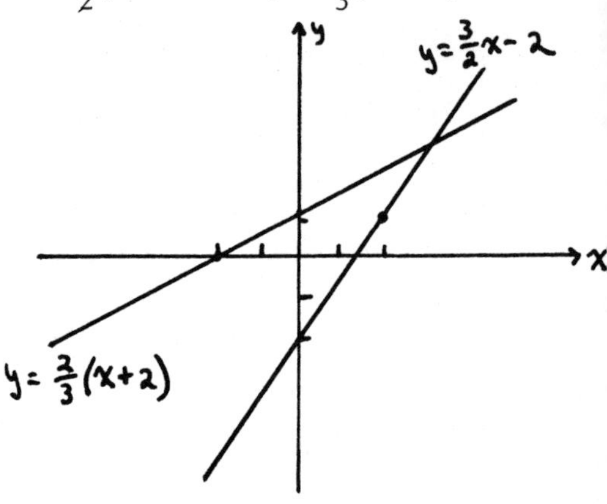

32. The inverse of $y = \frac{1}{x - 3}$ is

$x = \frac{1}{y - 3}$ or $y = \frac{1}{x} + 3$.

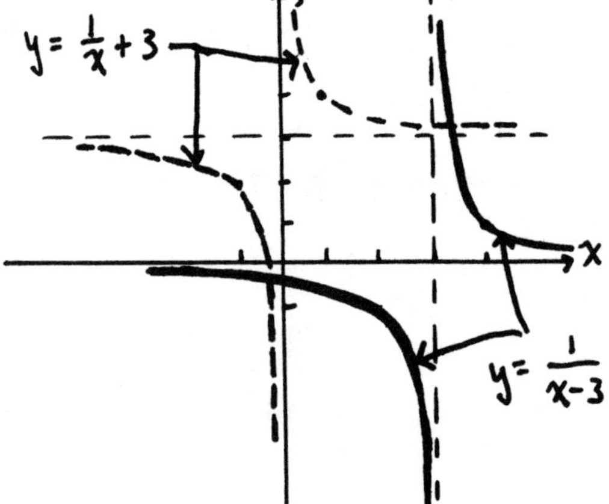

34. The inverse of $3x + 2y = 6$ is

$3y + 2x = 6$ or $y = -\frac{2}{3}x + 2$.

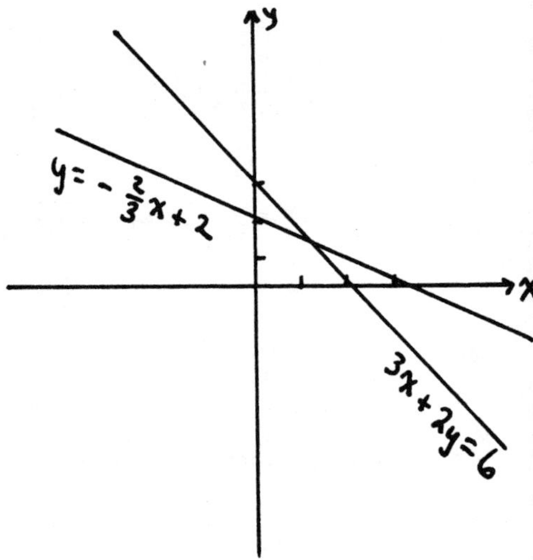

36. The inverse of $x + y = 0$ is $y + x = 0$ or $y = -x$.

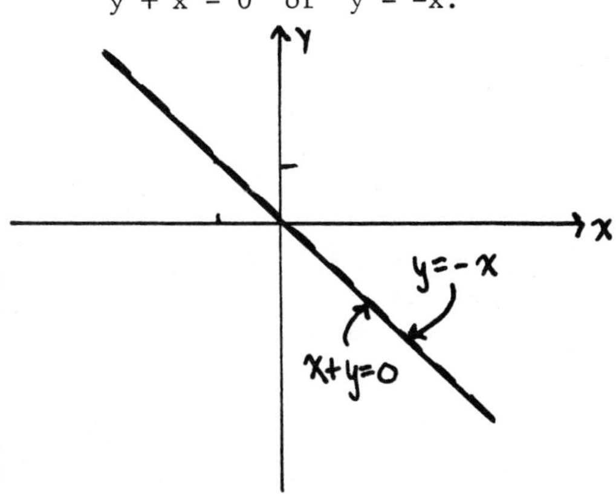

38. The inverse of $y = \frac{1}{x^2}$ where $x > 0$ is $x = \frac{1}{y^2}$ where $y > 0$.

Thus, the inverse is $y = \sqrt{\frac{1}{x}}$ where $y > 0$.

40. The inverse of $y = \frac{-1}{x^4}$ where $x < 0$ is $x = \frac{-1}{y^4}$ where $y < 0$.

Thus, the inverse is

$y = -\sqrt[4]{\frac{-1}{x}}$ where $y < 0$.

42. The inverse of $y = \sqrt{x^2 - 1}$ where $x \leq -1$ is $x = \sqrt{y^2 - 1}$ where $y \leq -1$. Thus, the inverse is $y = -\sqrt{x^2 + 1}$ where $y \leq -1$.

44. The domain of $f(x) = \frac{x - 2}{x + 3}$ is the set of all real numbers except -3. The inverse of $y = \frac{x - 2}{x + 3}$ is

$$x = \frac{y - 2}{y + 3}$$

$$xy + 3x = y - 2$$

$$3x + 2 = y - xy$$

$$3x + 2 = y(1 - x)$$

$$y = \frac{3x + 2}{1 - x}$$

Because the domain of the inverse is all x but 1, the range of the original function is the set of all real values except 1.

46. The domain of the function $f(x) = \frac{3}{x} - \frac{1}{2}$ is the set of all numbers x except 0. The inverse of the function is

$$x = \frac{3}{y} - \frac{1}{2}$$

$$2yx = 6 - y$$

$$y(2x + 1) = 6$$

$$y = \frac{6}{2x + 1}$$

Because the domain of the inverse is all x but $-\frac{1}{2}$, the range of the original function is the set of all real values except $-\frac{1}{2}$.

EXERCISE 3.9

2. $\frac{5}{2} = \frac{x}{6}$

$2x = 30$

$x = 15$

4. $\frac{x + 5}{6} = \frac{7}{8 - x}$

$8x - x^2 + 40 - 5x = 42$

$-x^2 + 3x - 2 = 0$

$x^2 - 3x + 2 = 0$

$(x - 2)(x - 1) = 0$

$x - 2 = 0$ or $x - 1 = 0$

$x = 2$ | $x = 1$

6. $\frac{3}{x} = \frac{7}{21}$

$7x = 63$

$x = 9$

9 bags of lime

8. $z = kt$

$21 = k(7)$

$3 = k$

10. $R = \frac{k}{I^2}$

$100 = \frac{k}{25^2}$

$62{,}500 = k$

12. $z = k(x + y)$

$28 = k(2 + 5)$

$4 = k$

14. $w = kz$

$-6 = k(2)$

$-3 = k$

$w = -3z$

$w = -3(-3)$

$= 9$

16. $m = kn^2\sqrt{q}$

$24 = k2^2\sqrt{4}$

$24 = k8$

$3 = k$

$m = 3n^2\sqrt{q}$

$m = 3(5^2)\sqrt{q}$

$= 225$

18. $f = kd$

$5 = k(0.2)$

$25 = k$

$f = 25d$

$f = 25(0.35)$

$= 8.75$

A force of 8.75 newtons.

20. $p = kri^2$

$10 = k10(1^2)$

$1 = k$

$p = ri^2$

$p = 5(3^2)$

$= 45$

A power of 45 watts.

22. $p = k\sqrt{\ell}$

$1 = k\sqrt{1}$

$1 = k$

$p = \sqrt{\ell}$

$2 = \sqrt{\ell}$

$4 = \ell$

The pendulum will be 4 meters long.

24. $G = \frac{km_1m_2}{d^2}$

$G = \frac{k(3m_1)(3m_2)}{(2d)^2}$

24. (cont'd)

$G = \frac{9}{4} \cdot \frac{km_1m_2}{d^2}$

It is multiplied by $\frac{9}{4}$.

26. $d = ks$

$k = \sqrt{3}$

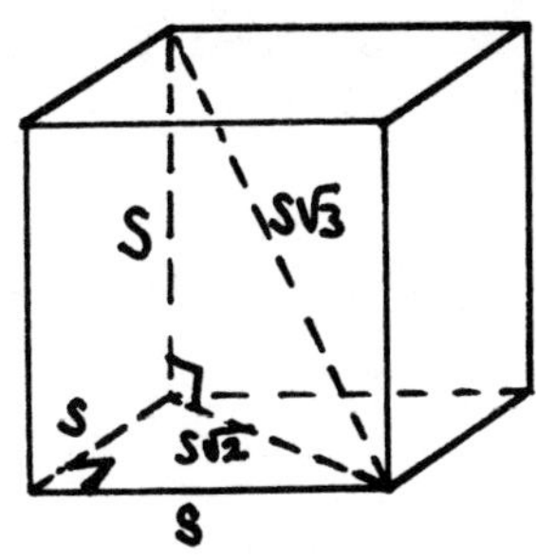

REVIEW EXERCISES

2. $d = \sqrt{(-12 - 0)^2 + (10 - 5)^2}$

$= \sqrt{12^2 + 5^2}$

$= 13$

$M = \left(\frac{0 + (-12)}{2}, \frac{5 + 10}{2}\right)$

$= (-6, \frac{15}{2})$

4. $d = \sqrt{(-a - a)^2 + [a - (-a)]^2}$

$= \sqrt{(-2a)^2 + (2a)^2}$

$= \sqrt{8a^2}$

$= 2a\sqrt{2}$

$M = \left(\frac{a + (-a)}{2}, \frac{-a + a}{2}\right)$

$= (0,0)$

6. $m = \frac{y_2 - y_1}{x_2 - x_1}$

$= \frac{-7 - 7}{-5 - 2}$

$= 2$

8. $m = \frac{y_2 - y_1}{x_2 - x_1}$

$= \frac{b - a - b}{b - (a + b)}$

$= \frac{-a}{-a}$

$= 1$

10. $y - y_1 = m(x - x_1)$

$y - 1 = -4[x - (-2)]$

$y - 1 = -4x - 8$

$4x + y = -7$

12. $y = mx + b$

$y = \frac{2}{3}x + 3$

$3y = 2x + 9$

$-9 = 2x - 3y$

$2x - 3y = -9$

14. $x = -5$

16. First find the slope of the segment joining (2,4) and (4,-10).

$$m = \frac{-10 - 4}{4 - 2} = -7$$

The slope of the line that is perpendicular to that segment

16. (cont'd) is $\frac{1}{7}$. Thus,

$y - y_1 = m(x - x_1)$

$y + 2 = \frac{1}{7}(x - 8)$

$7y + 14 = x - 8$

16. (cont'd)

$$22 = x - 7y$$
$$x - 7y = 22$$

18. First find the slope of the line $3y + x - 4 = 0$ to be $-\frac{1}{3}$.

Thus, the slope of the desired line is 3, and

$$y - y_1 = m(x - x_1)$$
$$y - 0 = 3(x - 7)$$
$$y = 3x - 21$$
$$21 = 3x - y$$
$$3x - y = 21$$

20. A function, domain is the set of all numbers x, range is the set of all nonnegative numbers.

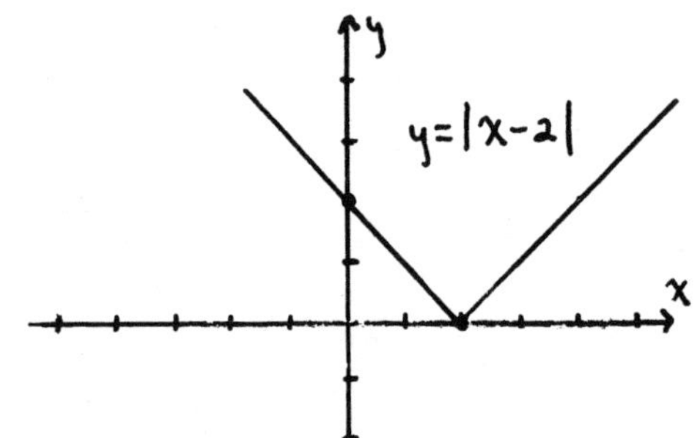

22. Not a function.

24. A function, domain is the set of all numbers x except 0, range is {1,-1}

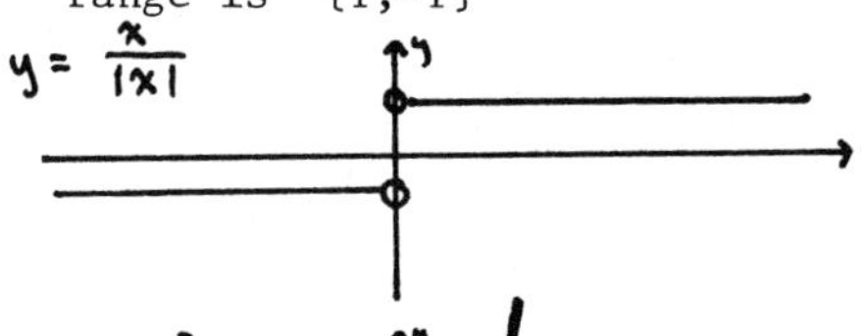

26. $y = -x^2 + 2x - 4$

$y = -(x^2 - 2x) - 4$

$y = -(x^2 - 2x + 1) - 3$

$y = -(x - 1)^2 - 3$

Vertex at (1,3)

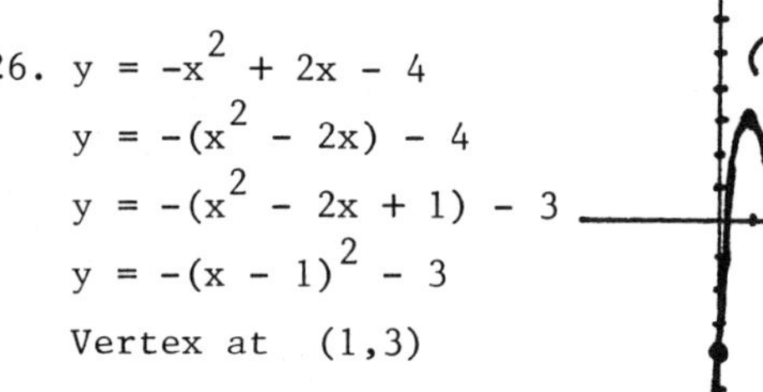

28.

30.

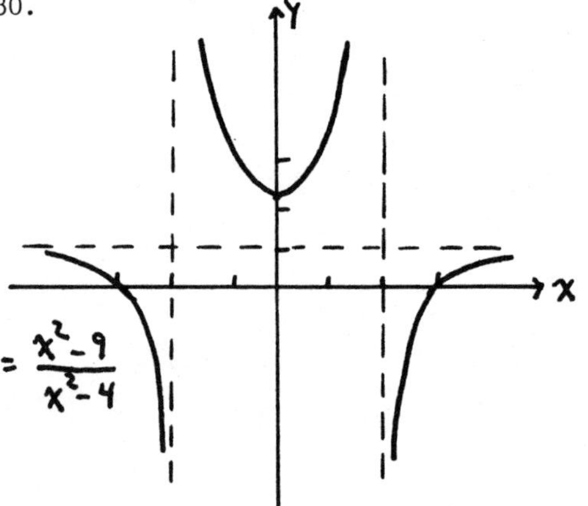

32.

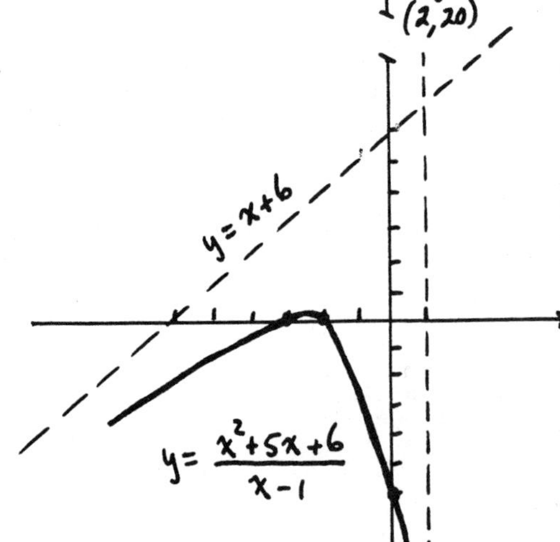

34.

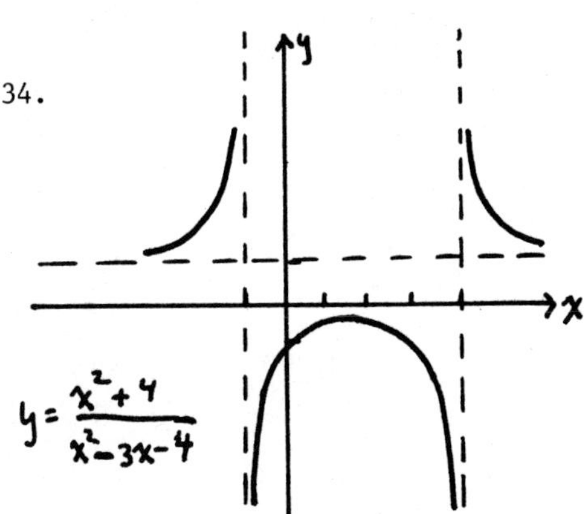

36. $g(x) = x + 3$

$g(-3) = -3 + 3 = 0$

38. $(f - g)(x) = 2x^2 - x -(x + 3)$

$= 2x^2 - 2x - 3$

$(f - g)(-1) = 2(-1)^2 - 2(-1) - 3$

$= 2 + 2 - 3$

$= 1$

40. $(f/g)(x) = \frac{2x^2 - x}{x + 3}$

$(f/g)(2) = \frac{2(2^2) - 2}{2 + 3}$

$= \frac{6}{5}$

42. $(g \circ f)(4) = g(f(4))$

$= g(28)$

$= 28 + 3$

$= 31$

44. $(f \cdot g)(x) = \sqrt{x + 1}\,(x^2 - 1)$

46. $(g \circ f)(x) = g(f(x))$

$= g(\sqrt{x + 1})$

$= (\sqrt{x + 1})^2 - 1$

$= x + 1 - 1$

$= x$

48. The domain of $f \circ g$ is the set of all real numbers x.

50. Not one-to-one.

52. One-to-one. The inverse of

$y = \frac{3}{x^3}$ is $x = \frac{3}{y^3}$ or

$f^{-1}(x) = \sqrt[3]{\frac{3}{x}}$

54. Not one-to-one.

56. The domain is the set of all x except 0. The inverse of

$$y = f(x) = \frac{2}{x} + \frac{1}{2} \quad \text{is}$$

$$x = \frac{2}{y} + \frac{1}{2}$$

$$2xy = 4 + y$$

$$(2x - 1)y = 4$$

$$y = \frac{4}{2x - 1}$$

$$f^{-1}(x) = \frac{4}{2x - 1}$$

The domain of f^{-1} is all x except $\frac{1}{2}$. Thus, the range of the original fraction is all real numbers except $\frac{1}{2}$.

58.

$$V = \frac{kt}{p}$$

$$400 = \frac{k(300)}{25}$$

$$\frac{25(400)}{300} = k$$

$$\frac{100}{3} = k$$

$$V = \frac{100}{3}\left(\frac{200}{20}\right)$$

$$= \frac{1000}{3}$$

The volume is $\frac{1000}{3}$ cubic centimeters.

60.

$$R = \frac{k\ell}{D^2}$$

$$200 = \frac{k\ 1000}{(0.05)^2}$$

$$k = 0.0005$$

$$R = \frac{0.0005(1500)}{(0.08)^2}$$

$$\approx 117$$

The resistance is approximately 117 ohms.

EXERCISE 4.1

2. $-2x + 4 < 6$

$-2x < 2$

$x > -1$

4. $-2x + 4 \geq 6$

$-2x \geq 2$

$x \leq -1$

6. $4x - 3 > -4$

$4x > -1$

$x > -\frac{1}{4}$

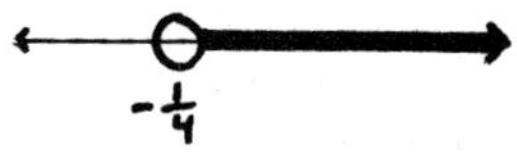

8. $4x - 3 \leq -4$

$4x \leq -1$

$x \leq -\frac{1}{4}$

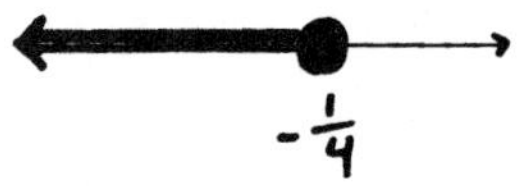

10. $\frac{1}{4}x - 3 > 5$

$\frac{1}{4}x > 8$

$x > 32$

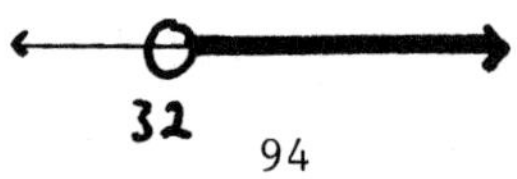

12. $3(x + 2) \leq 2(x + 5)$

$3x + 6 \leq 2x + 10$

$x \leq 4$

14. $\frac{2 + x}{5} > \frac{x - 1}{2}$

$2(2 + x) > 5(x - 1)$

$4 + 2x > 5x - 5$

$9 > 3x$

$3 > x$

$x < 3$

16. $\frac{3(x + 3)}{2} < \frac{2(x + 7)}{3}$

$9(x + 3) < 4(x + 7)$

$9x + 27 < 4x + 28$

$5x < 1$

$x < \frac{1}{5}$

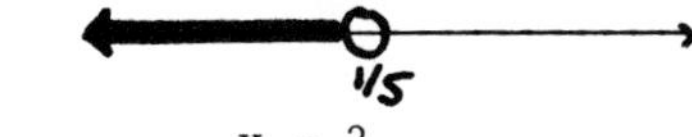

18. $3 \leq 2x + 2 < 6$

$1 \leq 2x < 4$

$\frac{1}{2} \leq x < 2$

20. $5 < \frac{x - 2}{6} < 20$

$30 < x - 2 < 120$

$32 < x < 122$

22. $0 \geq \frac{5 - x}{2} \geq -10$

$0 \geq 5 - x \geq -20$

$-5 \geq -x \geq -25$

$5 \leq x \leq 25$

24. $-2 \leq \frac{1 - x}{2} < 10$

$-4 \leq 1 - x < 20$

$-5 \leq -x < 19$

$5 \geq x > -19$

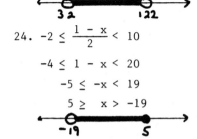

26. $-3x < -2x < -x$

$3x > 2x > x$

$3x > 2x$ and $2x > x$

$x > 0$ | $x > 0$

Thus, $x > 0$.

28. $x > 2x > 3x$

$x > 2x$ and $2x > 3x$

$0 > x$ | $0 > x$

Thus, $x < 0$.

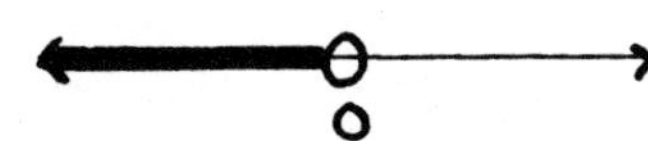

30. $2 - x < 3x + 5 < 18$

$2 - x < 3x + 5$ and $3x + 5 < 18$

$-3 < 4x$ | $3x < 13$

$-\frac{3}{4} < x$ | $x < \frac{13}{3}$

Thus, $-\frac{3}{4} < x < \frac{13}{3}$.

32. $x > 2x + 3 > 4x - 7$

$x > 2x + 3$ and $2x + 3 > 4x - 7$

$-3 > x$ | $10 > 2x$

$x < -3$ | $5 > x$

$x < 5$

Thus, $x < -3$.

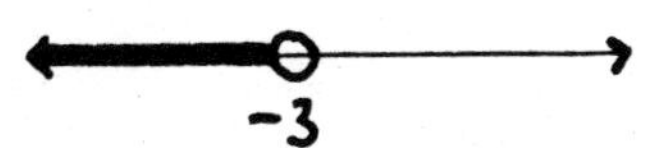

34. $2 - x < 3x + 1 < 10x$

$2 - x < 3x + 1$ and $3x + 1 < 10x$

$1 < 4x$ | $1 < 7x$

$\frac{1}{4} < x$ | $\frac{1}{7} < x$

$x > \frac{1}{4}$ | $x > \frac{1}{7}$

Thus, $x > \frac{1}{4}$.

1/4

36. $-x \geq -2x + 1 \geq -3x + 1$

$-x \geq -2x + 1$ and $-2x + 1 \geq -3x + 1$

$x \geq 1$ | $x \geq 0$

Thus, $x \geq 1$.

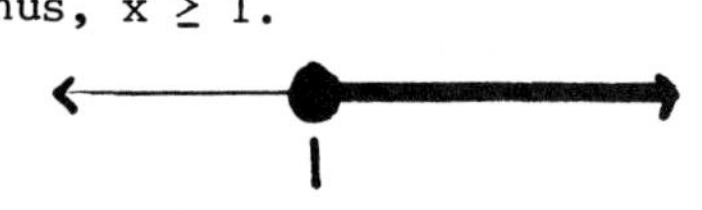

38. $-3(x - 1) > 0$

$-3x + 3 > 0$

$-3x > -3$

$x < 1$

40. $5(x + 4) > 0$

$5x + 20 > 0$

$5x > -20$

$x > -4$

42. $3(x - 1) < 0$

$x - 1 < 0$

$x < 1$

44. $-4(x + 1) < 0$

$x + 1 > 0$

$x > -1$

46. $180 < P < 200$
and

$P = 2\ell + 2w$
$= 2\ell + 2(40)$
$= 2\ell + 80$

$180 < 2\ell + 80 < 200$
$100 < 2\ell < 120$
$50 < \ell < 60$

48. $25 \leq P \leq 60$
and

$A = s^2$, $P = 4s$

Because $s = \frac{P}{4}$, you have

$A = \frac{P^2}{4^2}$ or $P = \sqrt{16A}$
$= 4\sqrt{A}$

Thus,

$25 \leq 4\sqrt{A} \leq 60$

$\frac{625}{16} \leq A \leq 225$

50. $10 < C < 20$
and

$F = \frac{9}{5} C + 32$

$\frac{5}{9}(F - 32) = C$

$10 < \frac{5}{9}(F - 32) < 20$

$90 < 5(F - 32) < 180$

$18 < F - 32 < 36$

$50 < F < 68$

EXERCISE 4.2

2. $|-9| = 9$

4. $|3 - 5| = |-2|$
$= 2$

6. $|-3| + |5| = 3 + 5$
$= 8$

8. $|\pi - 4| = -(\pi - 4)$

$= 4 - \pi$

10. $|2x + 5| = 3$

$2x + 5 = 3$ or $2x + 5 = -3$

$2x = -2$ | $2x = -8$

$x = -1$ | $x = -4$

12. $|7x - 5| = 3$

$7x - 5 = 3$ or $7x - 5 = -3$

$7x = 8$ | $7x = 2$

$x = \frac{8}{7}$ | $x = \frac{2}{7}$

14. $\left|5x + \frac{1}{2}\right| = \frac{9}{2}$

$5x + \frac{1}{2} = \frac{9}{2}$ or $5x + \frac{1}{2} = -\frac{9}{2}$

$5x = 4$ | $5x = -5$

$x = \frac{4}{5}$ | $x = -1$

16. $|x - 5| = 0$

$x - 5 = 0$ or $x - 5 = -0$

$x = 5$ | $x = 5$

18. $|x| + x = 2$

$|x| = 2 - x$

$x = 2 - x$ or $x = -(2 - x)$

$2x = 2$ | $x = -2 + x$

$x = 1$ | ~~$0 = -2$~~

20. $|x + 5| = |5 - x|$

$x + 5 = 5 - x$ or $x + 5 = -(5 - x)$

$2x = 0$ | $x + 5 = -5 + x$

$x = 0$ | ~~$5 = -5$~~

22. $|x - 2| = |3x + 8|$

$x - 2 = 3x + 8$ or $x - 2 = -(3x + 8)$

$-10 = 2x$ | $x - 2 = -3x - 8$

$x = -5$ | $4x = -6$

$x = -\frac{3}{2}$

24. $|2x - 3| = |3x - 5|$

$2x - 3 = 3x - 5$ or $2x - 3 = -(3x - 5)$

$2 = x$ | $2x - 3 = -3x + 5$

$5x = 8$

$x = \frac{8}{5}$

26. $\left|\frac{x - 2}{3}\right| = |6 - x|$

$\frac{x - 2}{3} = 6 - x$ or $\frac{x - 2}{3} = -(6 - x)$

$x - 2 = 18 - 3x$ | $\frac{x - 2}{3} = -6 + x$

$4x = 20$ | $x - 2 = -18 + 3x$

$x = 5$ | $16 = 2x$

$8 = x$

28. $|x - 2| \geq 4$

$x - 2 \geq 4$ or $x - 2 \leq -4$

$x \geq 6$ | $x \leq -2$

30. $|x - 2| < 4$

$-4 < x - 2 < 4$

$-2 < x < 6$

-2 6

32. $|5x - 2| \leq 7$

$$-7 \leq 5x - 2 \leq 7$$
$$-5 \leq 5x \leq 9$$
$$-1 \leq x \leq \frac{9}{5}$$

34. $|2x - 7| \geq 5$

$2x - 7 \geq 5$ or $2x - 7 \leq -5$

$2x \geq 12$ | $2x \leq 2$

$x \geq 6$ | $x \leq 1$

36. $|x - 3| \geq 0$

$x - 3 \geq 0$ or $x - 3 \leq -0$

$x \geq 3$ | $x \leq 3$

38. $\left|\frac{3x + 2}{4}\right| > 2$

$\frac{3x + 2}{4} > 2$ or $\frac{3x + 2}{4} < -2$

$3x + 2 > 8$ | $3x + 2 < -8$

$3x > 6$ | $3x < -10$

$x > 2$ | $x < -\frac{10}{3}$

40. $\left|\frac{3 - x}{2}\right| > \frac{x + 1}{6}$

If $\frac{3 - x}{2} \geq 0$ or $x \leq 3$, then

$$\frac{3 - x}{2} > \frac{x + 1}{6}$$
$$18 - 6x > 2x + 2$$
$$16 > 8x$$
$$2 > x$$
$$x < 2$$

If $\frac{3 - x}{2} < 0$ or $x > 3$, then

$$-(\frac{3 - x}{2}) > \frac{x + 1}{6}$$
$$-3(3 - x) > x + 1$$
$$-9 + 3x > x + 1$$
$$2x > 10$$
$$x > 5$$

42. $0 < |2x - 3| < 1$

$0 < |2x - 3|$ and $|2x - 3| < 1$

$2x - 3 > 0$ or $2x - 3 < -0$ | $-1 < 2x - 3 < 1$

$x > \frac{3}{2}$ | $x < \frac{3}{2}$ | $2 < 2x < 4$

$1 < x < 2$

44. $8 > |4x - 1| > 5$

$$8 > |4x - 1| \quad \text{and} \quad |4x - 1| > 5$$

$$\begin{array}{c|c|c} -8 < 4x - 1 < 8 & 4x - 1 > 5 \quad \text{or} & 4x - 1 < -5 \\ -7 < 4x < 9 & 4x > 6 & 4x < -4 \\ -\frac{7}{4} < x < \frac{9}{4} & x > \frac{3}{2} & x < -1 \end{array}$$

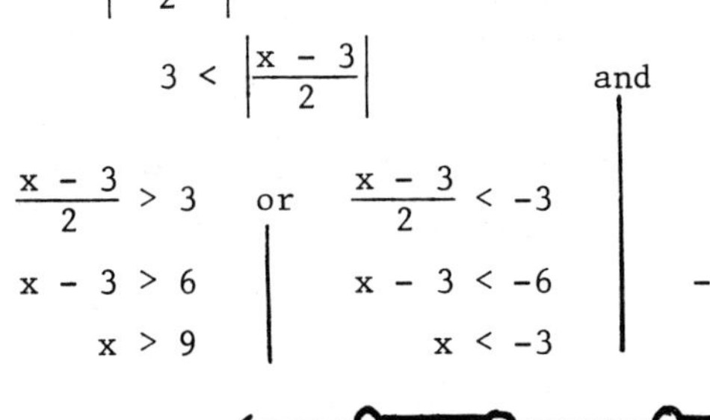

46. $3 < \left|\frac{x - 3}{2}\right| < 5$

$$3 < \left|\frac{x - 3}{2}\right| \quad \text{and} \quad \left|\frac{x - 3}{2}\right| < 5$$

$$\begin{array}{c|c|c} \frac{x - 3}{2} > 3 \quad \text{or} & \frac{x - 3}{2} < -3 & -5 < \frac{x - 3}{2} < 5 \\ x - 3 > 6 & x - 3 < -6 & -10 < x - 3 < 10 \\ x > 9 & x < -3 & -7 < x < 13 \end{array}$$

-7 -3 9 13

48. $1 < \left|\frac{x + 2}{3}\right| \leq 5$

$$1 < \left|\frac{x + 2}{3}\right| \quad \text{and} \quad \left|\frac{x + 2}{3}\right| \leq 5$$

$$\begin{array}{c|c|c} \frac{x + 2}{3} > 1 \quad \text{or} & \frac{x + 2}{3} < -1 & -5 \leq \frac{x + 2}{3} \leq 5 \\ x + 2 > 3 & x + 2 < -3 & -15 \leq x + 2 \leq 15 \\ x > 1 & x < -5 & -17 \leq x \leq 13 \end{array}$$

-17 -5 1 13

50. $-3 < x < 9$

The average of -3 and 9 is $\frac{-3 + 9}{2} = 3$.

Thus, $-3 - 3 < x - 3 < 9 - 3$
$-6 < x - 3 < 6$
$|x - 3| < 6$

52. $\frac{3}{2} \leq x \leq \frac{11}{2}$

The average of $\frac{3}{2}$ and $\frac{11}{2}$ is $\frac{7}{2}$.

Thus, $\frac{3}{2} \leq x \leq \frac{11}{2}$

52. (cont'd)

$$\frac{3}{2} - \frac{7}{2} \leq x - \frac{7}{2} \leq \frac{11}{2} - \frac{7}{2}$$

$$-\frac{4}{2} \leq x - \frac{7}{2} \leq \frac{4}{2}$$

$$\left|x - \frac{7}{2}\right| \leq 2$$

54. $x \neq 3$ and $-1 < x < 7$

$$-1 - 3 < x - 3 < 7 - 3$$
$$|x - 3| < 4$$

But since $x \neq 3$, you have

$$0 < |x - 3| < 4$$

56. $x \neq -3$ and $-6 \leq x \leq 0$

$$-6 - (-3) \leq x - (-3) \leq 0 - (-3)$$
$$-3 \leq x + 3 \leq 3$$
$$|x + 3| \leq 3$$

But since $x \neq -3$, you have

$$0 < |x + 3| \leq 3$$

58. $|x + 1| < |x + 2|$

$$\sqrt{(x + 1)^2} < \sqrt{(x + 2)^2}$$
$$(x + 1)^2 < (x + 2)^2$$
$$x^2 + 2x + 1 < x^2 + 4x + 4$$
$$2x + 1 < 4x + 4$$
$$-3 < 2x$$
$$x > \frac{-3}{2}$$

$(\frac{-3}{2}, \infty)$

60. $|3x - 2| \geq |3x + 1|$

$$\sqrt{(3x - 2)^2} \geq \sqrt{(3x + 1)^2}$$
$$(3x - 2)^2 \geq (3x + 1)^2$$
$$9x^2 - 12x + 4 \geq 9x^2 + 6x + 1$$
$$-12x + 4 \geq 6x + 1$$
$$3 \geq 18x$$
$$x \leq \frac{1}{6}$$

$(-\infty, \frac{1}{6}]$

EXERCISE 4.3

2.

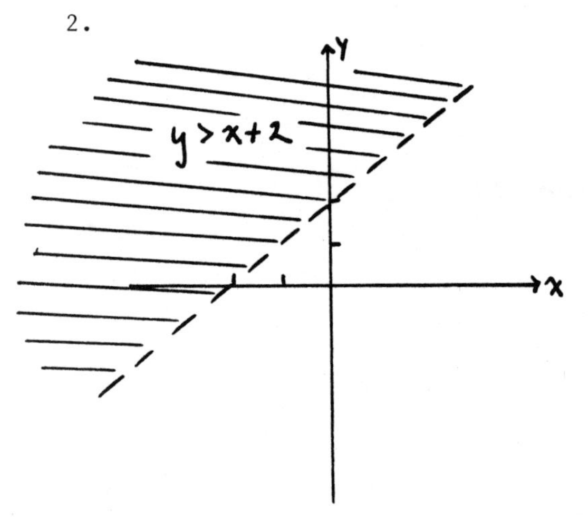

4.

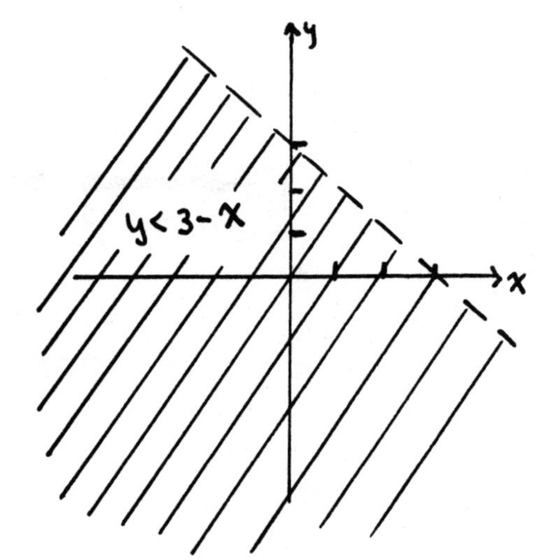

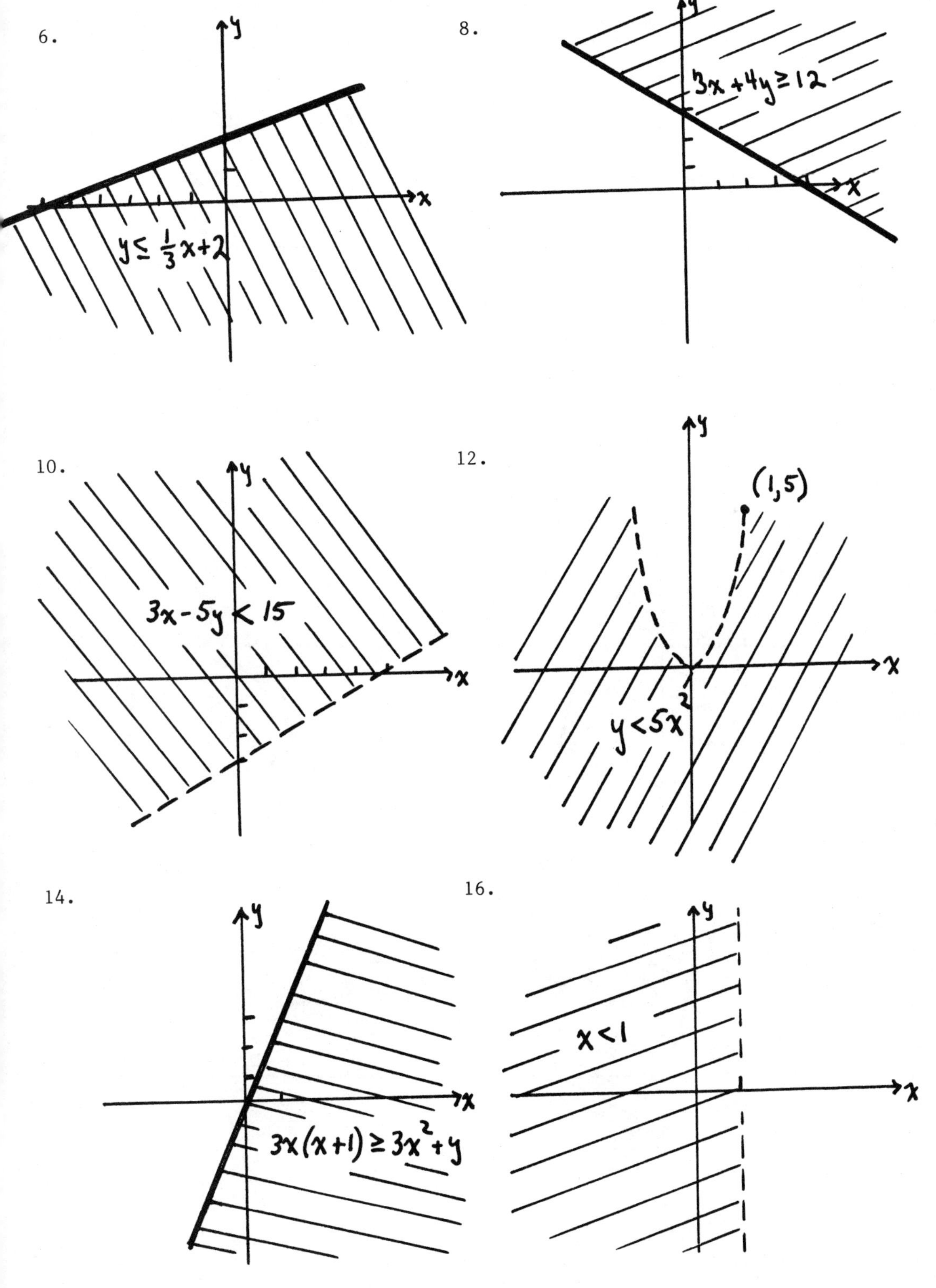
6.
y
x
y ≤ 1/3 x+2
8.
y
x
3x+4y ≥ 12
10.
y
x
3x-5y < 15
12.
y
x
(1,5)
y<5x²
14.
y
x
3x(x+1) ≥ 3x²+y
16.
y
x
x<1

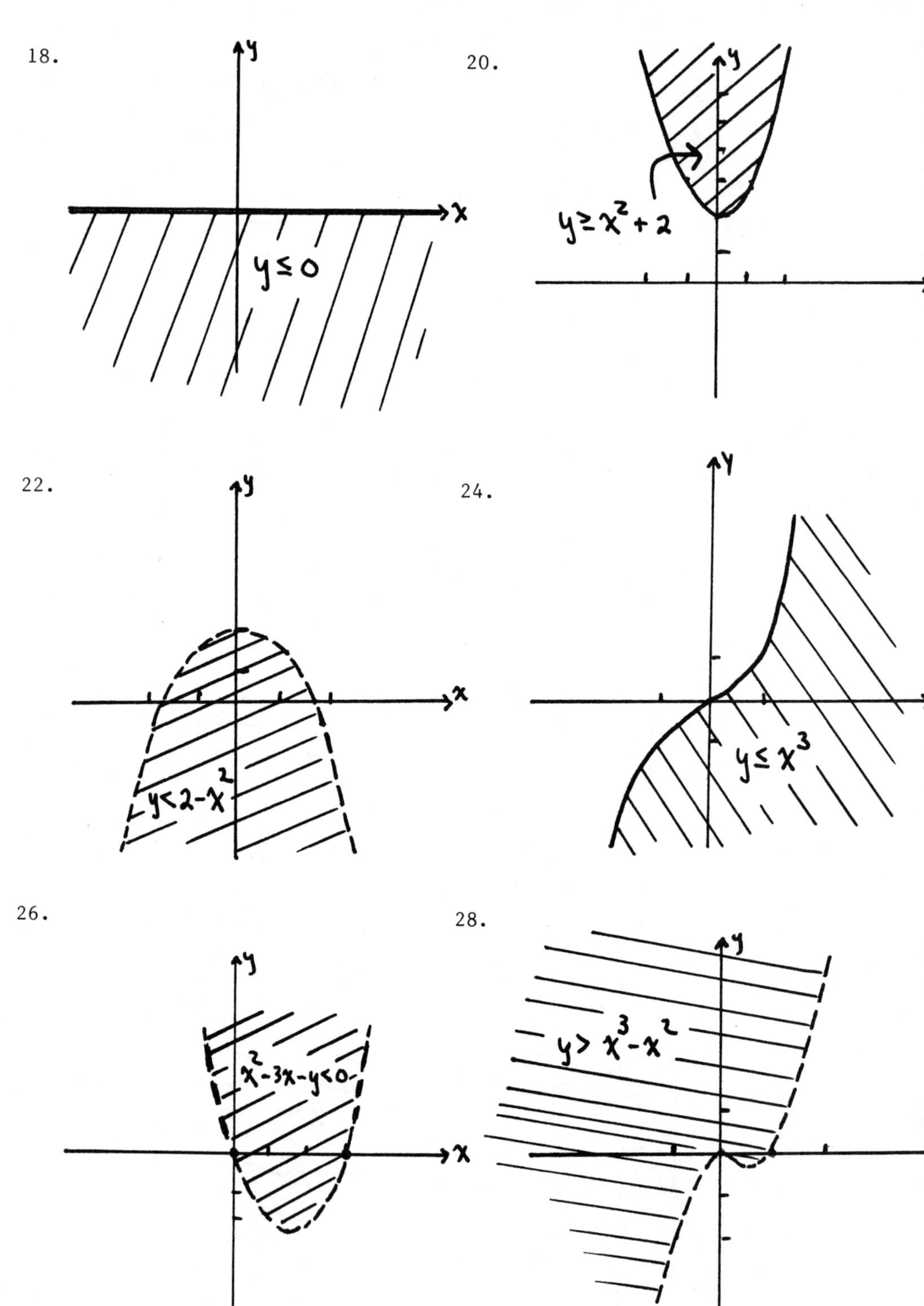
18.
y
x
y ≤ 0
20.
y
y ≥ x² + 2
22.
y
x
y < 2 - x²
24.
y
y ≤ x³
26.
y
x
x² - 3x - y < 0
x
28.
y
y > x³ - x²

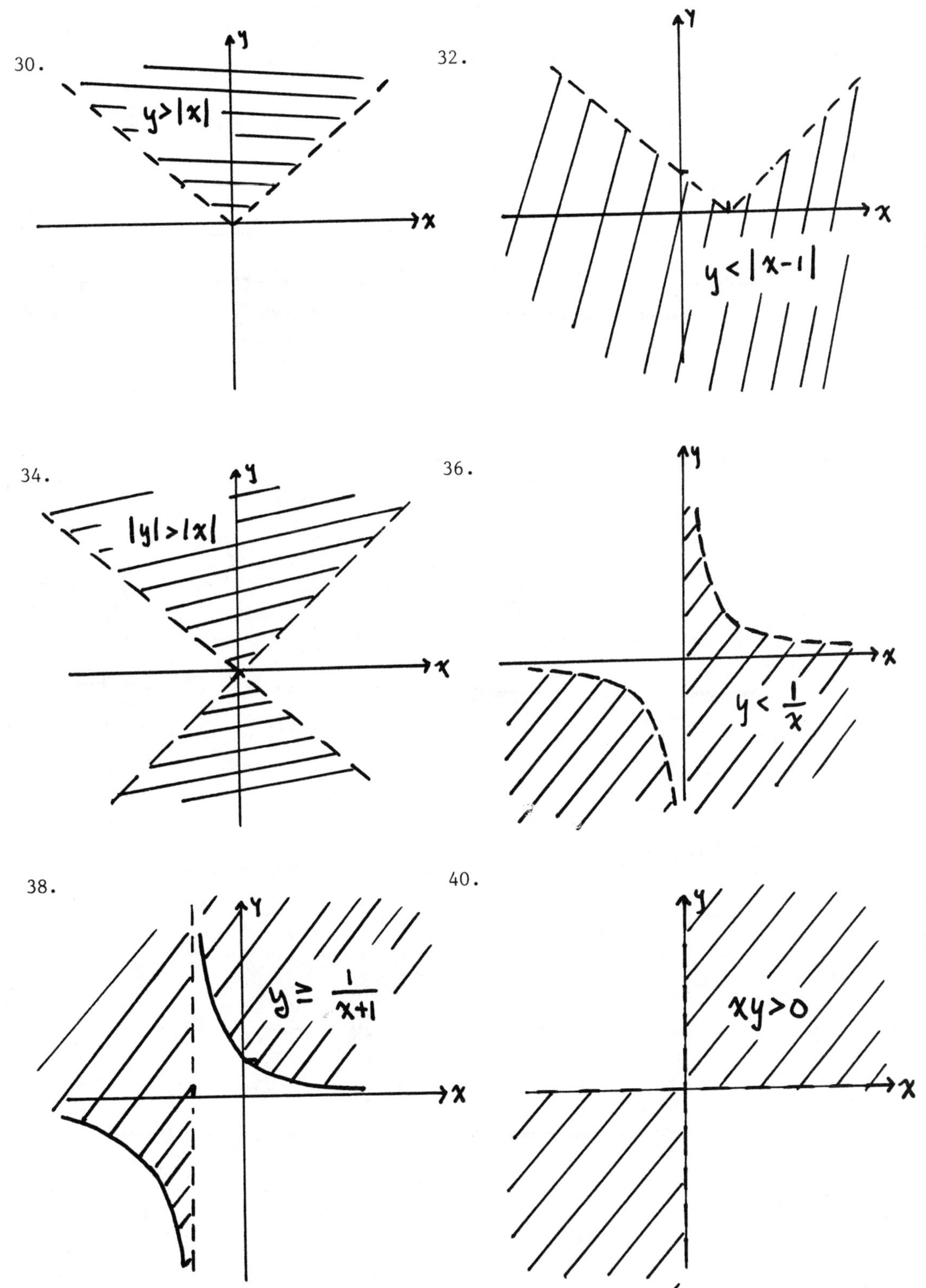
30.
y>|x|
32.
y<|x-1|
34.
|y|>|x|
36.
y < 1/x
38.
y ≥ 1/(x+1)
40.
xy>0

EXERCISE 4.4

2. $x^2 - 13x + 12 \le 0$

$(x-12)(x-1) \le 0$

x − 12   − − − − − − − − − − 0 + +

x − 1   − − − 0 + + + + + + +

Number line: closed dots at 1 and 12, shaded between.

4. $6x^2 + 5x - 6 > 0$

$(3x-2)(2x+3) > 0$

3x − 2   − − − − − − − 0 + + +

2x + 3   − − − 0 + + + + + + + +

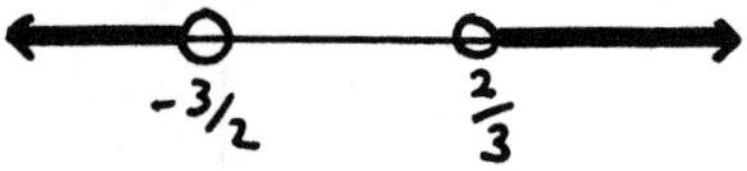

Number line: open circles at $-3/2$ and $\frac{2}{3}$, shaded outward with arrows in both directions.

6. $x^2 + 9x + 20 \ge 0$

$(x+5)(x+4) \ge 0$

x + 4   − − − − − − − 0 + + +

x + 5   − − − − 0 + + + + + +

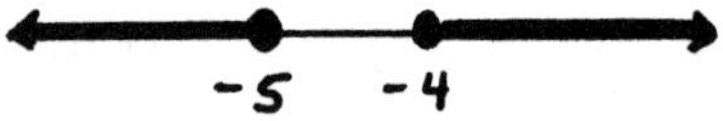

Number line: closed dots at −5 and −4, shaded outward with arrows in both directions.

8. $x^2 + 9x + 20 < 0$

$(x+5)(x+4) < 0$

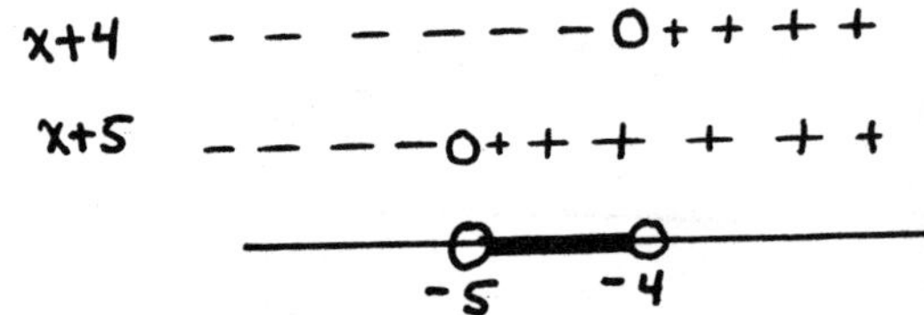

10. $9x^2 + 24x + 16 > 0$

$(3x+4)(3x+4) > 0$

3x + 4   − − − − 0 + + + + + +

3x + 4   − − − − 0 + + + + + +

Number line: open circle at $-\frac{4}{3}$, shaded in both directions with arrows.

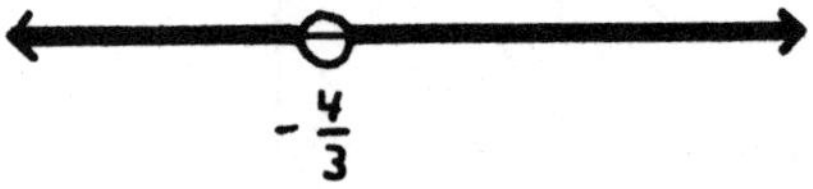

12. $9x^2 - 24x + 16 \le 0$

$(3x-4)(3x-4) \le 0$

3x − 4   − − − − 0 + + + + +

3x − 4   − − − − − 0 + + + + +

Number line: closed dot at $\frac{4}{3}$.

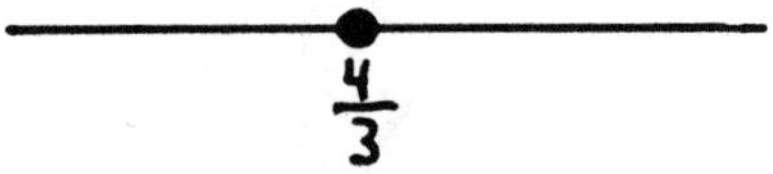

14. $\dfrac{x+3}{x-2} > 0$

x+3 ----0+++++++

x-2 --------0+++

-3 2

16. $\dfrac{x^2-4}{x^2-9} < 0$ or $\dfrac{(x+2)(x-2)}{(x+3)(x-3)} < 0$

x+2 ----0+++++++

x-2 --------0+++

x+3 ---0++++++++

x-3 --------0+++

-3 -2 2 3

18. $\dfrac{(x+5)(x+5)}{(x-4)(x+3)} \le 0$

x+5 ---0++++++++

x+5 ---0++++++++

x-4 -----------0++

x+3 ---------0++++

-5 -3 4

20. $\dfrac{(x-5)(x-3)}{(x-7)(x-5)} \ge 0$

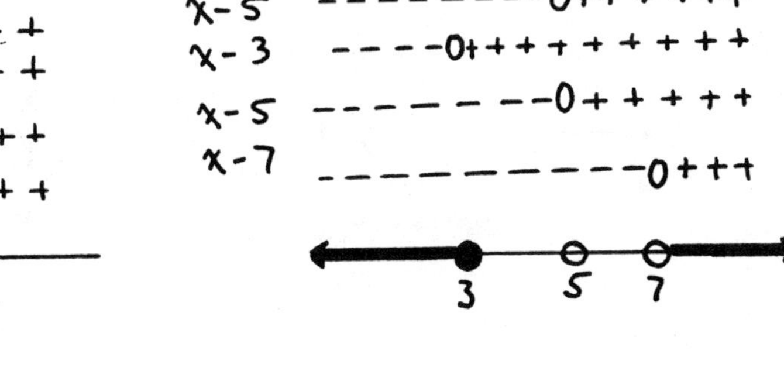

22. $\dfrac{3(x-1)(2x+1)}{(x-4)(x+2)} < 0$

x-1 ---------0+++++++

x+1 --------0++++++++

x-4 -------------0++

x+2 ---0+++++++++

-2 $-\frac{1}{2}$ 1 4

24. $\dfrac{3-2x}{x} < 0$

3-2x ++++++++++0 ---

x ----0++++++

0 $\frac{3}{2}$

26. $\frac{6-4x}{x} > 0$

$6-4x$ + + + + + + 0 - - - -

x - - - 0 + + + + + + + +

0 $\frac{3}{2}$

28. $\frac{-4x-5}{x+2} \le 0$

$-4x-5$ + + + + + 0 - - -

$x+2$ - - - 0 + + + + + +

-2 $-\frac{5}{4}$

30. $\frac{-3x+2}{x-1} \ge 0$

$-3x+2$ + + + + 0 - - - - - - - -

$x-1$ - - - - - - - 0 + + + +

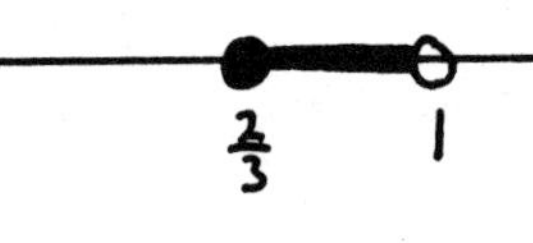

32. $\frac{7-x^2}{x^2-1} > 0$ or $\frac{(\sqrt{7}+x)(\sqrt{7}-x)}{(x+1)(x-1)} > 0$

$\sqrt{7}+x$ - - - 0 + + + + + + + + + + +

$\sqrt{7}-x$ + + + + + + + + + + + 0 - - -

$x+1$ - - - - - - 0 + + + + + + + +

$x-1$ - - - - - - - - - - 0 + + + + +

$-\sqrt{7}$ -1 1 $\sqrt{7}$

34. $\frac{(x-1)(x-1)}{x} < 0$

$x-1$ - - - - - - 0 + + + + +

$x-1$ - - - - - - - 0 + + + + + +

x - - - - 0 + + + + + + + +

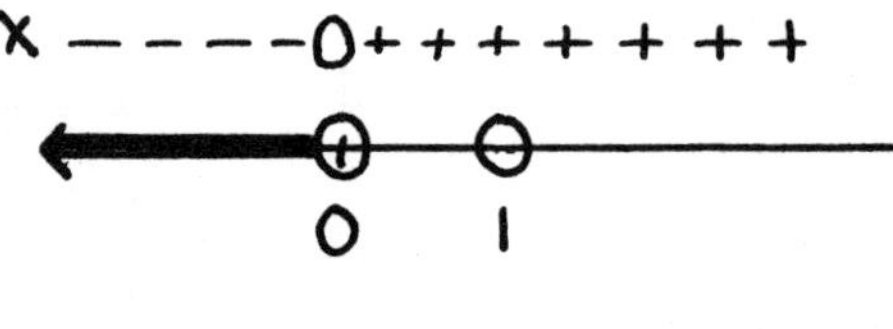

36. $\frac{x^2+7}{x} > 0$

x^2+7 + + + + + + + + + +

x - - - - - 0 + + + + + +

0

38. $(x^2+1)(x-3)(x+2) \ge 0$

x^2+1 + + + + + + + + +

$x-3$ – – – – – – 0 + + +

$x+2$ – – 0 + + + + + +

$-2 \qquad 3$

40. $(x+2)(x-2)(x+3)(x+2) < 0$

$x+2$ – – – – 0 + + + + + + +

$x-2$ – – – – – – – – – – 0 + + +

$x+3$ – – – 0 + + + + + + + +

$x+2$ – – – – 0 + + + + + + + + +

42. $\dfrac{x}{2x+1} > 5$ or $\dfrac{x}{2x+1} < -5$

$\dfrac{-9x-5}{2x+1} > 0$ or $\dfrac{11x+5}{2x+1} < 0$

$-9x-5$ + + 0 – – – – – – – or $11x+5$ – – – – – 0 + + +

$2x+1$ – – – – – 0 + + + $\qquad$ $2x+1$ – – 0 + + + + + + + +

$-\frac{5}{9} \quad -\frac{1}{2} \qquad\qquad -\frac{1}{2} \quad -\frac{5}{11}$

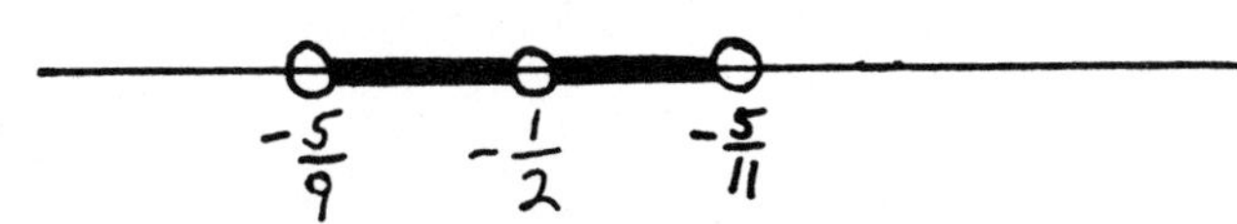

REVIEW EXERCISES

2. $5x + 3 \ge 2$

$5x \ge -1$

$x \ge -\frac{1}{5}$

4. $\frac{2}{3}x - 5 > x$

$2x - 15 > 3x$

$-15 > x$

$x < -15$

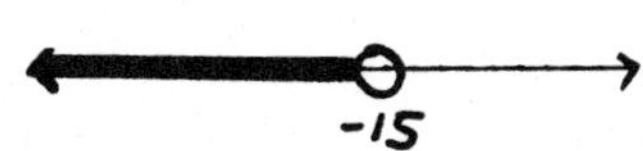

6. $3(x - 1) > x + 1$

$3x - 3 > x + 1$

$2x > 4$

$x > 2$

8. $0 \le \dfrac{3 + x}{2} < 4$

$0 \le 3 + x < 8$

$-3 \le x < 5$

10. $-x \le x \le 2x$

$-x \le x$	and	$x \le 2x$
$0 \le 2x$		$0 \le x$
$0 \le x$		$x \ge 0$
$x \ge 0$		

12. $-|3 - 5| = -|-2|$

$= -2$

14. $-\dfrac{|3|}{|5 - 2|} = -\dfrac{3}{|3|}$

$= -\dfrac{3}{3}$

$= -1$

16. $|3x - 7| \ge 1$

$3x - 7 \ge 1$	or	$3x - 7 \le -1$
$3x \ge 8$		$3x \le 6$
$x \ge \frac{8}{3}$		$x \le 2$

18. $|2x - 1| = |2x + 1|$

$2x - 1 = 2x + 1$	or	$2x - 1 = -(2x + 1)$
$-1 = 1$		$2x - 1 = -2x - 1$
This case gives no solutions.		$4x = 0$
		$x = 0$

The only solution is $x = 0$.

20. $1 < |2x + 3| < 4$

$1 < |2x + 3|$ and $|2x + 3| < 4$

$2x + 3 > 1$	or	$2x + 3 < -1$	and	$-4 < 2x + 3 < 4$
$2x > -2$		$2x < -4$		$-7 < 2x < 1$
$x > -1$		$x < -2$		$-\frac{7}{2} < x < \frac{1}{2}$

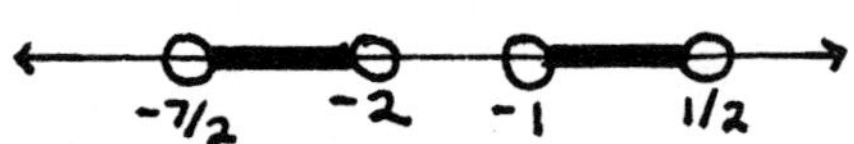

22.

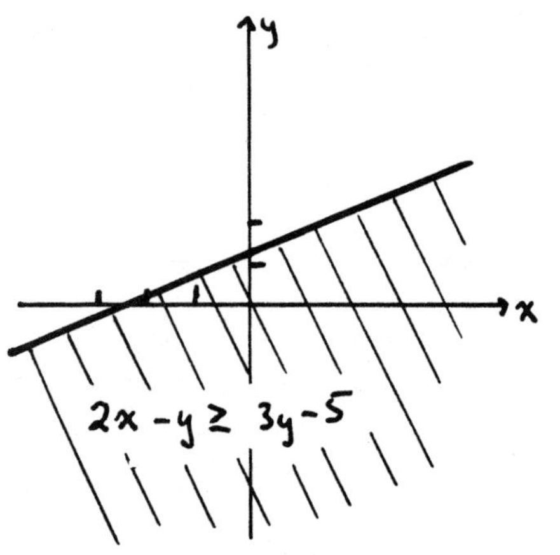

24.

26.

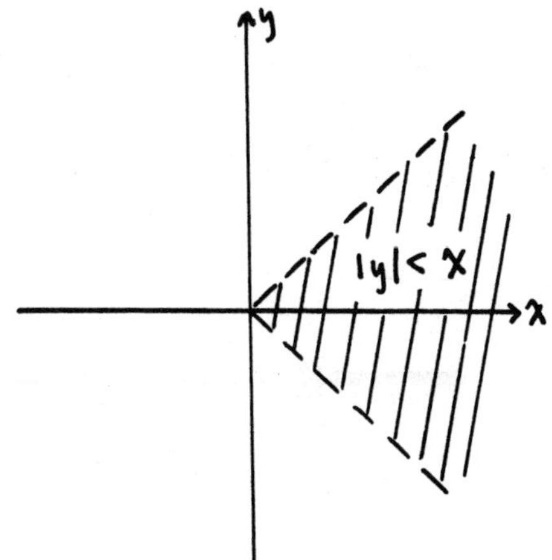

28. $2x^2 + x - 3 > 0$

$(2x + 3)(x - 1) > 0$

2x + 3 - - - 0 + + + + + + + +

x - 1 - - - - - - - - - 0 + + +

$-\frac{3}{2}$ 1

30. $7x^2 + 8x + 1 \leq 0$

$(7x + 1)(x + 1) \leq 0$

7x + 1 - - - - - - - 0 + + + + +

x + 1 - - - 0 + + + + + + + +

-1 $-\frac{1}{7}$

32. $2x^2 - x > 15$

$2x^2 - x - 15 > 0$

$(2x + 5)(x - 3) > 0$

2x + 5 - - - 0 + + + + + + + + +

x - 3 - - - - - - - - 0 + + + +

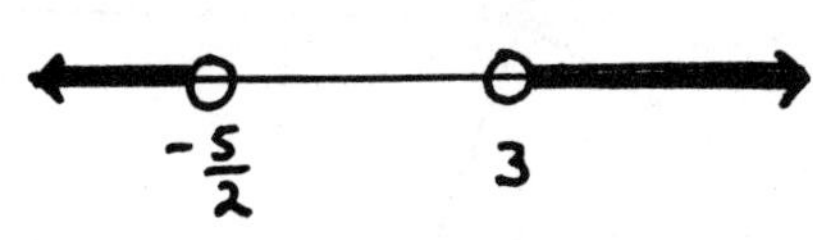

34. $\frac{x^2 + 6x - 7}{x + 1} < 0$ or $\frac{(x+7)(x-1)}{x+1} < 0$

x + 7 - - - 0 + + + + + + + + +

x - 1 - - - - - - - - - - 0 + + +

x + 1 - - - - - - 0 + + + + +

-7 -1 1

36. $\frac{3x^2 - 5x - 2}{x - 3} \leq 0$ or $\frac{(3x+1)(x-2)}{x-3} \leq 0$

3x + 1 - - - 0 + + + + + + + + +

x - 2 - - - - - - - 0 + + + + +

x - 3 - - - - - - - - 0 + + +

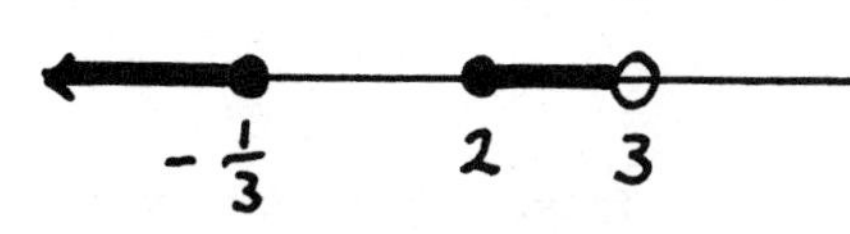

38. $x \le \dfrac{3}{x-2}$

$x - \dfrac{3}{x-2} \le 0$

$\dfrac{x^2-2x}{x-2} - \dfrac{3}{x-2} \le 0$

$\dfrac{x^2-2x-3}{x-2} \le 0$

$\dfrac{(x-3)(x+1)}{x-2} \le 0$

$x+1$ ---0 + + + + + + + +

$x-2$ ---------0+ + + +

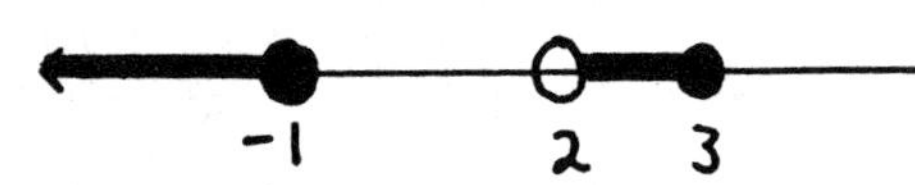

EXERCISE 5.1

2.

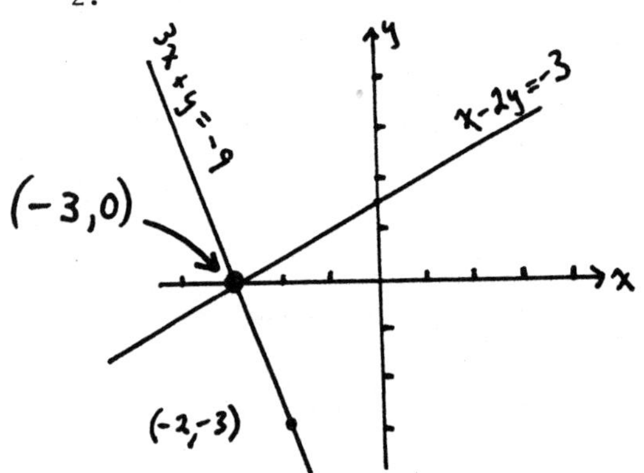

4.

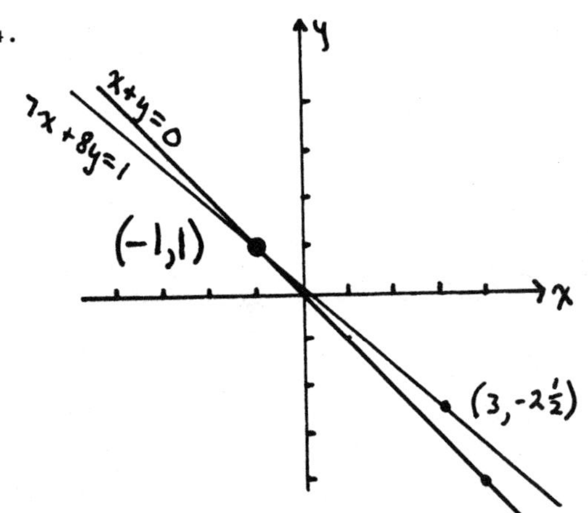

6. $\begin{cases} 2y = x \\ 3y = 2x \end{cases}$

$3y = 2(2y)$

$3y = 4y$

$0 = y$

Because $2y = x$, you have

$2(0) = x$

$0 = x$

Thus, $x = 0$ and $y = 0$.

8. $\begin{cases} 2x + y = 3 \\ y = 5x - 11 \end{cases}$

$2x + 5x - 11 = 3$

$7x = 14$

$x = 2$

and $y = 5x - 11$

$y = 5(2) - 11$

$= -1$

Thus, $x = 2$ and $y = -1$.

10. $\begin{cases} \dfrac{x+y}{3} - \dfrac{x-y}{2} = 1 \\ x = 2y \end{cases}$

$$\frac{2y+y}{3} - \frac{2y-y}{2} = 1$$

$$\frac{3y}{3} - \frac{y}{2} = 1$$

$$y - \frac{y}{2} = 1$$

$$2y - y = 2$$

$$y = 2$$

and

$$x = 2y$$

$$x = 2(2)$$

$$= 4$$

Thus, $x = 4$ and $y = 2$.

12. $\begin{cases} x - 3y = 14 \\ 3(x - 12) = 9y \end{cases} \Rightarrow x = 3y + 14$

$$3(3y + 14 - 12) = 9y$$

$$9y + 6 = 9y$$

$$6 = 0$$

Thus, this system is inconsistent and no solutions exist.

14. $\begin{matrix} \\ (-3) \end{matrix}\begin{cases} 2x + 3y = 8 \\ -5x + y = -3 \end{cases} \Rightarrow \begin{cases} 2x + 3y = 8 \\ 15x - 3y = 9 \end{cases}$

$$17x = 17$$

$$x = 1$$

Substitute to find y.

$$2x + 3y = 8$$

$$2(1) + 3y = 8$$

$$3y = 6$$

$$y = 2$$

Thus, $x = 1$ and $y = 2$.

16. $\begin{matrix} \\ (3) \end{matrix}\begin{cases} 3x + 9y = 9 \\ -x + 5y = -3 \end{cases} \Rightarrow \begin{cases} 3x + 9y = 9 \\ -3x + 15y = -9 \end{cases}$

$$24y = 0$$

$$y = 0$$

Substitute to find x.

$$3x + 9y = 9$$

$$3x + 9(0) = 9$$

$$3x = 9$$

$$x = 3$$

Thus, $x = 3$ and $y = 0$.

18. $\begin{cases} 2(x+y) = y+1 \\ 3(x+1) = y-3 \end{cases} \Rightarrow \begin{cases} 2x+2y = y+1 \\ 3x+3 = y-3 \end{cases} \Rightarrow \begin{cases} 2x+y = 1 \\ 3x-y = -6 \end{cases}$

$$5x = -5$$
$$x = -1$$

Substitute to find y.

$$2x + y = 1$$
$$2(-1) + y = 1$$
$$y = 3$$

Thus, $x = -1$ and $y = 3$.

20. $\begin{cases} \dfrac{1}{x+y} = 12 \\ \dfrac{3x}{y} = -4 \end{cases} \Rightarrow \begin{cases} 12x + 12y = 1 \\ (-3)\;\; 3x + 4y = 0 \end{cases} \Rightarrow \begin{cases} 12x + 12y = 1 \\ -9x - 12y = 0 \end{cases}$

$$3x = 1$$
$$x = \frac{1}{3}$$

Substitute to find y.

$$12x + 12y = 1$$
$$12(\tfrac{1}{3}) + 12y = 1$$
$$12y = -3$$
$$y = -\frac{1}{4}$$

Thus, $x = \frac{1}{3}$ and $y = -\frac{1}{4}$.

22. $\begin{cases} (10)\;\; -0.3x + 0.1y = -0.1 \\ (\tfrac{1}{2})\;\; 6x - 2y = 2 \end{cases} \Rightarrow \begin{cases} -3x + y = -1 \\ 3x - y = 1 \end{cases}$

$$0 = 0$$

The equations in this system are dependent. There are an infinite number of solutions. One example is $x = 1$ and $y = 2$.

24. $\begin{cases} (6)\;\; \frac{3}{2}x + \frac{1}{3}y = 2 \\ (9)\;\; \frac{2}{3}x + \frac{1}{9}y = 1 \end{cases} \Rightarrow \begin{cases} 9x + 2y = 12 \\ (-2)\;\; 6x + y = 9 \end{cases} \Rightarrow \begin{cases} 9x + 2y = 12 \\ -12x - 2y = -18 \end{cases}$

$$-3x = -6$$
$$x = 2$$

Substitute to find y.

$$9x + 2y = 12$$
$$9(2) + 2y = 12$$
$$2y = -6$$
$$y = -3$$

Thus, $x = 2$ and $y = -3$.

26. $\begin{cases} x - y - z = 0 \\ x + y - z = 0 \\ x - y + z = 2 \end{cases}$

Add Equations 1 and 2 $\begin{cases} x - y - z = 0 \\ \underline{x + y - z = 0} \end{cases}$
$2x \quad -2z = 0$

Add Equations 2 and 3 $\begin{cases} x + y - z = 0 \\ \underline{x - y + z = 2} \end{cases}$
$2x \quad = 2$

Now solve the system $\begin{cases} 2x - 2z = 0 \\ 2x \quad = 2 \end{cases}$.

Because $2x = 2$, you have $x = 1$. Because $2x - 2z = 0$, you have

$$2(1) - 2z = 0$$
$$-2z = -2$$
$$z = 1$$

Because $x - y - z = 0$, you have

$$1 - y - 1 = 0$$
$$y = 0$$

Thus, the solution is $x = 1$, $y = 0$, and $z = 1$.

28. $\begin{cases} 2x + y - z = 7 \\ x - y + z = 2 \\ x + y - 3z = 2 \end{cases}$

(Equation 1) $\begin{cases} 2x + y - z = 7 \\ \underline{x - y + z = 2} \end{cases}$ (Equation 2)
$3x \quad = 9$
$x = 3$

(Equation 2) $\begin{cases} x - y + z = 2 \\ \underline{x + y - 3z = 2} \end{cases}$ (Equation 3)
$2x \quad - 2z = 4$
$x \quad - z = 2$

Solve the system $\begin{cases} x = 3 \\ x - z = 2 \end{cases}$.

$$3 - z = 2$$
$$-z = -1$$
$$z = 1$$

Substitute to find y.

$$2x + y - z = 7$$
$$2(3) + y - 1 = 7$$
$$y = 2$$

Thus, the solution is $x = 3$, $y = 2$, and $z = 1$.

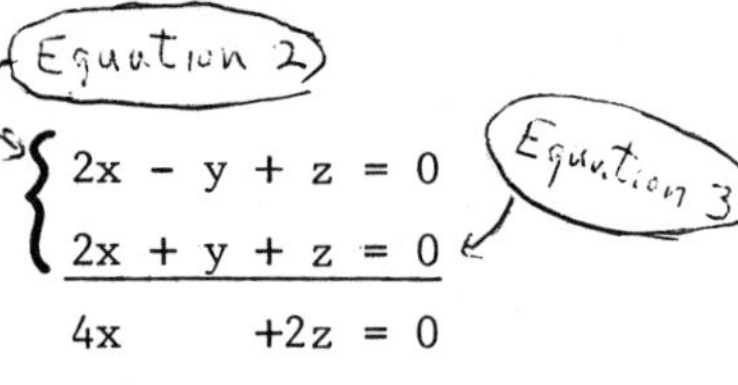

30. (Equation 2 → Equation 1)

$$\begin{cases} 3x + y + z = 0 \\ 2x - y + z = 0 \\ 2x + y + z = 0 \end{cases} \qquad \begin{cases} 3x + y + z = 0 \\ 2x - y + z = 0 \end{cases} \qquad \begin{cases} 2x - y + z = 0 \\ 2x + y + z = 0 \end{cases}$$

$$5x \quad +2z = 0 \qquad\qquad 4x \quad +2z = 0$$

Now solve the system $\begin{cases} 5x + 2z = 0 \\ 4x + 2z = 0 \end{cases}$ or $\begin{cases} 5x + 2z = 0 \\ -4x - 2z = 0 \end{cases}$.

$$x \quad = 0$$

Substitute to find z.

$$5x + 2z = 0$$
$$5(0) + 2z = 0$$
$$z = 0$$

Substitute to find y.

$$3x + y + z = 0$$
$$3(0) + y + 0 = 0$$
$$y = 0$$

Thus, the solution is $x = 0$, $y = 0$, and $z = 0$.

32. (−1 times Eq 2) (−3 times Eq 1)

$$\begin{cases} x + y + z = 3 \\ 2x + y + z = 6 \\ x + 2y + 3z = 2 \end{cases} \qquad \begin{cases} x + y + z = 3 \\ -2x - y - z = -6 \end{cases} \qquad \begin{cases} -3x - 3y - 3z = -9 \\ x + 2y + 3z = 2 \end{cases}$$

$$-x \quad = -3 \qquad\qquad -2x - y \quad = -7$$

Now solve the system $\begin{cases} -x = -3 \\ -2x - y = -7 \end{cases}$ or $\begin{cases} x = 3 \\ 2x + y = 7 \end{cases}$.

$$2(3) + y = 7$$
$$y = 1$$

Substitute to find x.

$$x + y + z = 3$$
$$3 + 1 + z = 3$$
$$z = -1$$

Thus, the solution is $x = 3$, $y = 1$, and $z = -1$.

34. (−1 times Eq 2)

$$\begin{cases} x + y + z = 3 \\ x \quad + z = 2 \\ 2x + y + 2z = 5 \end{cases} \qquad \begin{cases} x + y + z = 3 \\ -x \quad - z = -2 \end{cases}$$

$$y = 1$$

Since $y = 1$, Equations 1 and 2 of the original system are the same. Thus, the equations of this system are dependent. One possible solution is $(0,1,2)$.

36. $\begin{cases} x + y = 2 \\ y + z = 2 \\ 3x + 3y = 2 \end{cases}$

(−3 times Eq 1)

$$\begin{cases} -3x - 3y = -6 \\ 3x + 3y = 2 \end{cases}$$
$$0 = -4$$

Because 0 cannot equal −4, this system is inconsistent.

38. $\begin{cases} x + 2y - z = 2 \\ 2x - y = -1 \\ 3x + y + z = 1 \end{cases}$

(2 times Eq 2)

$$\begin{cases} x + 2y - z = 2 \\ 4x - 2y = -2 \end{cases}$$
$$5x - z = 0$$

$$\begin{cases} 2x - y = -1 \\ 3x + y + z = 1 \end{cases}$$
$$5x + z = 0$$

Now solve the system $\begin{cases} 5x - z = 0 \\ 5x + z = 0 \end{cases}$.

$$\begin{cases} 5x - z = 0 \\ 5x + z = 0 \end{cases}$$
$$10x = 0$$
$$x = 0$$

Substitute to find z.

$$5x + z = 0$$
$$5(0) + z = 0$$
$$z = 0$$

Substitute to find y.

$$x + 2y - z = 2$$
$$0 + 2y - 0 = 2$$
$$y = 1$$

Thus, the solution is $x = 0$, $y = 1$, and $z = 0$.

40. $\begin{cases} (x+y) + (y+z) = 1 \\ (x+z) + (x+y) = 3 \\ (x-y) - (x-z) = -1 \end{cases} \Rightarrow \begin{cases} x + 2y + z = 1 \\ 2x + y + z = 3 \\ -y + z = -1 \end{cases}$

(−1 times Eq 2)

$$\begin{cases} x + 2y + z = 1 \\ -2x - y - z = -3 \end{cases}$$
$$-x + y = -2$$

(−1 times Eq 3)

$$\begin{cases} 2x + y + z = 3 \\ y - z = 1 \end{cases}$$
$$2x + 2y = 4$$
$$x + y = 2$$

Now solve the system $\begin{cases} -x + y = -2 \\ x + y = 2 \end{cases}$.

$$-x + y = -2$$
$$x + y = 2$$
$$2y = 0$$
$$y = 0$$

40. (cont'd)

Substitute to find x.

$x + y = 2$

$x + 0 = 2$

$x = 2$

Substitute to find z.

$x + 2y + z = 1$

$2 + 2(0) + z = 1$

$z = -1$

Thus, the solution is $x = 2$, $y = 0$, and $z = -1$.

42. Let x represent the number of tape decks purchased by Flutter.
Let y represent the number of tape decks purchased by Wow.
Let z represent the number of tape decks purchased by Rumble.

Then,

$$\begin{cases} x + y + z = 175 \\ z = x + y + 25 \\ 170x + 165y + 160z = 28{,}500 \end{cases}$$

The solution to this system is $x = 25$, $y = 50$, and $z = 100$.

44. Let x represent the number of widgets.
Let y represent the number of gidgets.
Let z represent the number of gadgets.

$$\begin{cases} 2x + 3y + 4z = 6850 \\ 3x + 4.5y + 5.5z = 9825 \quad \text{(sales = cost + profit)} \\ x + y + z = 2150 \end{cases}$$

The solution to this system is $x = 500$, $y = 750$, and $z = 900$.

46. Let x represent the smallest angle.
Let y represent the second angle.
Let z represent the largest angle.

$$\begin{cases} x + y + z = 180 \\ z = x + y + 20 \\ z = 3x + 10 \end{cases}$$

The solution to this system is $x = 30°$, $y = 50°$, and $z = 100°$.

EXERCISE 5.2

2. $$\left[\begin{array}{cc|c} 1 & 2 & -1 \\ 3 & -5 & 19 \end{array}\right] \overset{-3R_1 + R_2 \to R_2}{\approx} \left[\begin{array}{cc|c} 1 & 2 & -1 \\ 0 & -11 & 22 \end{array}\right]$$

Thus, $-11y = 22$

$y = -2$

2. (cont'd) Find x by substitution.

$x + 2y = -1$

$x + 2(-2) = -1$

$x = 3$

The solution is $(3,-2)$.

4. $-\frac{2}{3}R_1 + R_2 \to R_2$

$$\left[\begin{array}{cc|c} 3 & -1 & 3 \\ 2 & 1 & -3 \end{array}\right] \approx \left[\begin{array}{cc|c} 3 & -1 & 3 \\ 0 & \frac{5}{3} & -5 \end{array}\right]$$

Thus, $\frac{5}{3}y = -5$

$y = -3$

Find x by substitution.

$3x - y = 3$

$3x - (-3) = 3$

$3x = 0$

$x = 0$

The solution is (0,-3).

6. $-\frac{2}{3}R_1 + R_2 \to R_2$

$$\left[\begin{array}{cc|c} 3 & -5 & -25 \\ 2 & 1 & 5 \end{array}\right] \approx \left[\begin{array}{cc|c} 3 & -5 & -25 \\ 0 & \frac{13}{3} & \frac{65}{3} \end{array}\right]$$

Thus, $\frac{13}{3}y = \frac{65}{3}$

$y = 5$

Find x by substitution.

$3x - 5y = -25$

$3x - 5(5) = -25$

$3x = 0$

$x = 0$

The solution is (0,5).

8. Multiply the second equation by 3 to get the system

$R_1 + R_2 \to R_2$

$$\left[\begin{array}{cc|c} 3 & -1 & 7 \\ -3 & 1 & -7 \end{array}\right] \approx \left[\begin{array}{cc|c} 3 & -1 & 7 \\ 0 & 0 & 0 \end{array}\right]$$

Because the second row in the final matrix has all zeros, the equations of this system are dependent. The system has an infinite number of solutions. One such solution is (3,2).

10. $-2R_2 + R_1 \to R_1$, $-3R_2 + R_3 \to R_3$; $R_1 \leftrightarrow R_2$; $-2R_2 + R_3 \to R_3$

$$\left[\begin{array}{ccc|c} 2 & 1 & -1 & 1 \\ 1 & 1 & -1 & 0 \\ 3 & 1 & 2 & 2 \end{array}\right] \approx \left[\begin{array}{ccc|c} 0 & -1 & 1 & 1 \\ 1 & 1 & -1 & 0 \\ 0 & -2 & 5 & 2 \end{array}\right] \approx \left[\begin{array}{ccc|c} 1 & 1 & -1 & 0 \\ 0 & -1 & 1 & 1 \\ 0 & -2 & 5 & 2 \end{array}\right] \approx \left[\begin{array}{ccc|c} 1 & 1 & -1 & 0 \\ 0 & -1 & 1 & 1 \\ 0 & 0 & 3 & 0 \end{array}\right]$$

Thus, $3z = 0$

$z = 0$

Back substitute to find y.

$-y + z = 1$

$-y + 0 = 1$

$y = -1$

Back substitute to find x.

$x + y - z = 0$

$x - 1 - 0 = 0$

$x = 1$

The solution is (1,-1,0).

12. $\begin{bmatrix} 3 & 1 & 0 & | & 7 \\ 1 & 0 & -1 & | & 0 \\ 0 & 1 & -2 & | & -8 \end{bmatrix} \underset{R_2 \leftrightarrow R_1}{\approx} \begin{bmatrix} 1 & 0 & -1 & | & 0 \\ 3 & 1 & 0 & | & 7 \\ 0 & 1 & -2 & | & -8 \end{bmatrix} \underset{-3R_1 + R_2 \to R_2}{\approx} \begin{bmatrix} 1 & 0 & -1 & | & 0 \\ 0 & 1 & 3 & | & 7 \\ 0 & 1 & -2 & | & -8 \end{bmatrix} \underset{-1R_2 + R_3 \to R_3}{\approx} \begin{bmatrix} 1 & 0 & -1 & | & 0 \\ 0 & 1 & 3 & | & 7 \\ 0 & 0 & -5 & | & -15 \end{bmatrix}$

Thus, $-5z = -15$

$z = 3$

Back substitute to find y.

$y + 3z = 7$

$y + 3(3) = 7$

$y = -2$

Back substitute to find x.

$x - z = 0$

$x - 3 = 0$

$x = 3$

The solution is $(3,-2,3)$.

14. $\begin{bmatrix} 1 & 0 & 1 & | & -1 \\ 3 & 1 & 0 & | & 2 \\ 2 & 1 & 5 & | & 3 \end{bmatrix} \underset{\substack{-3R_1 + R_2 \to R_2 \\ -2R_1 + R_3 \to R_3}}{\approx} \begin{bmatrix} 1 & 0 & 1 & | & -1 \\ 0 & 1 & -3 & | & 5 \\ 0 & 1 & 3 & | & 5 \end{bmatrix} \underset{-1R_2 + R_3 \to R_3}{\approx} \begin{bmatrix} 1 & 0 & 1 & | & -1 \\ 0 & 1 & -3 & | & 5 \\ 0 & 0 & 6 & | & 0 \end{bmatrix}$

Thus, $6z = 0$

$z = 0$

Find y by back substitution.

$y - 3z = 5$

$y - 3(0) = 5$

$y = 5$

Find x by back substitution.

$x + z = -1$

$x + 0 = -1$

$x = -1$

The solution is $(-1,5,0)$.

16. $\begin{bmatrix} 2 & -1 & 1 & | & 6 \\ 3 & 1 & -1 & | & 2 \\ -1 & 3 & -3 & | & 8 \end{bmatrix} \underset{-R_3 \leftrightarrow R_1}{\approx} \begin{bmatrix} 1 & -3 & 3 & | & -8 \\ 3 & 1 & -1 & | & 2 \\ 2 & -1 & 1 & | & 6 \end{bmatrix} \underset{\substack{-3R_1 + R_2 \to R_2 \\ -2R_1 + R_3 \to R_3}}{\approx} \begin{bmatrix} 1 & -3 & 3 & | & -8 \\ 0 & 10 & -10 & | & 26 \\ 0 & 5 & -5 & | & 22 \end{bmatrix} \underset{-\frac{1}{2}R_2 + R_3 \to R_3}{\approx} \begin{bmatrix} 1 & -3 & 3 & | & -8 \\ 0 & 10 & -10 & | & 26 \\ 0 & 0 & 0 & | & 9 \end{bmatrix}$

Because $0x + 0y + 0z$ cannot equal 9, the system is inconsistent. There is no solution.

18. $\begin{bmatrix} 1 & -1 & | & -3 \\ 2 & 1 & | & -3 \\ 3 & -1 & | & -7 \\ 4 & 1 & | & -7 \end{bmatrix} \approx \begin{bmatrix} 1 & -1 & | & -3 \\ 0 & 3 & | & 3 \\ 0 & 2 & | & 2 \\ 0 & 5 & | & 5 \end{bmatrix} \approx \begin{bmatrix} 1 & -1 & | & -3 \\ 0 & 1 & | & 1 \\ 0 & 1 & | & 1 \\ 0 & 5 & | & 5 \end{bmatrix} \approx \begin{bmatrix} 1 & -1 & | & -3 \\ 0 & 1 & | & 1 \\ 0 & 0 & | & 0 \\ 0 & 0 & | & 0 \end{bmatrix}$

18. (cont'd) Thus, $y = 1$.

Find x by back substitution.

$x - y = -3$

$x - 1 = -3$

$x = -2$

The solution is $(-2,1)$.

20. $$\left[\begin{array}{ccc|c} 1 & 2 & -3 & -5 \\ 5 & 1 & -1 & -11 \end{array}\right] \overset{-5R_1 + R_2 \to R_2}{\approx} \left[\begin{array}{ccc|c} 1 & 2 & -3 & -5 \\ 0 & -9 & 14 & 14 \end{array}\right]$$

This system has an infinite number of solutions.

$$-9y + 14z = 14$$
$$-9y = 14 - 14z$$
$$y = -\frac{14}{9} + \frac{14}{9}z$$

Solve for x by back substitution.

$$x + 2y - 3z = -5$$
$$x + 2(-\frac{14}{9} + \frac{14}{9}z) - 3z = -5$$
$$x - \frac{28}{9} + \frac{28}{9}z - \frac{27}{9}z = -\frac{45}{9}$$
$$x = -\frac{z}{9} - \frac{17}{9}$$

The solution is $(\frac{-z - 17}{9}, \frac{-14 + 14z}{9}, z)$.

22. $$\left[\begin{array}{cccc|c} 1 & 1 & 0 & 0 & 1 \\ 1 & 0 & 1 & 0 & 0 \\ 0 & 1 & 0 & 1 & 0 \end{array}\right] \overset{-1R_1 + R_2 \to R_2}{\approx} \left[\begin{array}{cccc|c} 1 & 1 & 0 & 0 & 1 \\ 0 & -1 & 1 & 0 & -1 \\ 0 & 1 & 0 & 1 & 0 \end{array}\right] \overset{R_2 + R_3 \to R_3}{\approx} \left[\begin{array}{cccc|c} 1 & 1 & 0 & 0 & 1 \\ 0 & -1 & 1 & 0 & -1 \\ 0 & 0 & 1 & 1 & -1 \end{array}\right]$$

There are an infinite number of solutions.

$$y + z = -1$$
$$y = -1 - z$$

Find x by back substitution.

$$-x + y + 0z = -1$$
$$-x - 1 - z = -1$$
$$-x = z$$
$$x = -z$$

Find w by back substitution.

$$w + x + 0y + 0z = 1$$
$$w - z = 1$$
$$x = 1 + z$$

The solution is $(1 + z, -z, -1 - z, z)$.

$$\begin{matrix} -2R_1 + R_2 \to R_2 \\ -3R_1 + R_3 \to R_3 \end{matrix} \qquad -1R_2 + R_3 \to R_3$$

24. $$\left[\begin{array}{cc|c} 1 & 1 & 3 \\ 2 & 1 & 1 \\ 3 & 2 & 2 \end{array}\right] \approx \left[\begin{array}{cc|c} 1 & 1 & 3 \\ 0 & -1 & -5 \\ 0 & -1 & -7 \end{array}\right] \approx \left[\begin{array}{cc|c} 1 & 1 & 3 \\ 0 & -1 & -5 \\ 0 & 0 & -2 \end{array}\right]$$

Because $0x + 0y$ cannot equal -2, this system has no solutions.

26. $$\left[\begin{array}{cccc|c} 1 & 1 & 2 & 1 & 1 \\ 1 & 2 & 1 & 1 & 2 \\ 2 & 1 & 1 & 1 & 4 \\ 1 & 1 & 1 & 2 & 3 \end{array}\right] \approx \left[\begin{array}{cccc|c} 1 & 1 & 2 & 1 & 1 \\ 0 & 1 & -1 & 0 & 1 \\ 0 & -1 & -3 & -1 & 2 \\ 0 & 0 & -1 & 1 & 2 \end{array}\right] \approx \left[\begin{array}{cccc|c} 1 & 1 & 2 & 1 & 1 \\ 0 & 1 & -1 & 0 & 1 \\ 0 & 1 & 3 & 1 & -2 \\ 0 & 0 & 1 & -1 & -2 \end{array}\right]$$

$$\approx \left[\begin{array}{cccc|c} 1 & 1 & 2 & 1 & 1 \\ 0 & 1 & -1 & 0 & 1 \\ 0 & 0 & 4 & 1 & -3 \\ 0 & 0 & 1 & -1 & -2 \end{array}\right] \approx \left[\begin{array}{cccc|c} 1 & 1 & 2 & 1 & 1 \\ 0 & 1 & -1 & 0 & 1 \\ 0 & 0 & 1 & -1 & -2 \\ 0 & 0 & 4 & 1 & -3 \end{array}\right] \approx \left[\begin{array}{cccc|c} 1 & 1 & 2 & 1 & 1 \\ 0 & 1 & -1 & 0 & 1 \\ 0 & 0 & 1 & -1 & -2 \\ 0 & 0 & 0 & 5 & 5 \end{array}\right]$$

Thus, $5t = 5$ or $t = 1$.

Find z by back substitution.

$$z - t = -2$$
$$z - 1 = -2$$
$$z = -1$$

Find y by back substitution.

$$y - z = 1$$
$$y + 1 = 1$$
$$y = 0$$

Find x by back substitution.

$$x + y + 2z + t = 1$$
$$x + 0 + 2(-1) + 1 = 1$$
$$x = 2$$

The solution is $(2,0,-1,1)$.

28. $$\left[\begin{array}{cccc|c} 1 & -1 & 2 & 1 & 3 \\ 3 & -2 & -1 & -1 & 4 \\ 2 & 1 & 2 & -1 & 10 \\ 1 & 2 & 1 & -3 & 8 \end{array}\right] \approx \left[\begin{array}{cccc|c} 1 & -1 & 2 & 1 & 3 \\ 0 & 1 & -7 & -4 & -5 \\ 0 & 3 & -2 & -3 & 4 \\ 0 & 3 & -1 & -4 & 5 \end{array}\right] \approx \left[\begin{array}{cccc|c} 1 & -1 & 2 & 1 & 3 \\ 0 & 1 & -7 & -4 & -5 \\ 0 & 0 & 19 & 9 & 19 \\ 0 & 0 & 20 & 8 & 20 \end{array}\right]$$

$$\approx \left[\begin{array}{cccc|c} 1 & -1 & 2 & 1 & 3 \\ 0 & 1 & -7 & -4 & -5 \\ 0 & 0 & 1 & \frac{9}{19} & 1 \\ 0 & 0 & 5 & 2 & 5 \end{array}\right] \approx \left[\begin{array}{cccc|c} 1 & -1 & 2 & 1 & 3 \\ 0 & 1 & -7 & -4 & -5 \\ 0 & 0 & 1 & \frac{9}{19} & 1 \\ 0 & 0 & 0 & -\frac{7}{19} & 0 \end{array}\right]$$

Thus, $-\frac{7}{19}t = 0$ or $t = 0$.

28. (cont'd)

Find z by back substitution.

$$z + \frac{9}{19}t = 1$$

$$z + \frac{9}{19}(0) = 1$$

$$z = 1$$

Find y by back substitution.

$$y - 7z - 4t = -5$$

$$y - 7 + 4(0) = -5$$

$$y = 2$$

Find x by back substitution.

$$x - y + 2z + t = 3$$

$$x - 2 + 2 + 0 = 3$$

$$x = 3$$

The solution is (3,2,1,0).

30. $\left[\begin{array}{ccc|c} 3 & 1 & 1 & 4 \\ 1 & -3 & -2 & -3 \\ 7 & -9 & 3 & -14 \end{array}\right] \approx \left[\begin{array}{ccc|c} 1 & -3 & -2 & -3 \\ 3 & 1 & 1 & 4 \\ 7 & -9 & 3 & -14 \end{array}\right] \approx \left[\begin{array}{ccc|c} 1 & -3 & -2 & -3 \\ 0 & 10 & 7 & 13 \\ 0 & 12 & 17 & 7 \end{array}\right]$

$$\approx \left[\begin{array}{ccc|c} 1 & -3 & -2 & -3 \\ 0 & 1 & \frac{7}{10} & \frac{13}{10} \\ 0 & 12 & 17 & 7 \end{array}\right] \approx \left[\begin{array}{ccc|c} 1 & -3 & -2 & -3 \\ 0 & 1 & \frac{7}{10} & \frac{13}{10} \\ 0 & 0 & \frac{86}{10} & -\frac{86}{10} \end{array}\right]$$

Thus, $\frac{86}{10}(\frac{1}{z}) = -\frac{86}{10}$ or $\frac{1}{z} = -1$ or $z = -1$.

Find y by back substitution and simplifying.

$$\frac{1}{y} + \frac{7}{10}(\frac{1}{z}) = \frac{13}{10}$$

$$\frac{1}{y} - \frac{7}{10} = \frac{13}{10}$$

$$\frac{1}{4} = 2$$

$$y = \frac{1}{2}$$

Find x by back substitution and simplifying.

$$\frac{1}{x} - 3(\frac{1}{y}) - 2(\frac{1}{z}) = -3$$

$$\frac{1}{x} - 3(2) - 2(-1) = -3$$

$$\frac{1}{x} = 1$$

$$x = 1$$

The solution is $(1, \frac{1}{2}, -1)$.

32. $\left[\begin{array}{ccc|c} 1 & 2 & -1 & 0 \\ 2 & -5 & 1 & 3 \\ -1 & 1 & 2 & 7 \end{array}\right] \approx \left[\begin{array}{ccc|c} 1 & 2 & -1 & 0 \\ 0 & -9 & 3 & 3 \\ 0 & 3 & 1 & 7 \end{array}\right] \approx \left[\begin{array}{ccc|c} 1 & 2 & -1 & 0 \\ 0 & 3 & -1 & -1 \\ 0 & 3 & 1 & 7 \end{array}\right] \approx \left[\begin{array}{ccc|c} 1 & 2 & -1 & 0 \\ 0 & 3 & -1 & -1 \\ 0 & 0 & 2 & 8 \end{array}\right]$

Thus, $2z^2 = 8$ or $z = \pm 2$.

Find y by back substitution and simplifying.

$$3(\frac{1}{y}) - z^2 = 1$$

$$3(\frac{1}{y}) - (\pm 2)^2 = -1$$

$$\frac{3}{y} = 3$$

$$y = 1$$

Find x by back substituting and simplifying.

$$1\sqrt{x} + 2(\frac{1}{y}) - z^2 = 0$$

$$\sqrt{x} + 2(1) - (\pm 2)^2 = 0$$

$$\sqrt{x} = 2$$

$$x = 4$$

The solutions are (4,1,2,) or (4,1,-2).

EXERCISE 5.3

2. Because the corresponding elements must be equal, $x = 0$ and $y = 2$.

4. Because the corresponding elements must be equal, $x = 2$, $y = 1$, and $x + y = 2$. Because this is impossible, there is no solution.

6. $$\begin{cases} x + y = -x \\ x - y = x - 2 \\ 2x \quad = -y \\ 3y = 8 - y \end{cases}$$

The solution of this system is $x = -1$ and $y = 2$.

8. Because the matrices are of different size, there is no solution.

10. $$\begin{bmatrix} 3 & 1 \\ 2 & 2 \end{bmatrix} + \begin{bmatrix} 2 & 1 \\ -1 & 0 \end{bmatrix} + \begin{bmatrix} -5 & -2 \\ -1 & -2 \end{bmatrix} = \begin{bmatrix} 3+2-5 & 1+1-2 \\ 2-1-1 & 2+0-2 \end{bmatrix} = \begin{bmatrix} 0 & 0 \\ 0 & 0 \end{bmatrix}$$

12. $$\begin{bmatrix} -2 & 7 & -3 \\ 3 & 6 & -7 \\ -9 & -2 & -5 \end{bmatrix} + \begin{bmatrix} -5 & -4 & -3 \\ -1 & 2 & 10 \\ -1 & -3 & -4 \end{bmatrix} = \begin{bmatrix} -2-5 & 7-4 & -3-3 \\ 3-1 & 6+2 & -7+10 \\ -9-1 & -2-3 & -5-4 \end{bmatrix} = \begin{bmatrix} -7 & 3 & -6 \\ 2 & 8 & 3 \\ -10 & -5 & -9 \end{bmatrix}$$

14. Because the matrices are of different sizes, the matrices cannot be subtracted.

16. Because the matrices are of different sizes, the matrices cannot be added.

18. $\begin{bmatrix} -3 & -2 & 15 \\ 2 & -5 & 9 \end{bmatrix} - \begin{bmatrix} 3 & 2 & -15 \\ -2 & 5 & -9 \end{bmatrix} + \begin{bmatrix} 6 & 4 & -30 \\ -3 & 12 & -15 \end{bmatrix}$

$= \begin{bmatrix} -3 - 3 + 6 & -2 - 2 + 4 & 15 + 15 - 30 \\ 2 + 2 - 3 & -5 - 5 + 12 & 9 + 9 - 15 \end{bmatrix} = \begin{bmatrix} 0 & 0 & 0 \\ 1 & 2 & 3 \end{bmatrix}$

20. $\begin{bmatrix} -2 & 3 \\ 3 & -2 \end{bmatrix} \begin{bmatrix} 2 & 4 \\ -5 & 7 \end{bmatrix} = \begin{bmatrix} -2(2) + 3(-5) & -2(4) + 3(7) \\ 3(2) - 2(-5) & 3(4) - 2(7) \end{bmatrix} = \begin{bmatrix} -19 & 13 \\ 16 & -2 \end{bmatrix}$

22. $\begin{bmatrix} -5 & 4 \\ 4 & -5 \end{bmatrix} \begin{bmatrix} 6 & -2 \\ 1 & 3 \end{bmatrix} = \begin{bmatrix} -5(6) + 4(1) & -5(-2) + 4(3) \\ 4(6) - 5(1) & 4(-2) - 5(3) \end{bmatrix} = \begin{bmatrix} -26 & 22 \\ 19 & -23 \end{bmatrix}$

24. $\begin{bmatrix} 2 & 1 & 1 \\ 1 & 1 & 2 \\ 1 & -2 & -1 \end{bmatrix} \begin{bmatrix} 1 & 2 & 3 \\ 1 & 2 & -3 \\ -1 & -1 & 3 \end{bmatrix} = \begin{bmatrix} 2 & 5 & 6 \\ 0 & 2 & 6 \\ 0 & -1 & 6 \end{bmatrix}$

26. $\begin{bmatrix} 1 \\ -2 \\ -3 \end{bmatrix} \begin{bmatrix} 4 & -5 & -6 \end{bmatrix} = \begin{bmatrix} 4 & -5 & -6 \\ -8 & 10 & 12 \\ -12 & 15 & 18 \end{bmatrix}$

28. $\begin{bmatrix} 2 & 3 & 4 \\ 1 & 2 & 3 \\ -2 & 2 & 2 \end{bmatrix} \begin{bmatrix} -1 \\ 2 \\ 3 \end{bmatrix} = \begin{bmatrix} 16 \\ 12 \\ 12 \end{bmatrix}$

30. $\begin{bmatrix} 1 & 2 & 3 \\ 1 & 2 & 1 \\ 1 & -1 & -1 \end{bmatrix} \begin{bmatrix} 1 & 2 \\ 2 & 1 \\ 1 & 1 \end{bmatrix} = \begin{bmatrix} 8 & 7 \\ 6 & 5 \\ -2 & 0 \end{bmatrix}$

32. $\begin{bmatrix} 1 & 2 \\ 2 & 3 \end{bmatrix} \begin{bmatrix} 2 & 1 & -5 \\ 1 & 1 & 2 \end{bmatrix} + \begin{bmatrix} 1 & 2 \\ 2 & 3 \end{bmatrix} \begin{bmatrix} -2 & -1 & 6 \\ 0 & -1 & -1 \end{bmatrix}$

$= \begin{bmatrix} 4 & 3 & -1 \\ 7 & 5 & -4 \end{bmatrix} + \begin{bmatrix} -2 & -3 & 4 \\ -4 & -5 & 9 \end{bmatrix} = \begin{bmatrix} 2 & 0 & 3 \\ 3 & 0 & 5 \end{bmatrix}$

34. $\begin{bmatrix} 2 & 1 & 0 \\ 1 & -2 & -1 \\ 1 & 1 & -1 \end{bmatrix} \left(\begin{bmatrix} 1 & 0 & 1 \\ 1 & 1 & 2 \\ 1 & 2 & -1 \end{bmatrix} + \begin{bmatrix} -1 & -1 & 2 \\ 0 & 0 & 1 \\ 1 & 0 & -1 \end{bmatrix} \right)$

34. (cont'd)

$$= \begin{bmatrix} 2 & 1 & 0 \\ 1 & -2 & -1 \\ 1 & 1 & -1 \end{bmatrix} \begin{bmatrix} 0 & -1 & 3 \\ 1 & 1 & 3 \\ 2 & 2 & -2 \end{bmatrix} = \begin{bmatrix} 1 & -1 & 9 \\ -4 & -5 & -1 \\ -1 & -2 & 8 \end{bmatrix}$$

36. $$\begin{bmatrix} 1 \\ 2 \end{bmatrix} \begin{bmatrix} -3 & -4 \end{bmatrix} - \begin{bmatrix} 0 & 3 \\ 2 & 1 \end{bmatrix} \begin{bmatrix} 2 & 0 \\ 1 & -1 \end{bmatrix} = \begin{bmatrix} -3 & -4 \\ -6 & -8 \end{bmatrix} - \begin{bmatrix} 3 & -3 \\ 5 & -1 \end{bmatrix} = \begin{bmatrix} -6 & -1 \\ -11 & -7 \end{bmatrix}$$

38. $$AB + B = \begin{bmatrix} 1 & 3 \\ 2 & 5 \end{bmatrix} \begin{bmatrix} -1 \\ 3 \end{bmatrix} + \begin{bmatrix} -1 \\ 3 \end{bmatrix} = \begin{bmatrix} 8 \\ 13 \end{bmatrix} + \begin{bmatrix} -1 \\ 3 \end{bmatrix} = \begin{bmatrix} 7 \\ 16 \end{bmatrix}$$

40. $$CAB = \begin{bmatrix} 3 & 2 \end{bmatrix} \begin{bmatrix} 1 & 3 \\ 2 & 5 \end{bmatrix} \begin{bmatrix} -1 \\ 3 \end{bmatrix} = \begin{bmatrix} 7 & 19 \end{bmatrix} \begin{bmatrix} -1 \\ 3 \end{bmatrix} = \begin{bmatrix} 50 \end{bmatrix}$$

42. $$CA + C = \begin{bmatrix} 3 & 2 \end{bmatrix} \begin{bmatrix} 1 & 3 \\ 2 & 5 \end{bmatrix} + \begin{bmatrix} 3 & 2 \end{bmatrix} = \begin{bmatrix} 7 & 19 \end{bmatrix} + \begin{bmatrix} 3 & 2 \end{bmatrix} = \begin{bmatrix} 10,21 \end{bmatrix}$$

44. Let $A = \begin{bmatrix} 1 & 0 \\ 0 & 0 \end{bmatrix}$, $B = \begin{bmatrix} 0 & 1 \\ 1 & 1 \end{bmatrix}$, and $C = \begin{bmatrix} 0 & 1 \\ 1 & 2 \end{bmatrix}$, then $AB = AC$, but $B \neq C$.

$$AB = \begin{bmatrix} 1 & 0 \\ 0 & 0 \end{bmatrix} \begin{bmatrix} 0 & 1 \\ 1 & 1 \end{bmatrix} = \begin{bmatrix} 0 & 1 \\ 0 & 0 \end{bmatrix}$$

$$AC = \begin{bmatrix} 1 & 0 \\ 0 & 0 \end{bmatrix} \begin{bmatrix} 0 & 1 \\ 1 & 2 \end{bmatrix} = \begin{bmatrix} 0 & 1 \\ 0 & 0 \end{bmatrix}$$

46. Let $A = \begin{bmatrix} 1 & 0 \\ 0 & 0 \end{bmatrix}$ and $B = \begin{bmatrix} 0 & 0 \\ 0 & 1 \end{bmatrix}$. Then

$$AB = \begin{bmatrix} 1 & 0 \\ 0 & 0 \end{bmatrix} \begin{bmatrix} 0 & 0 \\ 0 & 1 \end{bmatrix} = \begin{bmatrix} 0 & 0 \\ 0 & 0 \end{bmatrix}$$

48. Let $A = \begin{bmatrix} 1 & 0 \\ 1 & 2 \end{bmatrix}$, $B = \begin{bmatrix} 0 & 1 \\ 2 & 1 \end{bmatrix}$ and $C = \begin{bmatrix} 2 & 3 \\ 1 & 1 \end{bmatrix}$.

Then $A(B + C) = AB + AC$.

48. (cont'd)

$$A(B + C) = \begin{bmatrix} 1 & 0 \\ 1 & 2 \end{bmatrix}\left(\begin{bmatrix} 0 & 1 \\ 2 & 1 \end{bmatrix} + \begin{bmatrix} 2 & 3 \\ 1 & 1 \end{bmatrix}\right) = \begin{bmatrix} 1 & 0 \\ 1 & 2 \end{bmatrix}\begin{bmatrix} 2 & 4 \\ 3 & 2 \end{bmatrix} = \begin{bmatrix} 2 & 4 \\ 8 & 8 \end{bmatrix}$$

$$AB + AC = \begin{bmatrix} 1 & 0 \\ 1 & 2 \end{bmatrix}\begin{bmatrix} 0 & 1 \\ 2 & 1 \end{bmatrix} + \begin{bmatrix} 1 & 0 \\ 1 & 2 \end{bmatrix}\begin{bmatrix} 2 & 3 \\ 1 & 1 \end{bmatrix} = \begin{bmatrix} 0 & 1 \\ 4 & 3 \end{bmatrix} + \begin{bmatrix} 2 & 3 \\ 4 & 5 \end{bmatrix} = \begin{bmatrix} 2 & 4 \\ 8 & 8 \end{bmatrix}$$

EXERCISE 5.4

2. $$\left[\begin{array}{cc|cc} 2 & 3 & 1 & 0 \\ 3 & 5 & 0 & 1 \end{array}\right] \approx \left[\begin{array}{cc|cc} 1 & \frac{3}{2} & \frac{1}{2} & 0 \\ 3 & 5 & 0 & 1 \end{array}\right] \approx \left[\begin{array}{cc|cc} 1 & \frac{3}{2} & \frac{1}{2} & 0 \\ 0 & \frac{1}{2} & -\frac{3}{2} & 1 \end{array}\right]$$

$$\approx \left[\begin{array}{cc|cc} 1 & \frac{3}{2} & \frac{1}{2} & 0 \\ 0 & 1 & -3 & 2 \end{array}\right] \approx \left[\begin{array}{cc|cc} 1 & 0 & 5 & -3 \\ 0 & 1 & -3 & 2 \end{array}\right]$$ The inverse is $\begin{bmatrix} 5 & -3 \\ -3 & 2 \end{bmatrix}$.

4. $$\left[\begin{array}{cc|cc} 1 & -2 & 1 & 0 \\ 2 & -5 & 0 & 1 \end{array}\right] \approx \left[\begin{array}{cc|cc} 1 & -2 & 1 & 0 \\ 0 & -1 & -2 & 1 \end{array}\right] \approx \left[\begin{array}{cc|cc} 1 & 0 & 5 & -2 \\ 0 & 1 & 2 & -1 \end{array}\right]$$

The inverse is $\begin{bmatrix} 5 & -2 \\ 2 & -1 \end{bmatrix}$.

6. $$\left[\begin{array}{ccc|ccc} 2 & 1 & -1 & 1 & 0 & 0 \\ 2 & 2 & -1 & 0 & 1 & 0 \\ -1 & -1 & 1 & 0 & 0 & 1 \end{array}\right] \approx \left[\begin{array}{ccc|ccc} 0 & -1 & 1 & 1 & 0 & 2 \\ 0 & 0 & 1 & 0 & 1 & 2 \\ -1 & -1 & 1 & 0 & 0 & 1 \end{array}\right]$$

$$\approx \left[\begin{array}{ccc|ccc} 1 & 1 & -1 & 0 & 0 & -1 \\ 0 & 1 & -1 & -1 & 0 & -2 \\ 0 & 0 & 1 & 0 & 1 & 2 \end{array}\right] \approx \left[\begin{array}{ccc|ccc} 1 & 0 & 0 & 1 & 0 & 1 \\ 0 & 1 & 0 & -1 & 1 & 0 \\ 0 & 0 & 1 & 0 & 1 & 2 \end{array}\right]$$

The inverse is $\begin{bmatrix} 1 & 0 & 1 \\ -1 & 1 & 0 \\ 0 & 1 & 2 \end{bmatrix}$.

8. $$\left[\begin{array}{ccc|ccc} -2 & 1 & -3 & 1 & 0 & 0 \\ 2 & 3 & 0 & 0 & 1 & 0 \\ 1 & 0 & 1 & 0 & 0 & 1 \end{array}\right] \approx \left[\begin{array}{ccc|ccc} 0 & 1 & -1 & 1 & 0 & 2 \\ 0 & 3 & -2 & 0 & 1 & -2 \\ 1 & 0 & 1 & 0 & 0 & 1 \end{array}\right]$$

8. (cont'd)

$$\left[\begin{array}{ccc|ccc} 0 & 1 & -1 & 1 & 0 & 2 \\ 0 & 0 & 1 & -3 & 1 & -8 \\ 1 & 0 & 1 & 0 & 0 & 1 \end{array}\right] \approx \left[\begin{array}{ccc|ccc} 0 & 1 & 0 & -2 & 1 & -6 \\ 0 & 0 & 1 & -3 & 1 & -8 \\ 1 & 0 & 0 & 3 & -1 & 9 \end{array}\right]$$

$$\approx \left[\begin{array}{ccc|ccc} 1 & 0 & 0 & 3 & -1 & 9 \\ 0 & 1 & 0 & -2 & 1 & -6 \\ 0 & 0 & 1 & -3 & 1 & -8 \end{array}\right]$$ The inverse is $\begin{bmatrix} 3 & -1 & 9 \\ -2 & 1 & -6 \\ -3 & 1 & -8 \end{bmatrix}$.

10. $$\left[\begin{array}{ccc|ccc} 1 & 1 & 1 & 1 & 0 & 0 \\ 2 & 2 & 2 & 0 & 1 & 0 \\ 3 & 3 & 3 & 0 & 0 & 1 \end{array}\right] \approx \left[\begin{array}{ccc|ccc} 1 & 1 & 1 & 1 & 0 & 0 \\ 0 & 0 & 0 & -2 & 1 & 0 \\ 0 & 0 & 0 & -3 & 0 & 1 \end{array}\right]$$

Since $\begin{bmatrix} 1 & 1 & 1 \\ 2 & 2 & 2 \\ 3 & 3 & 3 \end{bmatrix}$ cannot be transformed into the identity, the matrix has no inverse.

12. $$\left[\begin{array}{ccc|ccc} 1 & 2 & 3 & 1 & 0 & 0 \\ 0 & 1 & 1 & 0 & 1 & 0 \\ 0 & -1 & 0 & 0 & 0 & 1 \end{array}\right] \approx \left[\begin{array}{ccc|ccc} 1 & 0 & 3 & 1 & 0 & 2 \\ 0 & 0 & 1 & 0 & 1 & 1 \\ 0 & -1 & 0 & 0 & 0 & 1 \end{array}\right]$$

$$\approx \left[\begin{array}{ccc|ccc} 1 & 0 & 0 & 1 & -3 & -1 \\ 0 & 0 & 1 & 0 & 1 & 1 \\ 0 & 1 & 0 & 0 & 0 & -1 \end{array}\right] \approx \left[\begin{array}{ccc|ccc} 1 & 0 & 0 & 1 & -3 & -1 \\ 0 & 1 & 0 & 0 & 0 & -1 \\ 0 & 0 & 1 & 0 & 1 & 1 \end{array}\right]$$

The inverse is $\begin{bmatrix} 1 & -3 & -1 \\ 0 & 0 & -1 \\ 0 & 1 & 1 \end{bmatrix}$.

14. $$\left[\begin{array}{ccc|ccc} 1 & 1 & 1 & 1 & 0 & 0 \\ 1 & 0 & -1 & 0 & 1 & 0 \\ 1 & 2 & 3 & 0 & 0 & 1 \end{array}\right] \approx \left[\begin{array}{ccc|ccc} 0 & 1 & 2 & 1 & -1 & 0 \\ 1 & 0 & -1 & 0 & 1 & 0 \\ 0 & 2 & 4 & 0 & -1 & 1 \end{array}\right]$$

$$\approx \left[\begin{array}{ccc|ccc} 0 & 1 & 2 & 1 & -1 & 0 \\ 1 & 0 & -1 & 0 & 1 & 0 \\ 0 & 0 & 0 & -2 & 1 & 1 \end{array}\right]$$ Because $\begin{bmatrix} 1 & 1 & 1 \\ 1 & 0 & -1 \\ 1 & 2 & 3 \end{bmatrix}$ cannot be transformed into the identity, it has no inverse.

16. $\left[\begin{array}{cccc|cccc} 1 & 0 & 0 & 0 & 1 & 0 & 0 & 0 \\ 1 & 1 & 0 & 0 & 0 & 1 & 0 & 0 \\ 1 & 1 & 1 & 0 & 0 & 0 & 1 & 0 \\ 1 & 2 & 2 & 1 & 0 & 0 & 0 & 1 \end{array}\right] \approx \left[\begin{array}{cccc|cccc} 1 & 0 & 0 & 0 & 1 & 0 & 0 & 0 \\ 0 & 1 & 0 & 0 & -1 & 1 & 0 & 0 \\ 0 & 1 & 1 & 0 & -1 & 0 & 1 & 0 \\ 0 & 2 & 2 & 1 & -1 & 0 & 0 & 1 \end{array}\right]$

$\approx \left[\begin{array}{cccc|cccc} 1 & 0 & 0 & 0 & 1 & 0 & 0 & 0 \\ 0 & 1 & 0 & 0 & -1 & 1 & 0 & 0 \\ 0 & 0 & 1 & 0 & 0 & -1 & 1 & 0 \\ 0 & 0 & 2 & 1 & 1 & -2 & 0 & 1 \end{array}\right] \approx \left[\begin{array}{cccc|cccc} 1 & 0 & 0 & 0 & 1 & 0 & 0 & 0 \\ 0 & 1 & 0 & 0 & -1 & 1 & 0 & 0 \\ 0 & 0 & 1 & 0 & 0 & -1 & 1 & 0 \\ 0 & 0 & 0 & 1 & 1 & 0 & -2 & 1 \end{array}\right]$

The inverse is $\begin{bmatrix} 1 & 0 & 0 & 0 \\ -1 & 1 & 0 & 0 \\ 0 & -1 & 1 & 0 \\ 1 & 0 & -2 & 1 \end{bmatrix}$.

18. $\begin{bmatrix} 2 & 3 \\ 3 & 5 \end{bmatrix}\begin{bmatrix} x \\ y \end{bmatrix} = \begin{bmatrix} 7 \\ -5 \end{bmatrix}$

The inverse of $\begin{bmatrix} 2 & 3 \\ 3 & 5 \end{bmatrix}$ is $\begin{bmatrix} 5 & -3 \\ -3 & 2 \end{bmatrix}$.

Thus,

$\begin{bmatrix} 5 & -3 \\ -3 & 2 \end{bmatrix}\begin{bmatrix} 2 & 3 \\ 3 & 5 \end{bmatrix}\begin{bmatrix} x \\ y \end{bmatrix} = \begin{bmatrix} 5 & -3 \\ -3 & 2 \end{bmatrix}\begin{bmatrix} 7 \\ -5 \end{bmatrix}$

$\begin{bmatrix} 1 & 0 \\ 0 & 1 \end{bmatrix}\begin{bmatrix} x \\ y \end{bmatrix} = \begin{bmatrix} 50 \\ -31 \end{bmatrix}$

The solution is (50,-31).

20. $\begin{bmatrix} 1 & -2 \\ 2 & -5 \end{bmatrix}\begin{bmatrix} x \\ y \end{bmatrix} = \begin{bmatrix} 12 \\ 13 \end{bmatrix}$

The inverse of $\begin{bmatrix} 1 & -2 \\ 2 & -5 \end{bmatrix}$ is $\begin{bmatrix} 5 & -2 \\ 2 & -1 \end{bmatrix}$.

Thus,

$\begin{bmatrix} 5 & -2 \\ 2 & -1 \end{bmatrix}\begin{bmatrix} 1 & -2 \\ 2 & -5 \end{bmatrix}\begin{bmatrix} x \\ y \end{bmatrix} = \begin{bmatrix} 5 & -2 \\ 2 & -1 \end{bmatrix}\begin{bmatrix} 12 \\ 13 \end{bmatrix}$

$\begin{bmatrix} 1 & 0 \\ 0 & 1 \end{bmatrix}\begin{bmatrix} x \\ y \end{bmatrix} = \begin{bmatrix} 34 \\ 11 \end{bmatrix}$

The solution is (34,11).

22. $\begin{bmatrix} 2 & 1 & -1 \\ 2 & 2 & -1 \\ -1 & -1 & 1 \end{bmatrix}\begin{bmatrix} x \\ y \\ z \end{bmatrix} = \begin{bmatrix} 3 \\ -1 \\ 4 \end{bmatrix}$

The inverse of $\begin{bmatrix} 2 & 1 & -1 \\ 2 & 2 & -1 \\ -1 & -1 & 1 \end{bmatrix}$ is $\begin{bmatrix} 1 & 0 & 1 \\ -1 & 1 & 0 \\ 0 & 1 & 2 \end{bmatrix}$.

Thus,

$$\begin{bmatrix} 1 & 0 & 1 \\ -1 & 1 & 0 \\ 0 & 1 & 2 \end{bmatrix}\begin{bmatrix} 2 & 1 & -1 \\ 2 & 2 & -1 \\ -1 & -1 & 1 \end{bmatrix}\begin{bmatrix} x \\ y \\ z \end{bmatrix} = \begin{bmatrix} 1 & 0 & 1 \\ -1 & 1 & 0 \\ 0 & 1 & 2 \end{bmatrix}\begin{bmatrix} 3 \\ -1 \\ 4 \end{bmatrix}$$

$$\begin{bmatrix} 1 & 0 & 0 \\ 0 & 1 & 0 \\ 0 & 0 & 1 \end{bmatrix}\begin{bmatrix} x \\ y \\ z \end{bmatrix} = \begin{bmatrix} 7 \\ -4 \\ 7 \end{bmatrix}$$

The solution is (7,-4,7).

24. $\begin{bmatrix} -2 & 1 & -3 \\ 2 & 3 & 0 \\ 1 & 0 & 1 \end{bmatrix}\begin{bmatrix} x \\ y \\ z \end{bmatrix} = \begin{bmatrix} 5 \\ 1 \\ -2 \end{bmatrix}$

The inverse of $\begin{bmatrix} -2 & 1 & -3 \\ 2 & 3 & 0 \\ 1 & 0 & 1 \end{bmatrix}$ is $\begin{bmatrix} 3 & -1 & 9 \\ -2 & 1 & -6 \\ -3 & 1 & -8 \end{bmatrix}$.

Thus,

$$\begin{bmatrix} 3 & -1 & 9 \\ -2 & 1 & -6 \\ -3 & 1 & -8 \end{bmatrix}\begin{bmatrix} -2 & 1 & -3 \\ 2 & 3 & 0 \\ 1 & 0 & 1 \end{bmatrix}\begin{bmatrix} x \\ y \\ z \end{bmatrix} = \begin{bmatrix} 3 & -1 & 9 \\ -2 & 1 & -6 \\ -3 & 1 & -8 \end{bmatrix}\begin{bmatrix} 5 \\ 1 \\ -2 \end{bmatrix}$$

$$\begin{bmatrix} 1 & 0 & 0 \\ 0 & 1 & 0 \\ 0 & 0 & 1 \end{bmatrix}\begin{bmatrix} x \\ y \\ z \end{bmatrix} = \begin{bmatrix} -4 \\ 3 \\ 2 \end{bmatrix}$$

The solution is (-4,3,2).

26. Write the system $\begin{cases} x + 2y + 3z = 2 \\ \quad\; y + \;\, z = 0 \\ -y \qquad\; = 0 \end{cases}$. Then $\begin{bmatrix} 1 & 2 & 3 \\ 0 & 1 & 1 \\ 0 & -1 & 0 \end{bmatrix}\begin{bmatrix} x \\ y \\ z \end{bmatrix} = \begin{bmatrix} 2 \\ 0 \\ 0 \end{bmatrix}$

The inverse of $\begin{bmatrix} 1 & 2 & 3 \\ 0 & 1 & 1 \\ 0 & -1 & 0 \end{bmatrix}$ is $\begin{bmatrix} 1 & -3 & -1 \\ 0 & 0 & -1 \\ 0 & 1 & 1 \end{bmatrix}$.

Thus,

$$\begin{bmatrix} 1 & -3 & -1 \\ 0 & 0 & -1 \\ 0 & 1 & 1 \end{bmatrix}\begin{bmatrix} 1 & 2 & 3 \\ 0 & 1 & 1 \\ 0 & -1 & 0 \end{bmatrix}\begin{bmatrix} x \\ y \\ z \end{bmatrix} = \begin{bmatrix} 1 & -3 & -1 \\ 0 & 0 & -1 \\ 0 & 1 & 1 \end{bmatrix}\begin{bmatrix} 2 \\ 0 \\ 0 \end{bmatrix}$$

$$\begin{bmatrix} 1 & 0 & 0 \\ 0 & 1 & 0 \\ 0 & 0 & 1 \end{bmatrix}\begin{bmatrix} x \\ y \\ z \end{bmatrix} = \begin{bmatrix} 2 \\ 0 \\ 0 \end{bmatrix}$$

The solution is $(2,0,0)$.

28. Because B behaves as the identity, it is its own inverse: $B^{-1} = B$.
You are given that $AB = A$.
Thus,

$$AB = A$$
$$ABB^{-1} = AB^{-1}$$
$$AI = AB^{-1} = AB$$

Thus,

$$AI = AB$$

Because of the results of Exercise 27, you have

$$I = B$$

30. No. Suppose $A = \begin{bmatrix} 1 & 0 \\ 0 & 0 \end{bmatrix}$ and $B = \begin{bmatrix} 1 & 2 \\ 0 & 1 \end{bmatrix}$, then

$$(AB)^2 = \left(\begin{bmatrix} 1 & 0 \\ 0 & 0 \end{bmatrix}\begin{bmatrix} 1 & 2 \\ 0 & 1 \end{bmatrix}\right)^2 = \begin{bmatrix} 1 & 2 \\ 0 & 0 \end{bmatrix}^2 = \begin{bmatrix} 1 & 2 \\ 0 & 0 \end{bmatrix}\begin{bmatrix} 1 & 2 \\ 0 & 0 \end{bmatrix} = \begin{bmatrix} 1 & 2 \\ 0 & 0 \end{bmatrix}$$

but

$$A^2B^2 = \begin{bmatrix} 1 & 0 \\ 0 & 0 \end{bmatrix}\begin{bmatrix} 1 & 0 \\ 0 & 0 \end{bmatrix} \cdot \begin{bmatrix} 1 & 2 \\ 0 & 1 \end{bmatrix}\begin{bmatrix} 1 & 2 \\ 0 & 1 \end{bmatrix} = \begin{bmatrix} 1 & 0 \\ 0 & 0 \end{bmatrix} \cdot \begin{bmatrix} 1 & 4 \\ 0 & 1 \end{bmatrix} = \begin{bmatrix} 1 & 4 \\ 0 & 0 \end{bmatrix}$$

and $(AB)^2 \neq A^2B^2$.

32. $A^2 = \begin{bmatrix} 1 & 1 \\ 0 & 1 \end{bmatrix}\begin{bmatrix} 1 & 1 \\ 0 & 1 \end{bmatrix} = \begin{bmatrix} 1 & 2 \\ 0 & 1 \end{bmatrix}$

$A^3 = \begin{bmatrix} 1 & 2 \\ 0 & 1 \end{bmatrix}\begin{bmatrix} 1 & 1 \\ 0 & 1 \end{bmatrix} = \begin{bmatrix} 1 & 3 \\ 0 & 1 \end{bmatrix}$

$A^4 = \begin{bmatrix} 1 & 3 \\ 0 & 1 \end{bmatrix}\begin{bmatrix} 1 & 1 \\ 0 & 1 \end{bmatrix} = \begin{bmatrix} 1 & 4 \\ 0 & 1 \end{bmatrix}$

In general,

$A^n = \begin{bmatrix} 1 & n \\ 0 & 1 \end{bmatrix}$

34. The matrix $\begin{bmatrix} 3 & 8 \\ 6 & x \end{bmatrix}$ will not have an inverse when

$3x - 8(6) = 0$

$3x = 48$

$x = 16$

36. No

38. $E = \begin{bmatrix} 0 & 1 & 0 \\ 1 & 0 & 0 \\ 0 & 0 & 1 \end{bmatrix}$ and $E^{-1} = \begin{bmatrix} 0 & 1 & 0 \\ 1 & 0 & 0 \\ 0 & 0 & 1 \end{bmatrix}$

EXERCISE 5.5

2. $\begin{vmatrix} -3 & -6 \\ 2 & -5 \end{vmatrix} = (-3)(-5) - (-6)(2)$
$= 15 + 12$
$= 27$

4. $\begin{vmatrix} 5 & 8 \\ -6 & -2 \end{vmatrix} = 5(-2) - 8(-6)$
$= -10 + 48$
$= 38$

6. $\begin{vmatrix} 1 & 3 & 1 \\ -2 & 5 & 3 \\ 3 & -2 & -2 \end{vmatrix} = 1\begin{vmatrix} 5 & 3 \\ -2 & -2 \end{vmatrix} - 3\begin{vmatrix} -2 & 3 \\ 3 & -2 \end{vmatrix} + 1\begin{vmatrix} -2 & 5 \\ 3 & -2 \end{vmatrix}$
$= 1(-4) - 3(-5) + 1(-11)$
$= 0$

8. $\begin{vmatrix} 1 & 3 & 1 \\ 2 & 1 & -1 \\ 2 & -1 & 1 \end{vmatrix} = 1\begin{vmatrix} 1 & -1 \\ -1 & 1 \end{vmatrix} - 3\begin{vmatrix} 2 & -1 \\ 2 & 1 \end{vmatrix} + 1\begin{vmatrix} 2 & 1 \\ 2 & -1 \end{vmatrix}$
$= 1(0) - 3(4) + 1(-4)$
$= -16$

10. $\begin{vmatrix} 3 & 1 & -2 \\ -3 & 2 & 1 \\ 1 & 3 & 0 \end{vmatrix} = 3\begin{vmatrix} 2 & 1 \\ 3 & 0 \end{vmatrix} -1\begin{vmatrix} -3 & 1 \\ 1 & 0 \end{vmatrix} +(-2)\begin{vmatrix} -3 & 2 \\ 1 & 3 \end{vmatrix}$
$= 3(-3) - (-1) - 2(-11)$
$= 14$

12. $\begin{vmatrix} 1 & -7 & -2 \\ -2 & 0 & 3 \\ -1 & 7 & 1 \end{vmatrix} = 1\begin{vmatrix} 0 & 3 \\ 7 & 1 \end{vmatrix} -(-7)\begin{vmatrix} -2 & 3 \\ -1 & 1 \end{vmatrix} +(-2)\begin{vmatrix} -2 & 0 \\ -1 & 7 \end{vmatrix}$

$= 1(-21) + 7(1) -2(-14)$

$= 14$

14. $\begin{vmatrix} -1 & 3 & -2 & 5 \\ 2 & 1 & 0 & 1 \\ 1 & 3 & -2 & 5 \\ 2 & -1 & 0 & -1 \end{vmatrix} = \begin{vmatrix} -1 & 3 & -2 & 5 \\ 0 & 7 & -4 & 11 \\ 0 & 6 & -4 & 10 \\ 0 & 5 & -4 & 9 \end{vmatrix} = -1\begin{vmatrix} 7 & -4 & 11 \\ 6 & -4 & 10 \\ 5 & -4 & 9 \end{vmatrix}$

$= -\left[7\begin{vmatrix} -4 & 10 \\ -4 & 9 \end{vmatrix} -(-4)\begin{vmatrix} 6 & 10 \\ 5 & 9 \end{vmatrix} + 11\begin{vmatrix} 6 & -4 \\ 5 & -4 \end{vmatrix}\right]$

$= -[7(4) + 4(4) + 11(-4)] = -[0] = 0$

16. $\begin{vmatrix} 1 & 1 & 1 & 1 & 1 \\ 1 & 1 & 1 & 1 & 2 \\ 1 & 1 & 1 & 2 & 2 \\ 1 & 1 & 2 & 2 & 2 \\ 1 & 2 & 2 & 2 & 2 \end{vmatrix} = \begin{vmatrix} 1 & 1 & 1 & 1 & 1 \\ 0 & 0 & 0 & 0 & 1 \\ 0 & 0 & 0 & 1 & 1 \\ 0 & 0 & 1 & 1 & 1 \\ 0 & 1 & 1 & 1 & 1 \end{vmatrix} = 1\begin{vmatrix} 0 & 0 & 0 & 0 \\ 0 & 0 & 0 & 1 \\ 0 & 0 & 1 & 1 \\ 0 & 1 & 1 & 1 \end{vmatrix} = 1(0) = 0$

18. $x = \dfrac{\begin{vmatrix} -6 & -5 \\ -1 & 2 \end{vmatrix}}{\begin{vmatrix} 1 & -5 \\ 3 & 2 \end{vmatrix}} = \dfrac{-17}{17} = -1$

$y = \dfrac{\begin{vmatrix} 1 & -6 \\ 3 & -1 \end{vmatrix}}{\begin{vmatrix} 1 & -5 \\ 3 & 2 \end{vmatrix}} = \dfrac{17}{17} = 1$

20. $x = \dfrac{\begin{vmatrix} -6 & -1 \\ 0 & 1 \end{vmatrix}}{\begin{vmatrix} 2 & -1 \\ 1 & 1 \end{vmatrix}} = \dfrac{-6}{3} = -2$

$y = \dfrac{\begin{vmatrix} 2 & -6 \\ 1 & 0 \end{vmatrix}}{\begin{vmatrix} 2 & -1 \\ 1 & 1 \end{vmatrix}} = \dfrac{6}{3} = 2$

22. $x = \dfrac{\begin{vmatrix} -1 & 2 & -1 \\ 1 & 1 & -1 \\ 17 & -3 & -5 \end{vmatrix}}{\begin{vmatrix} 1 & 2 & -1 \\ 2 & 1 & -1 \\ 1 & -3 & -5 \end{vmatrix}} = \dfrac{-4}{-17} = \dfrac{4}{17}$

22. (cont'd) $y = \dfrac{\begin{vmatrix} 1 & -1 & -1 \\ 2 & 1 & -1 \\ 1 & 17 & -5 \end{vmatrix}}{\begin{vmatrix} 1 & 2 & -1 \\ 2 & 1 & -1 \\ 1 & -3 & -5 \end{vmatrix}} = \dfrac{30}{-17} = -\dfrac{30}{17}$

22. (cont'd)

$$z = \frac{\begin{vmatrix} 1 & 2 & -1 \\ 2 & 1 & 1 \\ 1 & -3 & 17 \end{vmatrix}}{\begin{vmatrix} 1 & 2 & -1 \\ 2 & 1 & -1 \\ 1 & -3 & -5 \end{vmatrix}} = \frac{39}{-17} = -\frac{39}{17}$$

24. $$x = \frac{\begin{vmatrix} 2 & -1 & -1 \\ 2 & 1 & 1 \\ -4 & -1 & 1 \end{vmatrix}}{\begin{vmatrix} 1 & -1 & -1 \\ 1 & 1 & 1 \\ -1 & -1 & 1 \end{vmatrix}} = \frac{8}{4} = 2$$

$$y = \frac{\begin{vmatrix} 1 & 2 & -1 \\ 1 & 2 & 1 \\ -1 & -4 & 1 \end{vmatrix}}{\begin{vmatrix} 1 & -1 & -1 \\ 1 & 1 & 1 \\ -1 & -1 & 1 \end{vmatrix}} = \frac{4}{4} = 1$$

$$z = \frac{\begin{vmatrix} 1 & -1 & 2 \\ 1 & 1 & 2 \\ -1 & -1 & -4 \end{vmatrix}}{\begin{vmatrix} 1 & -1 & -1 \\ 1 & 1 & 1 \\ -1 & -1 & 1 \end{vmatrix}} = \frac{-4}{4} = -1$$

26. Rewrite the system without fractions.

$$\begin{cases} 15x + 6y + 10z = 510 \\ 2x + 5y + 2z = 320 \\ 6x + 2y + 3z = 180 \end{cases}$$

$$x = \frac{\begin{vmatrix} 510 & 6 & 10 \\ 320 & 5 & 2 \\ 180 & 2 & 3 \end{vmatrix}}{\begin{vmatrix} 15 & 6 & 10 \\ 2 & 5 & 2 \\ 6 & 2 & 3 \end{vmatrix}} = \frac{-590}{-59} = 10$$

$$y = \frac{\begin{vmatrix} 15 & 510 & 10 \\ 2 & 320 & 2 \\ 6 & 180 & 3 \end{vmatrix}}{\begin{vmatrix} 15 & 6 & 10 \\ 2 & 5 & 2 \\ 6 & 2 & 3 \end{vmatrix}} = \frac{-3540}{-59} = 60$$

$$z = \frac{\begin{vmatrix} 15 & 6 & 510 \\ 2 & 5 & 320 \\ 6 & 2 & 180 \end{vmatrix}}{\begin{vmatrix} 15 & 6 & 10 \\ 2 & 5 & 2 \\ 6 & 2 & 3 \end{vmatrix}} = \frac{0}{-59} = 0$$

28. $a = \dfrac{\begin{vmatrix} -1 & 1 & 1 & 1 \\ 0 & 1 & 1 & 2 \\ 1 & 1 & 2 & 3 \\ 0 & 2 & 3 & 4 \end{vmatrix}}{\begin{vmatrix} 1 & 1 & 1 & 1 \\ 1 & 1 & 1 & 2 \\ 1 & 1 & 2 & 3 \\ 1 & 2 & 3 & 4 \end{vmatrix}} = \dfrac{0}{-1} = 0$ $\qquad b = \dfrac{\begin{vmatrix} 1 & -1 & 1 & 1 \\ 1 & 0 & 1 & 2 \\ 1 & 1 & 2 & 3 \\ 1 & 0 & 3 & 4 \end{vmatrix}}{\begin{vmatrix} 1 & 1 & 1 & 1 \\ 1 & 1 & 1 & 2 \\ 1 & 1 & 2 & 3 \\ 1 & 2 & 3 & 4 \end{vmatrix}} = \dfrac{2}{-1} = -2$

$c = \dfrac{\begin{vmatrix} 1 & 1 & -1 & 1 \\ 1 & 1 & 0 & 2 \\ 1 & 1 & 1 & 3 \\ 1 & 2 & 0 & 4 \end{vmatrix}}{\begin{vmatrix} 1 & 1 & 1 & 1 \\ 1 & 1 & 1 & 2 \\ 1 & 1 & 2 & 3 \\ 1 & 2 & 3 & 4 \end{vmatrix}} = \dfrac{0}{-1} = 0$ $\qquad d = \dfrac{\begin{vmatrix} 1 & 1 & 1 & -1 \\ 1 & 1 & 1 & 0 \\ 1 & 1 & 2 & 1 \\ 1 & 2 & 3 & 0 \end{vmatrix}}{\begin{vmatrix} 1 & 1 & 1 & 1 \\ 1 & 1 & 1 & 2 \\ 1 & 1 & 2 & 3 \\ 1 & 2 & 3 & 4 \end{vmatrix}} = \dfrac{-1}{1} = 1$

30. Let $A = \begin{bmatrix} 2 & 1 \\ 1 & 3 \end{bmatrix}$ and $B = \begin{bmatrix} -1 & 2 \\ 2 & 1 \end{bmatrix}$.

Then,

$$AB = \begin{bmatrix} 2 & 1 \\ 1 & 3 \end{bmatrix}\begin{bmatrix} -1 & 2 \\ 2 & 1 \end{bmatrix} = \begin{bmatrix} 0 & 5 \\ 5 & 5 \end{bmatrix}$$

$$\det(AB) = \begin{vmatrix} 0 & 5 \\ 5 & 5 \end{vmatrix} = -25$$

$$\det(A) = \begin{vmatrix} 2 & 1 \\ 1 & 3 \end{vmatrix} = 5 \qquad \det(B) = \begin{vmatrix} -1 & 2 \\ 2 & 1 \end{vmatrix} = -5$$

$$[\det(A)]\,[\det(B)] = -25$$

32. Let $A = \begin{vmatrix} 1 & 0 \\ 0 & 2 \end{vmatrix}$. Then $A^{-1} = \begin{vmatrix} 1 & 0 \\ 0 & \frac{1}{2} \end{vmatrix}$.

$$\left|A^{-1}\right| = \begin{vmatrix} 1 & 0 \\ 0 & \frac{1}{2} \end{vmatrix} = \frac{1}{2} \quad \text{and} \quad \frac{1}{|A|} = \frac{1}{\begin{vmatrix} 1 & 0 \\ 0 & 2 \end{vmatrix}} = \frac{1}{2}$$

34. $\begin{vmatrix} a & b & c & d \\ 0 & e & f & g \\ 0 & 0 & h & i \\ 0 & 0 & 0 & j \end{vmatrix} = a \begin{vmatrix} e & f & g \\ 0 & h & i \\ 0 & 0 & j \end{vmatrix} = a(j) \begin{vmatrix} e & f \\ 0 & h \end{vmatrix}$

$$= aj(eh - 0f) = ajeh = aehj$$

36. The value of $\begin{vmatrix} 2 & -1 & 3 \\ 1 & 2 & -1 \\ 3 & 2 & -1 \end{vmatrix}$ is -10. If you interchange the first two rows, you get

$$\begin{vmatrix} 1 & 2 & -1 \\ 2 & -1 & 3 \\ 3 & 2 & -1 \end{vmatrix} = 10$$

which is $-(-10)$.

38. $\begin{vmatrix} 2a & 2b & 2c \\ 3d & 3e & 3f \\ 5g & 5h & 5i \end{vmatrix} = 2(3)(5) \begin{vmatrix} a & b & c \\ d & e & f \\ g & h & i \end{vmatrix}$

Thus, $k = 30$.

40. $\begin{vmatrix} 4 & x^2 \\ 1 & -1 \end{vmatrix} = \begin{vmatrix} x & 4 \\ 2 & 3 \end{vmatrix}$

$$-4 - x^2 = 3x - 8$$
$$0 = x^2 + 3x - 4$$
$$(x + 4)(x - 1) = 0$$
$$x + 4 = 0 \quad \text{or} \quad x - 1 = 0$$
$$x = -4 \quad \Big| \quad x = 1$$

42. $\begin{vmatrix} x & -1 & 2 \\ -2 & x & 3 \\ 4 & -3 & -1 \end{vmatrix} = \begin{vmatrix} 2 & 2 \\ 5 & x \end{vmatrix}$

$$x \begin{vmatrix} x & 3 \\ -3 & -1 \end{vmatrix} + 1 \begin{vmatrix} -2 & 3 \\ 4 & -1 \end{vmatrix} + 2 \begin{vmatrix} -2 & x \\ 4 & -3 \end{vmatrix} = 2x - 10$$

$$x(-x + 9) + (2 - 12) + 2(6 - 4x) = 2x - 10$$
$$-x^2 + 9x + 2 - 12 + 12 - 8x = 2x - 10$$
$$-x^2 + x + 2 = 2x - 10$$
$$-x^2 - x + 12 = 0$$
$$x^2 + x - 12 = 0$$

$$(x + 4)(x - 3) = 0$$
$$x = -4 \quad \text{or} \quad x = 3$$

44. Let $A = \begin{bmatrix} 1 & 0 \\ 0 & 2 \end{bmatrix}$ and $B = \begin{bmatrix} 2 & 1 \\ 0 & 0 \end{bmatrix}$. Then

$$|AB| = \left|\begin{bmatrix} 1 & 0 \\ 0 & 2 \end{bmatrix}\begin{bmatrix} 2 & 1 \\ 0 & 0 \end{bmatrix}\right| = \begin{vmatrix} 2 & 1 \\ 0 & 0 \end{vmatrix} = 0$$

$$|A||B| = \begin{vmatrix} 1 & 0 \\ 0 & 2 \end{vmatrix}\begin{vmatrix} 2 & 1 \\ 0 & 0 \end{vmatrix} = (2)(0) = 0$$

46. No. Let $A = \begin{bmatrix} 1 & 0 \\ 0 & 0 \end{bmatrix}$ and $B = \begin{bmatrix} 2 & 0 \\ 0 & 0 \end{bmatrix}$. Then

$$|AB| = \left|\begin{bmatrix} 1 & 0 \\ 0 & 0 \end{bmatrix}\begin{bmatrix} 2 & 0 \\ 0 & 0 \end{bmatrix}\right| = \begin{vmatrix} 2 & 0 \\ 0 & 0 \end{vmatrix} = 0$$

Neither A nor B is the zero matrix, but the determinant of their product is 0.

EXERCISE 5.6

2. $$\frac{-2x + 11}{x^2 - x - 6} = \frac{-2x + 11}{(x - 3)(x + 2)}$$

Thus,

$$\frac{-2x + 11}{(x - 3)(x + 2)} = \frac{A}{x - 3} + \frac{B}{x + 2}$$

$$-2x + 11 = A(x + 2) + B(x - 3)$$

$$= (A + B)x + 2A - 3A$$

$$\begin{cases} A + B = -2 \\ 2A - 3B = 11 \end{cases}$$

Because the solution of this system is $A = 1$ and $B = -3$, you have

$$\frac{-2x + 11}{x^2 - x - 6} = \frac{1}{x - 3} + \frac{-3}{x + 2}$$

4. $$\frac{-x^2 - 3x - 5}{x^3 + x^2 + 2x + 2} = \frac{-x^2 - 3x - 5}{(x + 1)(x^2 + 2)}$$

Thus,

$$\frac{-x^2 - 3x - 5}{(x + 1)(x^2 + 2)} = \frac{A}{x + 1} + \frac{Bx + C}{x^2 + 2}$$

4. (cont'd) $-x^2 - 3x - 5 = A(x^2 + 2) + (Bx + C)(x + 1)$

$$= Ax^2 + 2A + Bx^2 + Bx + Cx + C$$

$$= (A + B)x^2 + (B + C)x + 2A + C$$

$$\begin{cases} A + B = -1 \\ B + C = -3 \\ 2A + C = -5 \end{cases}$$

Because the solution of this system is $A = -1$, $B = 0$, and $C = -3$, you have

$$\frac{-x^2 - 3x - 5}{x^3 + x^2 + 2x + 2} = \frac{-1}{x + 1} + \frac{-3}{x^2 + 2}$$

6. $\dfrac{2x^2 - 7x + 2}{x(x - 1)^2} = \dfrac{A}{x} + \dfrac{B}{x - 1} + \dfrac{C}{(x - 1)^2}$

$$2x^2 - 7x + 2 = A(x - 1)^2 + Bx(x - 1) + Cx$$

$$= Ax^2 - 2Ax + A + Bx^2 - Bx + Cx$$

$$= (A + B)x^2 + (-2A - B + C)x + A$$

$$\begin{cases} A + B = 2 \\ -2A - B + C = -7 \\ A = 2 \end{cases}$$

The solution of this system is $A = 2$, $B = 0$, and $C = -3$. Thus,

$$\frac{2x^2 - 7x + 2}{x(x - 1)^2} = \frac{2}{x} + \frac{-3}{(x - 1)^2}$$

8. $\dfrac{x^2 + x + 1}{x^3} = \dfrac{A}{x} + \dfrac{B}{x^2} + \dfrac{C}{x^3}$

$$x^2 + x + 1 = Ax^2 + Bx + C$$

$$\begin{cases} A = 1 \\ B = 1 \\ C = 1 \end{cases}$$

Thus, $\dfrac{x^2 + x + 1}{x^3} = \dfrac{1}{x} + \dfrac{1}{x^2} + \dfrac{1}{x^3}$

10. $\dfrac{-2x^3 + 7x^2 + 6}{x^2(x^2 + 2)} = \dfrac{A}{x} + \dfrac{B}{x^2} + \dfrac{Cx + D}{x^2 + 2}$

$$-2x^3 + 7x^2 + 6 = Ax(x^2 + 2) + B(x^2 + 2) + x^2(Cx + D)$$

$$= Ax^3 + 2Ax + Bx^2 + 2B + Cx^3 + Dx^2$$

$$= (A + C)x^3 + (B + D)x^2 + 2Ax + 2B$$

10. (cont'd) $\begin{cases} A + C = -2 \\ B + D = 7 \\ 2A = 0 \\ 2B = 6 \end{cases}$

The solution of this system is $A = 0$, $B = 3$, $C = -2$, and $D = 4$. Thus,

$$\frac{-2x^3 + 7x^2 + 6}{x^2(x^2 + 2)} = \frac{3}{x^2} + \frac{-2x + 4}{x^2 + 2}$$

12. $\dfrac{x^3 + 4x^2 + 3x + 6}{(x^2 + 2)(x^2 + x + 2)} = \dfrac{Ax + B}{x^2 + 2} + \dfrac{Cx + D}{x^2 + x + 2}$

$$\begin{aligned} x^3 + 4x^2 + 3x + 6 &= (Ax + B)(x^2 + x + 2) + (Cx + D)(x^2 + 2) \\ &= Ax^3 + Ax^2 + 2Ax + Bx^2 + Bx + 2B + Cx^3 + 2Cx + Dx^2 + 2D \\ &= (A + C)x^3 + (A + B + D)x^2 + (2A + B + 2C)x + 2B + 2D \end{aligned}$$

$$\begin{cases} A + C = 1 \\ A + B + D = 4 \\ 2A + B + 2C = 3 \\ 2B + 2D = 6 \end{cases}$$

The solution of this system is $A = 1$, $B = 1$, $C = 0$, and $D = 2$. Thus,

$$\frac{x^3 + 4x^2 + 3x + 6}{(x^2 + 2)(x^2 + x + 2)} = \frac{x + 1}{x^2 + 2} + \frac{2}{x^2 + x + 2}$$

14. $\dfrac{x^2 - 2x - 3}{(x - 1)^3} = \dfrac{A}{x - 1} + \dfrac{B}{(x - 1)^2} + \dfrac{C}{(x - 1)^3}$

$$\begin{aligned} x^2 - 2x - 3 &= A(x - 1)^2 + B(x - 1) + C \\ &= Ax^2 - 2Ax + A + Bx - B + C \\ &= Ax^2 + (-2A + B)x + A - B + C \end{aligned}$$

$$\begin{cases} A = 1 \\ -2A + B = -2 \\ A - B + C = -3 \end{cases}$$

The solution of this system is $A = 1$, $B = 0$, and $C = -4$. Thus,

$$\frac{x^2 - 2x - 3}{x^3 - 3x^2 + 3x - 1} = \frac{1}{x - 1} + \frac{-4}{(x - 1)^3}$$

16. $\dfrac{x^2 + 2}{x^3 + 3x^2 + 3x + 1} = \dfrac{x^2 + 2}{(x + 1)^3}$

$$\frac{x^2 + 2}{(x + 1)^3} = \frac{A}{x + 1} + \frac{B}{(x + 1)^2} + \frac{C}{(x + 1)^3}$$

$$\begin{aligned} x^2 + 2 &= A(x + 1)^2 + B(x + 1) + C \\ &= Ax^2 + 2Ax + A + Bx + B + C \\ &= Ax^2 + (2A + B)x + A + B + C \end{aligned}$$

$$\begin{cases} A = 1 \\ 2A + B = 0 \\ A + B + C = 2 \end{cases}$$

The solution of this system is $A = 1$, $B = -2$, and $C = 3$. Thus,

$$\frac{x^2 + 2}{x^2 + 3x^2 + 3x + 1} = \frac{1}{x + 1} + \frac{-2}{(x + 1)^2} + \frac{3}{(x + 1)^3}$$

18. $\dfrac{4x^3 + 5x^2 + 3x + 4}{x^2(x^2 + 1)} = \dfrac{A}{x} + \dfrac{B}{x^2} + \dfrac{Cx + D}{x^2 + 1}$

$$\begin{aligned} 4x^3 + 5x^2 + 3x + 4 &= Ax(x^2 + 1) + B(x^2 + 1) + (Cx + D)(x^2) \\ &= Ax^3 + Ax + Bx^2 + B + Cx^3 + Dx^2 \\ &= (A + C)x^3 + (B + D)x^2 + Ax + B \end{aligned}$$

$$\begin{cases} A + C = 4 \\ B + D = 5 \\ A = 3 \\ B = 4 \end{cases}$$

The solution of this system is $A = 3$, $B = 4$, $C = 1$, and $D = 1$. Thus,

$$\frac{4x^3 + 5x^2 + 3x + 4}{x^2(x^2 + 1)} = \frac{3}{x} + \frac{4}{x^2} + \frac{x + 1}{x^2 + 1}$$

20. $\dfrac{3x^3 + 5x^2 + 3x + 1}{x^2(x^2 + x + 1)} = \dfrac{A}{x} + \dfrac{B}{x^2} + \dfrac{Cx + D}{x^2 + x + 1}$

$$\begin{aligned} 3x^3 + 5x^2 + 3x + 1 &= Ax(x^2 + x + 1) + B(x^2 + x + 1) + x^2(Cx + D) \\ &= Ax^3 + Ax^2 + Ax + Bx^2 + Bx + B + Cx^3 + Dx^2 \\ &= (A + C)x^3 + (A + B + D)x^2 + (A + B)x + B \end{aligned}$$

20. (cont'd) $\begin{cases} A + C = 3 \\ A + B + D = 5 \\ A + B = 3 \\ B = 1 \end{cases}$

The solution of this system is $A = 2$, $B = 1$, $C = 1$, and $D = 2$. Thus,

$$\frac{3x^3 + 5x^2 + 3x + 1}{x^2(x^2 + x + 1)} = \frac{2}{x} + \frac{1}{x^2} + \frac{x + 2}{x^2 + x + 1}$$

22. Divide x^3 by $x^2 + 3x + 2$ to get $x - 3 + \dfrac{7x + 6}{x^2 + 3x + 2}$.

$$\frac{7x + 6}{(x + 2)(x + 1)} = \frac{A}{x + 2} + \frac{B}{x + 1}$$

$$\begin{aligned} 7x + 6 &= Ax + A + Bx + 2B \\ &= (A + B)x + A + 2B \end{aligned}$$

$\begin{cases} A + B = 7 \\ A + 2B = 6 \end{cases}$

The solution of this system is $A = 8$ and $B = -1$. Thus,

$$\frac{x^3}{x^2 + 3x + 2} = x - 3 + \frac{8}{x + 2} + \frac{-1}{x + 1}$$

24. Divide $x^3 + 2x^2 + 3x + 4$ by x^3 to get $1 + \dfrac{2x^2 + 3x + 4}{x^3}$

$$\frac{2x^2 + 3x + 4}{x^3} = \frac{A}{x} + \frac{B}{x^2} + \frac{C}{x^3}$$

$$2x^2 + 3x + 4 = Ax^2 + Bx + C$$

$\begin{cases} A = 2 \\ B = 3 \\ C = 4 \end{cases}$

Thus, $\dfrac{x^3 + 2x^2 + 3x + 4}{x^3} = 1 + \dfrac{2}{x} + \dfrac{3}{x^2} + \dfrac{4}{x^3}$

EXERCISE 5.7

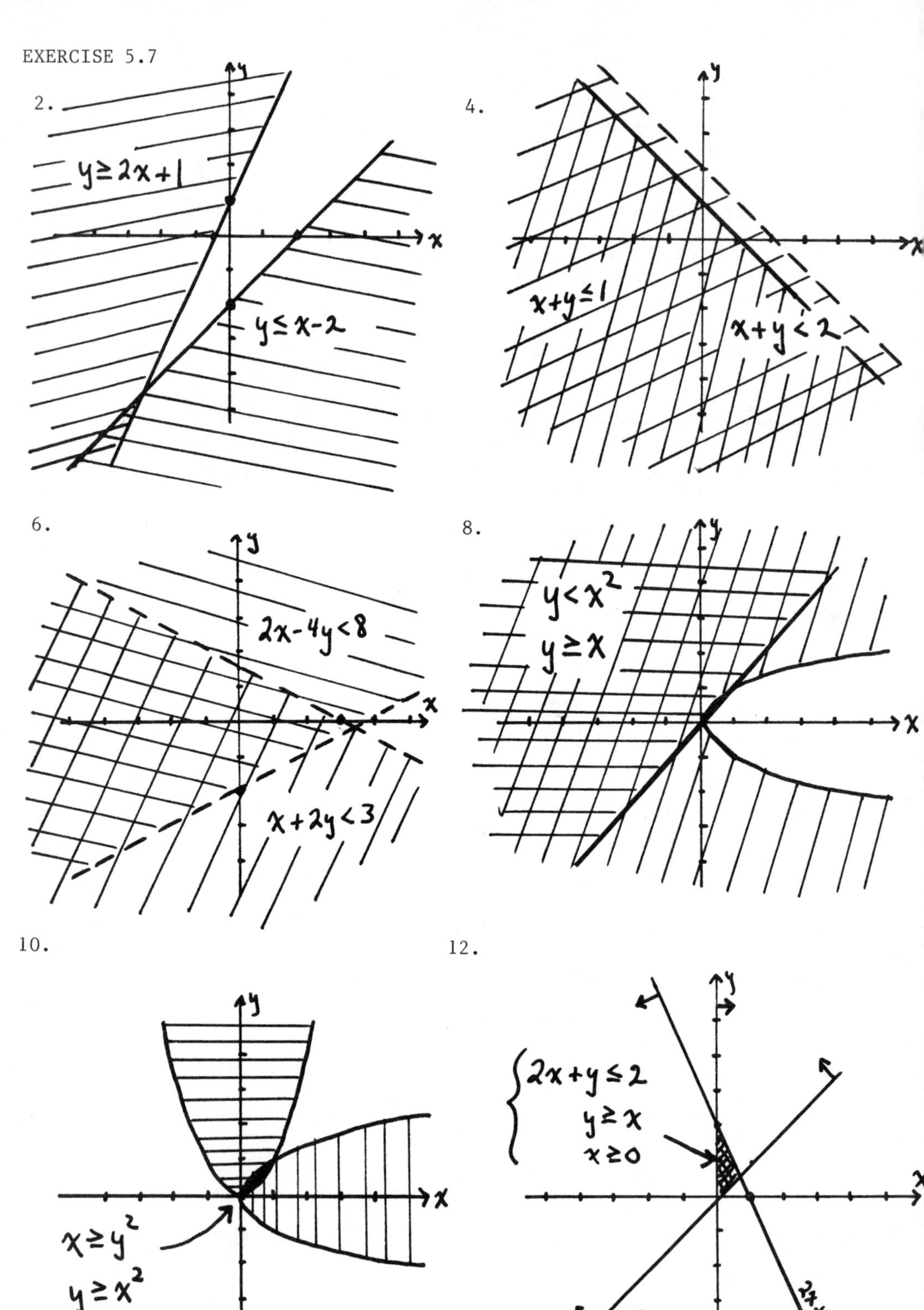

2.
$y \geq 2x+1$
$y \leq x-2$
4.
$x+y \leq 1$
$x+y < 2$
6.
$2x-4y<8$
$x+2y<3$
8.
$y<x^2$
$y \geq x$
10.
$x \geq y^2$
$y \geq x^2$
12.
$2x+y \leq 2$
$y \geq x$
$x \geq 0$
$y=x$
$2x+y=2$

14.

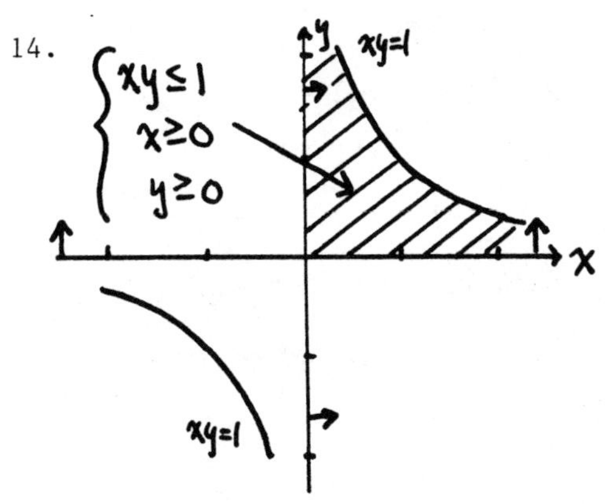

16.

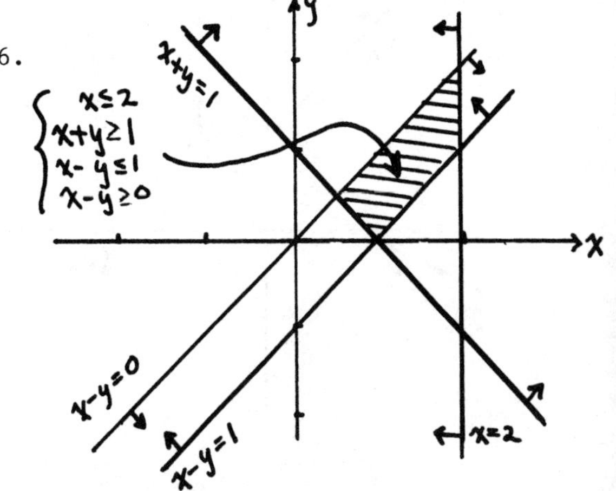

18.

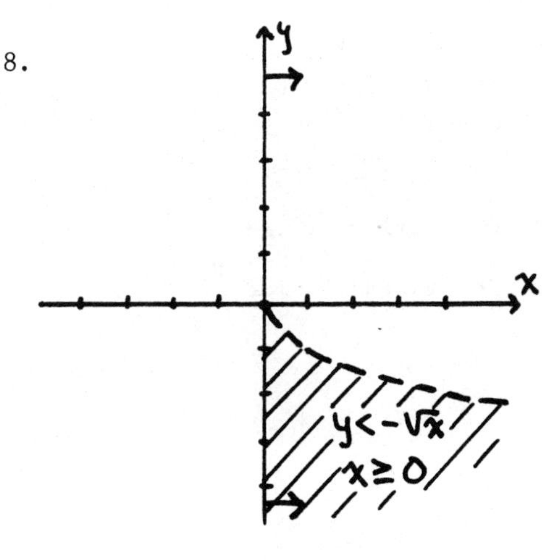

20.

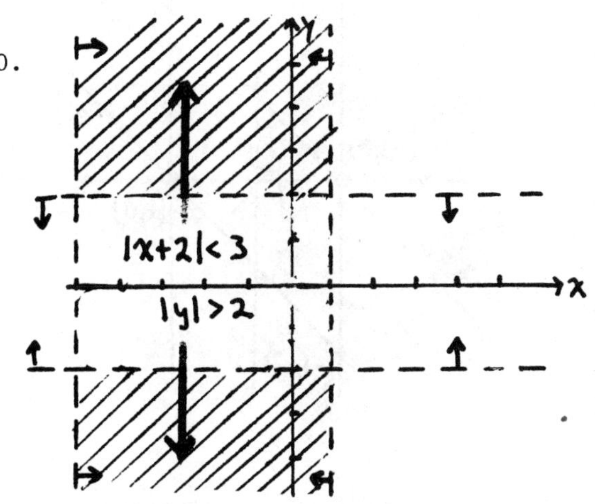

22.

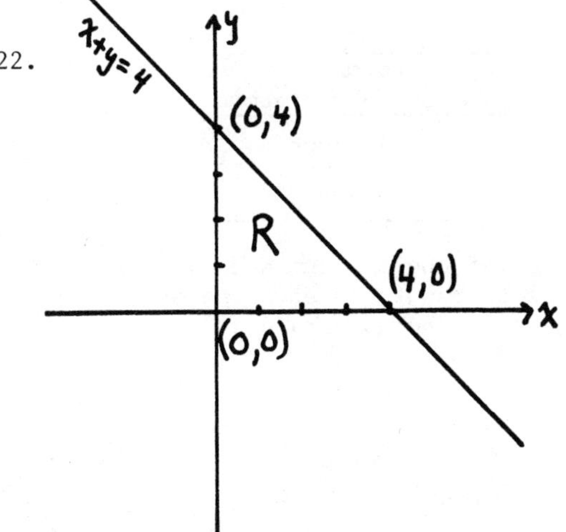

$P = 3x + 2y$

$P = 3(0) + 2(0) = 0$

$P = 3(0) + 2(4) = 8$

$P = 3(4) + 2(0) = 12$

The maximum value of P is 12.

24.

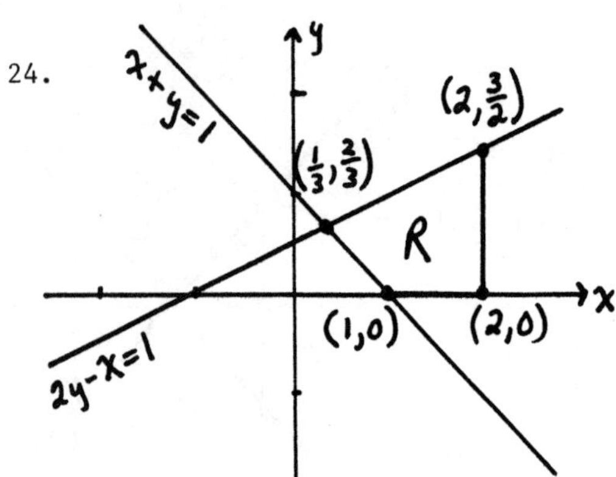

$P = 4y - x$

$P = 4(\frac{2}{3}) - (\frac{1}{3}) = \frac{7}{3}$

$P = 4(0) - (1) = -1$

$P = 4(0) - (2) = -2$

$P = 4(\frac{3}{2}) - (2) = 4$

The maximum value of P is 4.

26.

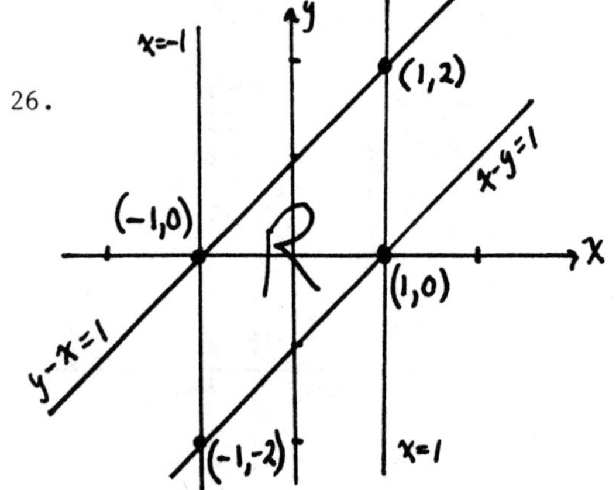

$P = 3x - 2y$

$P = 3(-1) - 2(0) = -3$

$P = 3(-1) - 2(-2) = 1$

$P = 3(1) - 2(0) = 3$

$P = 3(1) - 2(2) = -1$

The maximum value of P is 3.

28.

Machine	Time to make 1 case of chewing gum	Time to make 1 case of bubble gum
A	2 hours	4 hours
B	8 hours	2 hours

Let x represent the number of cases of chewing gum and y represent the number of cases of bubble gum to be manufactured. The profit function is $P = 150x + 100y$ subject to the constraints

$$\begin{cases} x \geq 0 \\ y \geq 0 \\ 2x + 4y \leq 24 \\ 8x + 2y \leq 24 \end{cases}$$

28. (cont'd)

Graph the feasibility region as follows:

Corner	Profit
(0,6)	P = 150(0) + 100(6) = 600
(0,0)	P = 150(0) + 100(0) = 0
(3,0)	P = 150(3) + 100(0) = 450
$(\frac{12}{7}, \frac{36}{7})$	$P = 150(\frac{12}{7}) + 100(\frac{36}{7}) = 771\frac{3}{7}$

To maximize profits, $\frac{12}{7}$ cases of chewing gum and $\frac{36}{7}$ cases of bubble gum should be manufactured each day. This is 12 and 36 cases each week.

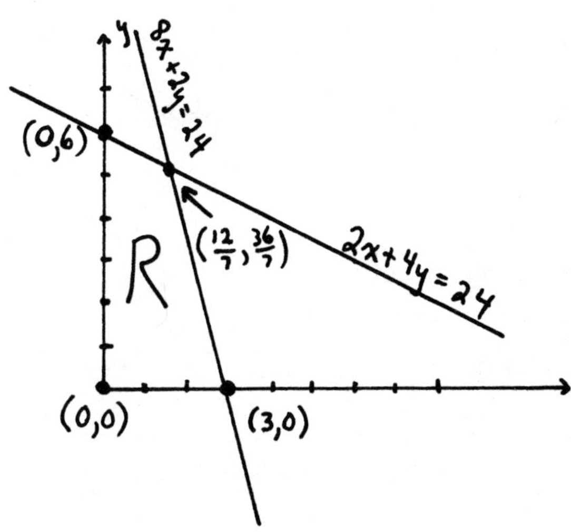

30.

Storehouse	Farmer	Costs per ton
A	X	\$ 5
A	Y	\$ 7
B	X	\$ 8
B	Y	\$14

Let x represent the number of tons shipped from A to X, and let y represent the number of tons shipped from A to Y. The cost function is

$$C = 5x + 8(60 - x) + 7y + 14(80 - y) \quad \text{or} \quad C = -3x - 7y + 1600$$

subject to the constraints

$$\begin{cases} 0 \le x \le 60 \\ 0 \le y \le 80 \\ x + y \le 110 \\ x + y \ge -50 \end{cases}$$

30. (cont'd)

Graph the feasibility region.

Corner	Cost
(0,80)	C = -3(0) - 7(80) + 1600 = 1040
(30,80)	C = -3(30) - 7(80) + 1600 = 950
(60,50)	C = -3(60) - 7(50) + 1600 = 1070
(60,0)	C = -3(60) - 7(0) + 1600 = 1420
(0,0)	C = -3(0) - 7(0) + 1600 = 1600

Farmer X should get 30 tons from A and 30 tons from B. Farmer Y should get all 80 tons from A. The minimum cost is \$950.

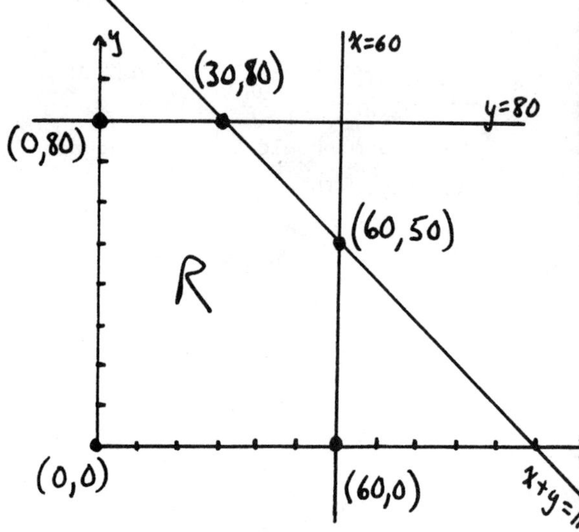

32.

Worker	Hours required for product X	Hours required for product Y	Time available per week
A	1	4	18
B	2	3	12
C	2	1	6

Let x represent the number of units of product X and y represent the number of units of product Y. Then, the profit function is

$$P = 40x + 60y$$

subject to the constraints

$$\begin{cases} x \geq 0 \\ y \geq 0 \\ x + 4y \leq 18 \\ 2x + 3y \leq 12 \\ 2x + y \leq 6 \end{cases}$$

32. (cont'd) Graph the feasibility region.

Corner	Profit
(0,4)	$P = 40(0) + 60(4) = 240$
(0,0)	$P = 40(0) + 60(0) = 0$
(3,0)	$P = 40(3) + 60(0) = 120$
$(\frac{3}{2},3)$	$P = 40(\frac{3}{2}) + 60(3) = 240$

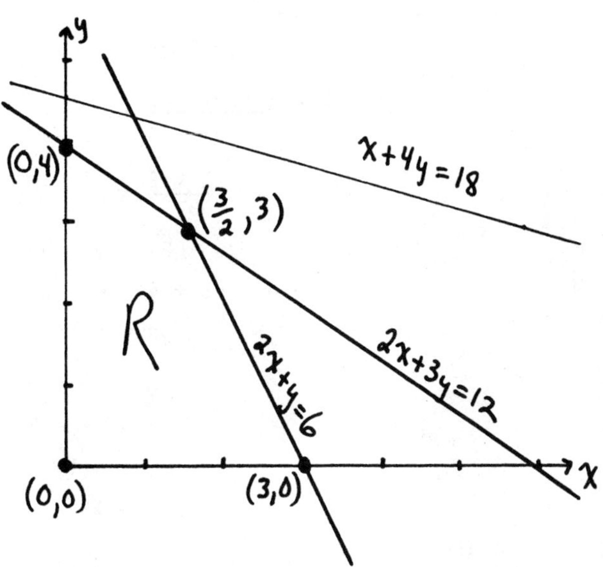

The profit can be maximized in many different ways. One way is to produce 0 units of product X and 4 units of product Y. Another is to product 3/2 units of product X and 3 units of product Y. In fact, the coordinates of any point on the segment joining (0,4) and (3/2,3) is a solution.

REVIEW EXERCISES

2.

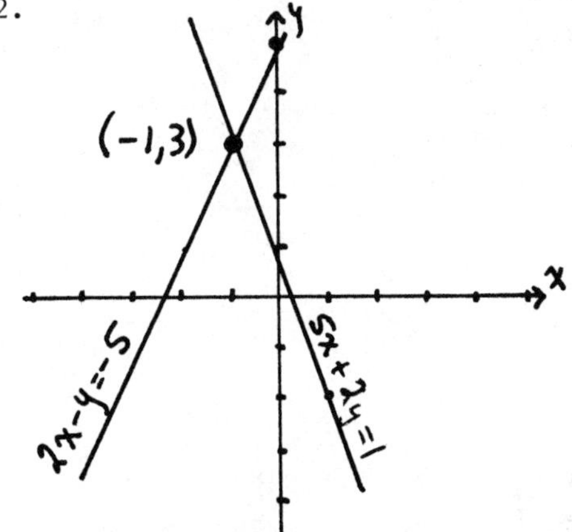

4.

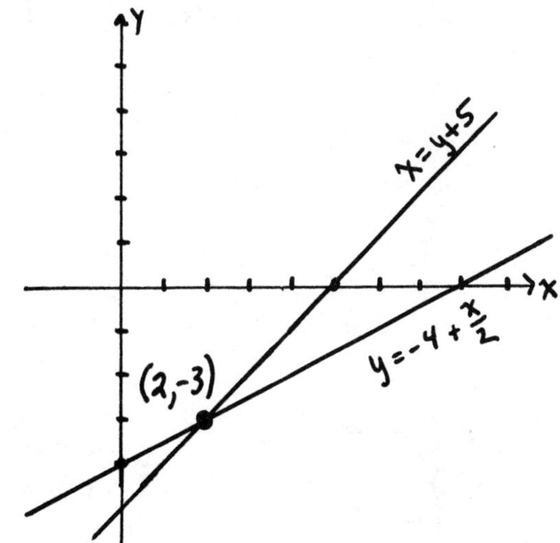

6. $2y + x = 0$

$x = y + 3$

$2y + y + 3 = 0$

$3y = -3$

$y = -1$

6. (cont'd) $x = y + 3$

$= -1 + 3$

$= 2$

The solution is (2,-1).

8. $\frac{x + y}{2} + \frac{x - y}{3} = 1$

$y = 3x - 2$

$$\frac{x + 3x - 2}{2} + \frac{x - (3x - 2)}{3} = 1$$

$$\frac{4x - 2}{2} + \frac{-2x + 2}{3} = 1$$

$$3(4x - 2) + 2(-2x + 2) = 6$$

$$12x - 6 - 4x + 4 = 6$$

$$8x = 8$$

$$x = 1$$

$$\begin{aligned} y &= 3x - 2 \\ &= 3(1) - 2 \\ &= 1 \end{aligned}$$

The solution is (1,1).

10. $\begin{matrix} (-3) \\ (2) \end{matrix} \begin{cases} 2x + 3y = 11 \\ 3x - 7y = -41 \end{cases} \Rightarrow \begin{cases} -6x - 9y = -33 \\ 6x - 14y = -82 \end{cases}$

$$-23y = -115$$

$$y = 5$$

$$2x + 3y = 11$$

$$2x + 3(5) = 11$$

$$2x = -4$$

$$x = -2$$

The solution is (-2,5).

12. $\begin{cases} \frac{x + y}{2} + \frac{x - y}{3} = \frac{7}{2} \\ \frac{x + y}{5} + \frac{x - y}{2} = \frac{5}{2} \end{cases} \Rightarrow \begin{cases} 5x + y = 21 \\ 7x - 3y = 25 \end{cases} \Rightarrow \begin{cases} 15x + 3y = 63 \\ 7x - 3y = 25 \end{cases}$

$$22x = 88$$

$$x = 4$$

$$5x + y = 21$$

$$5(4) + y = 21$$

$$y = 1$$

The solution is (4,1).

14. $\textcircled{-2}\begin{cases} 5x - y + z = 3 \\ 3x + y + 2z = 2 \\ x + y = 2 \end{cases}$

$$\begin{array}{r} -10x + 2y - 2z = -6 \\ \underline{3x + y + 2z = 2} \\ -7x + 3y = -4 \end{array}$$

$\textcircled{-3}\begin{cases} x + y = 2 \\ -7x + 3y = -4 \end{cases} \Rightarrow \begin{cases} -3x - 3y = -6 \\ \underline{-7x + 3y = -4} \end{cases}$

$$\begin{aligned} -10x &= -10 \\ x &= 1 \end{aligned}$$

$$\begin{aligned} x + y &= 2 \\ 1 + y &= 2 \\ y &= 1 \end{aligned}$$

$$\begin{aligned} 5x - y + z &= 3 \\ 5 - 1 + z &= 3 \\ z &= -1 \end{aligned}$$

The solution is $(1,1,-1)$.

16. $\begin{cases} x + 2y - z = -6 \\ x + y - z = -4 \\ 3y - 2z = -12 \end{cases}$

$$\begin{array}{r} x + 2y - z = -6 \\ \underline{-x - y + z = 4} \\ y = -2 \end{array}$$

$$\begin{aligned} 3y - 2z &= -12 \\ 3(-2) - 2z &= -12 \\ -2z &= -6 \\ z &= 3 \end{aligned}$$

$$\begin{aligned} x + 2y - z &= -6 \\ x + 2(-2) - 3 &= -6 \\ x &= 1 \end{aligned}$$

18. $$\left[\begin{array}{ccc|c} 1 & 3 & -1 & 8 \\ 2 & 1 & -2 & 11 \\ 1 & -1 & 5 & -8 \end{array}\right] \approx \left[\begin{array}{ccc|c} 1 & 3 & -1 & 8 \\ 0 & -5 & 0 & -5 \\ 0 & -4 & 6 & -16 \end{array}\right] \approx \left[\begin{array}{ccc|c} 1 & 3 & -1 & 8 \\ 0 & 1 & 0 & 1 \\ 0 & 0 & 6 & -12 \end{array}\right]$$

Thus,

$$\begin{aligned} 6z &= -12 \\ z &= -2 \end{aligned}$$

Find x and y by back substitution.

$$\begin{aligned} y &= 1 \\ x + 3y - z &= 8 \\ x + 3 + 2 &= 8 \\ x &= 3 \end{aligned}$$

The solution is $(3,1,-2)$.

20. $\left[\begin{array}{ccc|c} 1 & 1 & 1 & 4 \\ 3 & -2 & -2 & -3 \\ 4 & -1 & -1 & 0 \end{array}\right] \approx \left[\begin{array}{ccc|c} 1 & 1 & 1 & 4 \\ 0 & -5 & -5 & -15 \\ 0 & -5 & -5 & -16 \end{array}\right] \approx \left[\begin{array}{ccc|c} 1 & 1 & 1 & 4 \\ 0 & 1 & 1 & 3 \\ 0 & 1 & 1 & \frac{16}{5} \end{array}\right] \approx \left[\begin{array}{ccc|c} 1 & 1 & 1 & 4 \\ 0 & 1 & 1 & 3 \\ 0 & 0 & 0 & \frac{1}{5} \end{array}\right]$

Because $0x + 0y + 0z$ cannot equal $\frac{1}{5}$, this system has no solutions.

22. $\left[\begin{array}{cccc|c} 1 & 1 & 0 & 1 & 3 \\ 0 & 1 & -1 & 1 & 3 \\ 1 & 2 & -1 & 2 & 6 \\ 0 & 0 & 1 & -1 & -2 \end{array}\right] \approx \left[\begin{array}{cccc|c} 1 & 1 & 0 & 1 & 3 \\ 0 & 1 & -1 & 1 & 3 \\ 0 & 1 & -1 & 1 & 3 \\ 0 & 0 & 1 & -1 & -2 \end{array}\right] \approx \left[\begin{array}{cccc|c} 1 & 1 & 0 & 1 & 3 \\ 0 & 1 & -1 & 1 & 3 \\ 0 & 0 & 0 & 0 & 0 \\ 0 & 0 & 1 & -1 & -2 \end{array}\right]$

Because the third row has all zeros, the equations of this system are dependent.

$$y - z = -2$$
$$y = -2 + z$$

$$x - y + z = 3$$
$$x + 2 - z + z = 3$$
$$x = 1$$

$$w + x + z = 3$$
$$x + 1 + z = 3$$
$$w = 2 - z$$

The solutions are of the form $(2 - z, 1, -2 + z, z)$.

24. $\begin{bmatrix} 2 & 3 & 5 \\ 1 & -2 & 4 \\ 2 & 1 & -2 \end{bmatrix} - \begin{bmatrix} 0 & -2 & 1 \\ 3 & 4 & -2 \\ 6 & -4 & 1 \end{bmatrix} = \begin{bmatrix} 2 & 5 & 4 \\ -2 & -3 & 6 \\ -4 & 5 & -3 \end{bmatrix}$

26. $\begin{bmatrix} -2 & 3 & 5 \\ 1 & -2 & -3 \end{bmatrix} \begin{bmatrix} 2 & 1 \\ -1 & 2 \\ -2 & 3 \end{bmatrix} = \begin{bmatrix} -17 & 19 \\ 10 & -12 \end{bmatrix}$

28. $\begin{bmatrix} 1 & -1 & -2 \\ 2 & -1 & 1 \end{bmatrix} \begin{bmatrix} 1 & 3 & -1 \\ 2 & -1 & 5 \\ 1 & -5 & 3 \end{bmatrix} = \begin{bmatrix} -3 & 14 & -12 \\ 1 & 2 & -4 \end{bmatrix}$

30. $\begin{bmatrix} 1 & -5 & 3 \\ 2 & 1 & -1 \end{bmatrix}\begin{bmatrix} 2 \\ -2 \\ 3 \end{bmatrix} + \begin{bmatrix} 1 & -1 \\ -1 & 3 \end{bmatrix}\begin{bmatrix} 1 \\ -2 \end{bmatrix} = \begin{bmatrix} 21 \\ -1 \end{bmatrix} + \begin{bmatrix} 3 \\ -7 \end{bmatrix} = \begin{bmatrix} 24 \\ -8 \end{bmatrix}$

32. $\left(\begin{bmatrix} 1 & -3 \\ 3 & 1 \end{bmatrix} + \begin{bmatrix} -1 & 3 \\ 1 & 1 \end{bmatrix}\right)\begin{bmatrix} 1 \\ -5 \end{bmatrix} = \begin{bmatrix} 0 & 0 \\ 4 & 2 \end{bmatrix}\begin{bmatrix} 1 \\ -5 \end{bmatrix} = \begin{bmatrix} 0 \\ -6 \end{bmatrix}$

34. $\left[\begin{array}{cc|cc} 4 & 7 & 1 & 0 \\ 5 & 9 & 0 & 1 \end{array}\right] \approx \left[\begin{array}{cc|cc} 1 & \frac{7}{4} & \frac{1}{4} & 0 \\ 5 & 9 & 0 & 1 \end{array}\right] \approx \left[\begin{array}{cc|cc} 1 & \frac{7}{4} & \frac{1}{4} & 0 \\ 0 & \frac{1}{4} & -\frac{5}{4} & 1 \end{array}\right]$

$\approx \left[\begin{array}{cc|cc} 1 & 0 & 9 & -7 \\ 0 & \frac{1}{4} & -\frac{5}{4} & 1 \end{array}\right] \approx \left[\begin{array}{cc|cc} 1 & 0 & 9 & -7 \\ 0 & 1 & -5 & 4 \end{array}\right]$

The inverse is $\begin{bmatrix} 9 & -7 \\ -5 & 4 \end{bmatrix}$.

36. $\left[\begin{array}{ccc|ccc} 1 & 0 & 0 & 1 & 0 & 0 \\ 2 & 0 & -2 & 0 & 1 & 0 \\ 1 & 2 & 2 & 0 & 0 & 1 \end{array}\right] \approx \left[\begin{array}{ccc|ccc} 1 & 0 & 0 & 1 & 0 & 0 \\ 0 & 0 & -2 & -2 & 1 & 0 \\ 0 & 2 & 2 & -1 & 0 & 1 \end{array}\right]$

$\approx \left[\begin{array}{ccc|ccc} 1 & 0 & 0 & 1 & 0 & 0 \\ 0 & 0 & -2 & -2 & 1 & 0 \\ 0 & 2 & 0 & -3 & 1 & 1 \end{array}\right] \approx \left[\begin{array}{ccc|ccc} 1 & 0 & 0 & 1 & 0 & 0 \\ 0 & 0 & 1 & 1 & -\frac{1}{2} & 0 \\ 0 & 1 & 0 & -\frac{3}{2} & \frac{1}{2} & \frac{1}{2} \end{array}\right]$

$\approx \left[\begin{array}{ccc|ccc} 1 & 0 & 0 & 1 & 0 & 0 \\ 0 & 1 & 0 & -\frac{3}{2} & \frac{1}{2} & \frac{1}{2} \\ 0 & 0 & 1 & 1 & -\frac{1}{2} & 0 \end{array}\right]$ The inverse is $\begin{bmatrix} 1 & 0 & 0 \\ -\frac{3}{2} & \frac{1}{2} & \frac{1}{2} \\ 1 & -\frac{1}{2} & 0 \end{bmatrix}$.

38. $\left[\begin{array}{ccc|ccc} -1 & 1 & 0 & 1 & 0 & 0 \\ -2 & 1 & 0 & 0 & 1 & 0 \\ 3 & -1 & -1 & 0 & 0 & 1 \end{array}\right] \approx \left[\begin{array}{ccc|ccc} 1 & -1 & 0 & -1 & 0 & 0 \\ 0 & -1 & 0 & -2 & 1 & 0 \\ 0 & 2 & -1 & 3 & 0 & 1 \end{array}\right]$

38. (cont'd)

$$\approx \left[\begin{array}{ccc|ccc} 1 & -1 & 0 & -1 & 0 & 0 \\ 0 & 1 & 0 & 2 & -1 & 0 \\ 0 & 0 & -1 & -1 & 2 & 1 \end{array}\right] \approx \left[\begin{array}{ccc|ccc} 1 & 0 & 0 & 1 & -1 & 0 \\ 0 & 1 & 0 & 2 & -1 & 0 \\ 0 & 0 & 1 & 1 & -2 & -1 \end{array}\right]$$

The inverse is $\begin{bmatrix} 1 & -1 & 0 \\ 2 & -1 & 0 \\ 1 & -2 & -1 \end{bmatrix}$.

40. The inverse is $\begin{bmatrix} 3 & -5 & 5 & 3 \\ -1 & 1 & 0 & 0 \\ 1 & -1 & 1 & 0 \\ 0 & 1 & -2 & -1 \end{bmatrix}$. Thus,

$$\begin{bmatrix} 3 & -5 & 5 & 3 \\ -1 & 1 & 0 & 0 \\ 1 & -1 & 1 & 0 \\ 0 & 1 & -2 & -1 \end{bmatrix}\begin{bmatrix} 1 & 3 & 1 & 3 \\ 1 & 4 & 1 & 3 \\ 0 & 1 & 1 & 0 \\ 1 & 2 & -1 & 2 \end{bmatrix}\begin{bmatrix} w \\ x \\ y \\ z \end{bmatrix} = \begin{bmatrix} 3 & -5 & 5 & 3 \\ -1 & 1 & 0 & 0 \\ 1 & -1 & 1 & 0 \\ 0 & 1 & -2 & -1 \end{bmatrix}\begin{bmatrix} 1 \\ 2 \\ 1 \\ 1 \end{bmatrix}$$

$$= \begin{bmatrix} 1 \\ 1 \\ 0 \\ -1 \end{bmatrix}$$

The solution is $(1,1,0,-1)$.

42. $$\begin{vmatrix} 1 & 3 & -1 \\ 1 & 2 & 1 \\ 1 & 0 & 2 \end{vmatrix} = 1\begin{vmatrix} 2 & 1 \\ 0 & 2 \end{vmatrix} - 3\begin{vmatrix} 1 & 1 \\ 1 & 2 \end{vmatrix} + (-1)\begin{vmatrix} 1 & 2 \\ 1 & 0 \end{vmatrix}$$

$$= 1(4) - 3(2 - 1) - 1(-2)$$

$$= 3$$

44. $$\begin{vmatrix} 1 & 2 & 3 & 4 \\ -1 & 3 & -3 & 2 \\ 0 & 0 & 0 & -1 \\ 3 & 3 & 4 & 3 \end{vmatrix} = -(-1)\begin{vmatrix} 1 & 2 & 3 \\ -1 & 3 & -3 \\ 3 & 3 & 4 \end{vmatrix} = 1\begin{vmatrix} 3 & -3 \\ 3 & 4 \end{vmatrix} - 2\begin{vmatrix} -1 & -3 \\ 3 & 4 \end{vmatrix} + 3\begin{vmatrix} -1 & 3 \\ 3 & 3 \end{vmatrix}$$

$$= 1(12 + 9) - 2(-4 + 9) + 3\,(-3 - 9)$$

$$= -25$$

46. $x = \dfrac{\begin{vmatrix} -1 & -1 & 1 \\ -4 & -1 & 3 \\ -1 & -3 & 1 \end{vmatrix}}{\begin{vmatrix} 1 & -1 & 1 \\ 2 & -1 & 3 \\ 1 & -3 & 1 \end{vmatrix}} = \dfrac{2}{2} = 1$ $y = \dfrac{\begin{vmatrix} 1 & -1 & 1 \\ 2 & -4 & 3 \\ 1 & -1 & 1 \end{vmatrix}}{\begin{vmatrix} 1 & -1 & 1 \\ 2 & -1 & 3 \\ 1 & -3 & 1 \end{vmatrix}} = \dfrac{0}{2} = 0$

$$z = \dfrac{\begin{vmatrix} 1 & -1 & -1 \\ 2 & -1 & -4 \\ 1 & -3 & -1 \end{vmatrix}}{\begin{vmatrix} 1 & -1 & 1 \\ 2 & -1 & 3 \\ 1 & -3 & 1 \end{vmatrix}} = \dfrac{-4}{2} = -2$$

The solution is (1,0,-2).

48. $w = \dfrac{\begin{vmatrix} 4 & 1 & -1 & 1 \\ 4 & 1 & 0 & 1 \\ 0 & 1 & 2 & 1 \\ 2 & 0 & 1 & 1 \end{vmatrix}}{\begin{vmatrix} 1 & 1 & -1 & 1 \\ 2 & 1 & 0 & 1 \\ 0 & 1 & 2 & 1 \\ 1 & 0 & 1 & 1 \end{vmatrix}} = \dfrac{-4}{-4} = 1$ $x = \dfrac{\begin{vmatrix} 1 & 4 & -1 & 1 \\ 2 & 4 & 0 & 1 \\ 0 & 0 & 2 & 1 \\ 1 & 2 & 1 & 1 \end{vmatrix}}{\begin{vmatrix} 1 & 1 & -1 & 1 \\ 2 & 1 & 0 & 1 \\ 0 & 1 & 2 & 1 \\ 1 & 0 & 1 & 1 \end{vmatrix}} = \dfrac{0}{-4} = 0$

$y = \dfrac{\begin{vmatrix} 1 & 1 & 4 & 1 \\ 2 & 1 & 4 & 1 \\ 0 & 1 & 0 & 1 \\ 1 & 0 & 2 & 1 \end{vmatrix}}{\begin{vmatrix} 1 & 1 & -1 & 1 \\ 2 & 1 & 0 & 1 \\ 0 & 1 & 2 & 1 \\ 1 & 0 & 1 & 1 \end{vmatrix}} = \dfrac{4}{-4} = -1$ $z = \dfrac{\begin{vmatrix} 1 & 1 & -1 & 4 \\ 2 & 1 & 0 & 4 \\ 0 & 1 & 2 & 0 \\ 1 & 0 & 1 & 2 \end{vmatrix}}{\begin{vmatrix} 1 & 1 & -1 & 1 \\ 2 & 1 & 0 & 1 \\ 0 & 1 & 2 & 1 \\ 1 & 0 & 1 & 1 \end{vmatrix}} = \dfrac{-8}{-4} = 2$

The solution is (1,0,-1,2).

50. $\dfrac{4x^3 + x^2 + 3x + 2}{x^4 + x^2} = \dfrac{4x^3 + x^2 + 3x + 2}{x^2(x^2 + 1)}$

$$\frac{4x^3 + x^2 + 3x + 2}{x^2(x^2 + 1)} = \frac{A}{x} + \frac{B}{x^2} + \frac{Cx + D}{x^2 + 1}$$

50. (cont'd)

$$4x^3 + x^2 + 3x + 2 = Ax(x^2 + 1) + B(x^2 + 1) + x^2(Cx + D)$$
$$= Ax^3 + Ax + Bx^2 + B + Cx^3 + Dx^2$$
$$= (A + C)x^3 + (B + D)x^2 + Ax + B$$

$$\begin{cases} A + C = 4 \\ B + D = 1 \\ A = 3 \\ B = 2 \end{cases}$$

The solution of this system is $A = 3$, $B = 2$, $C = 1$, and $D = -1$. Thus,

$$\frac{4x^3 + x^2 + 3x + 2}{x^4 + x^2} = \frac{3}{x} + \frac{2}{x^2} + \frac{x - 1}{x^2 + 1}$$

52. $\dfrac{x^2 + 1}{(x + 1)^3} = \dfrac{A}{x + 1} + \dfrac{B}{(x + 1)^2} + \dfrac{C}{(x + 1)^3}$

$$x^2 + 1 = A(x + 1)^2 + B(x + 1) + C$$
$$= Ax^2 + 2Ax + A + Bx + B + C$$
$$= Ax^2 + (2A + B)x + A + B + C$$

$$\begin{cases} A = 1 \\ 2A + B = 0 \\ A + B + C = 1 \end{cases}$$

The solution of this system is $A = 1$, $B = -2$, and $C = 2$. Thus,

$$\frac{x^2 + 1}{(x + 1)^3} = \frac{1}{x + 1} + \frac{-2}{(x + 1)^2} + \frac{2}{(x + 1)^3}$$

54.

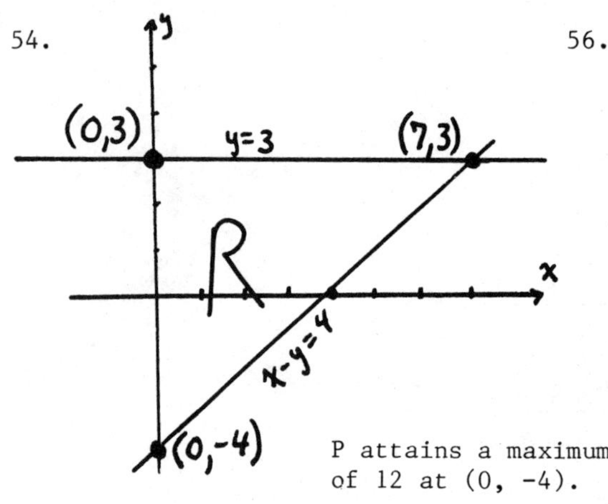

P attains a maximum of 12 at (0, -4).

56.

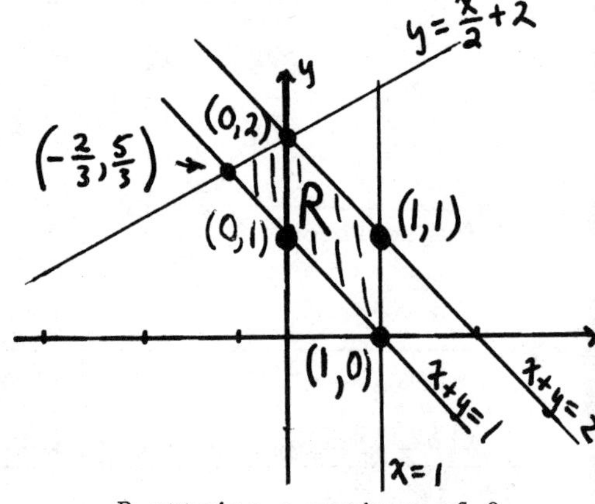

P attains a maximum of 3 at $(-\frac{2}{3}, \frac{5}{3})$.

EXERCISE 6.1

2. $$x^2 + y^2 = 4^2$$
or
$$x^2 + y^2 = 16$$

4. $$(x - 5)^2 + (y - 3)^2 = 2^2$$
or
$$(x - 5)^2 + (y - 3)^2 = 4$$

6. Because the center is at (-7,-2) and the circle is tangent to the x-axis, its radius is 2. Thus, its equation is

$$[x -(-7)]^2 + [y -(-2)]^2 = 2^2$$

or

$$(x + 7)^2 + (y + 2)^2 = 4$$

8. $$[x -(-9)]^2 + (y - 8)^2 = (2\sqrt{3})^2$$
or
$$(x + 9)^2 + (y - 8)^2 = 12$$

10. The center is at

$$\left(\frac{5 +(-5)}{2}, \frac{9 +(-9)}{2}\right) \text{ or } (0,0).$$

Its radius is

$$r = \sqrt{(9 - 0)^2 + (5 - 0)^2}$$
$$= \sqrt{81 + 25}$$
$$= \sqrt{106}$$

Thus, its equation is

$$(x - 0)^2 + (y - 0)^2 = (\sqrt{106})^2$$

or

$$x^2 + y^2 = 106$$

12. The center is at

$$\left(\frac{17 +(-3)}{2}, \frac{0 +(-3)}{2}\right) \text{ or } (7,-\frac{3}{2}).$$

Its radius is

$$r = \sqrt{(17 - 7)^2 + [0 -(-\frac{3}{2})]^2}$$
$$r = \sqrt{100 + \frac{9}{4}}$$
$$r = \sqrt{\frac{409}{4}}$$

Its equation is

$$(x - 7)^2 + (y + \frac{3}{2})^2 = \frac{409}{4}$$

14. The equation of the circle has the form

$$(x - 4)^2 + (y - 0)^2 = r^2$$

Its radius is

$$r = \sqrt{(4 - 0)^2 + (0 - 0)^2}$$
$$= 4$$

Thus, the equation is

$$(x - 4)^2 + y^2 = 16$$

16. The equation of the circle has the form

$$(x + 19)^2 + (y + 13)^2 = r^2$$

Its radius is

$$r = \sqrt{(-19 - 0)^2 + (-13 - 0)^2}$$
$$= \sqrt{530}$$

Thus, the equation is

$$(x + 19)^2 + (y + 13)^2 = 530$$

18. The equation of the circle has the form

$$(x - 2)^2 + (y - 4)^2 = r^2$$

Its radius is

$$r = \sqrt{(2 - 1)^2 + (4 - 1)^2}$$

$$= \sqrt{10}$$

Thus, the equation is

$$(x - 2)^2 + (y - 4)^2 = 10$$

20. The equation of the circle has the form

$$(x - 7)^2 + (y + 5)^2 = r^2$$

Its radius is

$$r = \sqrt{(7 + 3)^2 + (-5 + 7)^2}$$

$$= \sqrt{104}$$

Thus, its equation is

$$(x - 7)^2 + (y + 5)^2 = 104$$

22. The equation of the circle has the form

$$(x - 0)^2 + (y + 7)^2 = r^2$$

Its radius is

$$r = \sqrt{(0 - 0)^2 + (-7 - 7)^2}$$

$$= 14$$

Thus, its equation is

$$x^2 + (y + 7)^2 = 196$$

24. The intersection of the lines

$$\begin{cases} x + 2y = 8 \\ 2x - 3y = -5 \end{cases}$$

is (2,3). Thus, the equation of the circle is

$$(x - 2)^2 + (y - 3)^2 = 64$$

26. The intersection of the lines

$$\begin{cases} 6x - 4y = 8 \\ 2x + 3y = 7 \end{cases}$$

is (2,1). Thus, the equation of the circle is

$$(x - 2)^2 + (y - 1)^2 = 8$$

28. The center is at

$$\left(\frac{0 + 6}{2}, \frac{0 + 24}{2}\right) \text{ or } (3,12).$$

Thus, its radius is

$$r = \sqrt{(0 - 3)^2 + (0 - 12)^2}$$

$$= \sqrt{153}$$

Thus, its radius cannot be 25.

30.

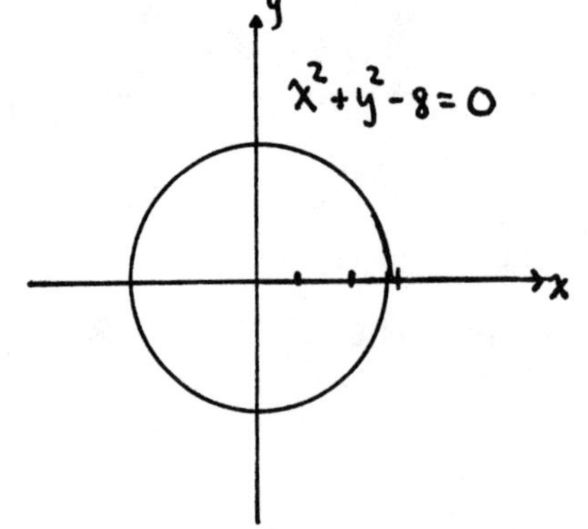

32.

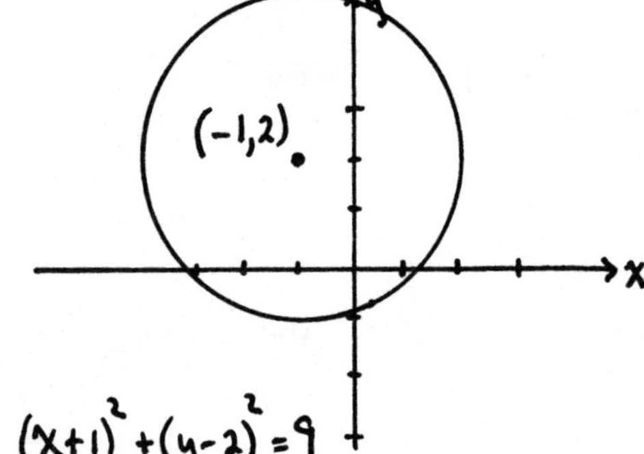

34. $x^2 + y^2 - 4y = 12$

$$x^2 + y^2 - 4y + 4 = 12 + 4$$

$$x^2 + (y - 2)^2 = 16$$

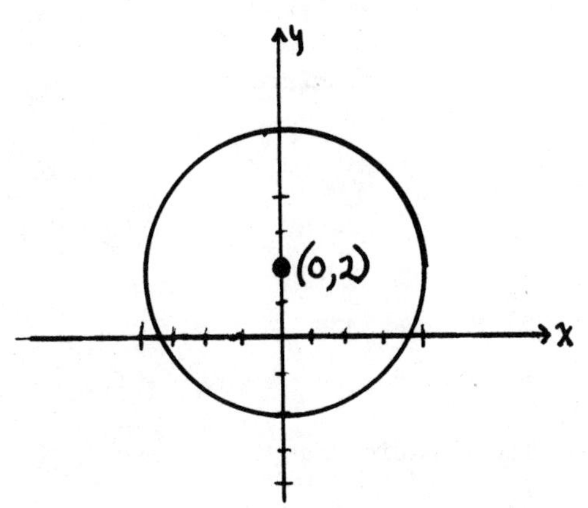

36. $4x^2 + 4y^2 + 4y = 15$

$$x^2 + y^2 + y = \frac{15}{4}$$

$$x^2 + y^2 + y + \frac{1}{4} = \frac{15}{4} + \frac{1}{4}$$

$$x^2 + (y + \frac{1}{2})^2 = 4$$

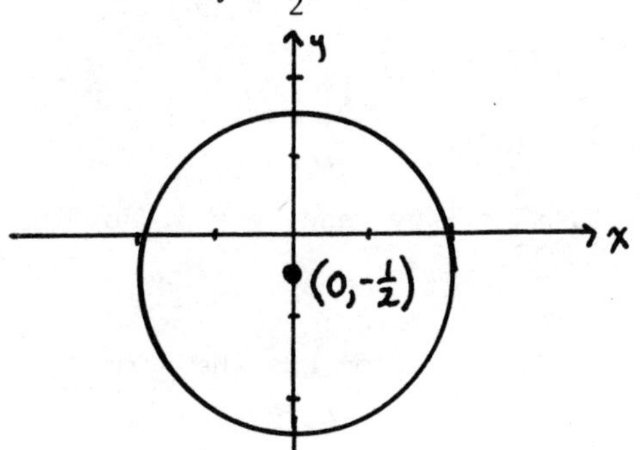

38. $9x^2 + 9y^2 - 6x + 18y + 1 = 0$

$$9(x^2 - \frac{2}{3}x \qquad) + 9(y^2 + 2y \qquad) = -1$$

$$(x^2 - \frac{2}{3}x + \frac{1}{9}) + (y^2 + 2y + 1) = \frac{10}{9} - \frac{1}{9}$$

$$(x - \frac{1}{3})^2 + (y + 1)^2 = 1$$

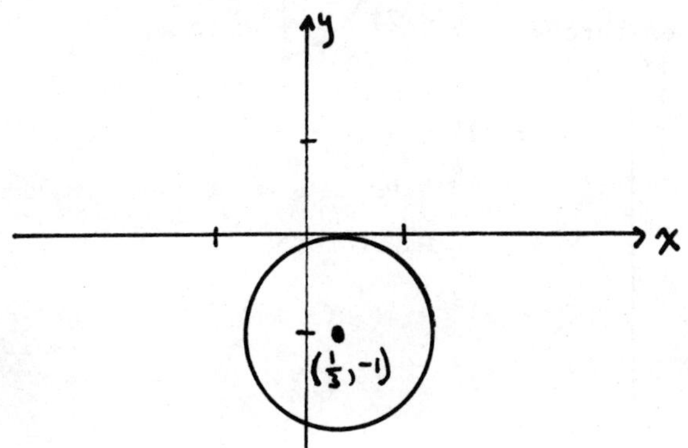

40. The circle has the form

$$(x - h)^2 + (y - k)^2 = r^2$$

Because the circle passes through (-2,0), (2,8), and (5,-1), you have

$$\begin{cases} (-2 - h)^2 + (0 - k)^2 = r^2 \\ (2 - h)^2 + (8 - k)^2 = r^2 \\ (5 - h)^2 + (-1 - k)^2 = r^2 \end{cases}$$

40. (cont'd)

The solution of this system is $h = 2$, $k = 3$, and $r = 5$. Thus, the equation of the circle is

$$(x - 2)^2 + (y - 3)^2 = 25$$

42. $$x^2 + y^2 + 4x - 10y - 20 = 0$$
$$x^2 + 4x + y^2 - 10y = 20$$
$$x^2 + 4x + 4 + y^2 - 10y + 25 = 20 + 29$$
$$(x + 2)^2 + (y - 5)^2 = 49$$

Thus, the radius of the circle is 7, and its circumference is $C = 2\pi r = 2\pi(7) = 14\pi$.

EXERCISE 6.2

2. $x^2 = -4py$ and $p = 3$, so
$x^2 = -12y$

4. $y^2 = -4px$ and $p = 3$, so
$y^2 = -12x$

6. The equation has the form
$(y - k)^2 = -4p(x - h)$ with
$h = 3$, $k = 5$, and $p = 6$. So
$(y - 5)^2 = -24(x - 3)$

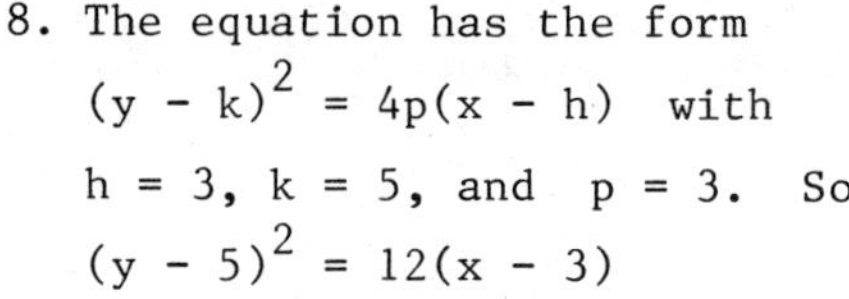

8. The equation has the form
$(y - k)^2 = 4p(x - h)$ with
$h = 3$, $k = 5$, and $p = 3$. So
$(y - 5)^2 = 12(x - 3)$

10. There are two possible equations. One has the form
$(x + 2)^2 = 4p(y + 2)$
and the other
$(y + 2)^2 = 4p(x + 2)$
Because the curve passes through $(0,0)$, you can determine p.

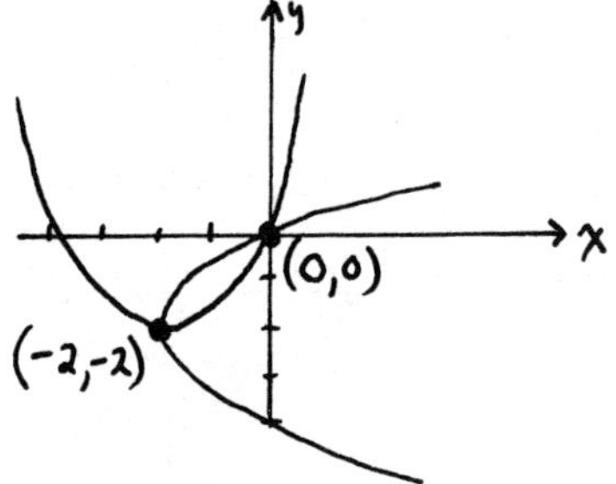

$(0 + 2)^2 = 4p(0 + 2)$	$(0 + 2)^2 = 4p(0 + 2)$
$4 = 8p$	$4 = 8p$
$\frac{1}{2} = p$	$\frac{1}{2} = p$
$(x + 2)^2 = 4(\frac{1}{2})(y + 2)$	$(y + 2)^2 = 4(\frac{1}{2})(x + 2)$
$(x + 2)^2 = 2(y + 2)$	$(y + 2)^2 = 2(x + 2)$

12. There are two possible equations. One has the form
$(x + 2)^2 = -4p(y - 3)$
and the other
$(y - 3)^2 = 4p(x + 2)$
Because the curve passes through $(0,-3)$, you can determine p.

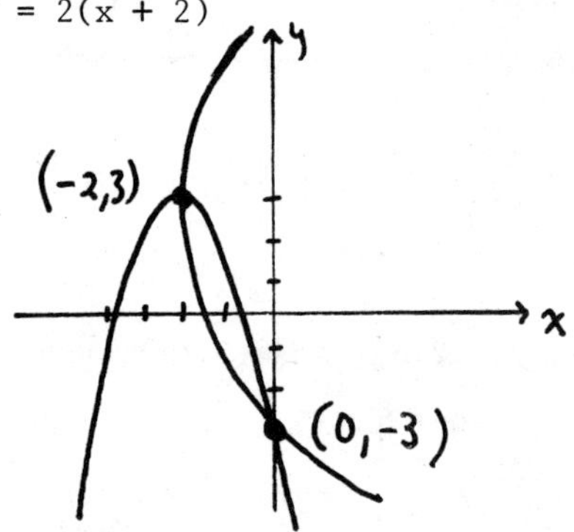

12. (cont'd)

$(0 + 2)^2 = -4p(-3 - 3)$	$(-3 - 3)^2 = 4p(0 + 2)$
$4 = -4p(-6)$	$36 = 8p$
$\frac{1}{6} = p$	$\frac{9}{2} = p$
$(x + 2)^2 = -4(\frac{1}{6})(y - 3)$	$(y - 3)^2 = 4(\frac{9}{2})(x + 2)$
$(x + 2)^2 = -\frac{2}{3}(y - 3)$	$(y - 3)^2 = 18(x + 2)$

14. The equation has the form

$$(x - 2)^2 = 4p(y - 3)$$

Because the curve passes through $(1, \frac{13}{4})$, you have

$$(1 - 2)^2 = 4p(\frac{13}{4} - 3)$$

$$1 = 4p(\frac{1}{4})$$

$$1 = p$$

Thus, the equation is

$$(x - 2)^2 = 4(y - 3)$$

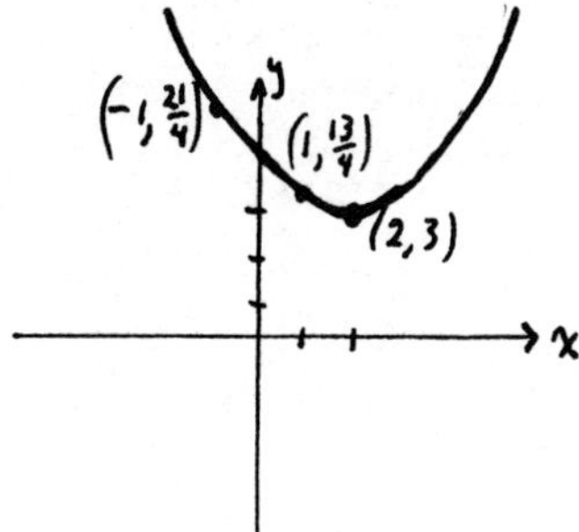

16. The equation has the form

$$(y + 2)^2 = 4p(x + 4)$$

Because the curve passes through (-3,0), you have

$$(0 + 2)^2 = 4p(-3 + 4)$$

$$4 = 4p$$

$$1 = p$$

Thus, the equation is

$$(y + 2)^2 = 4(x + 4)$$

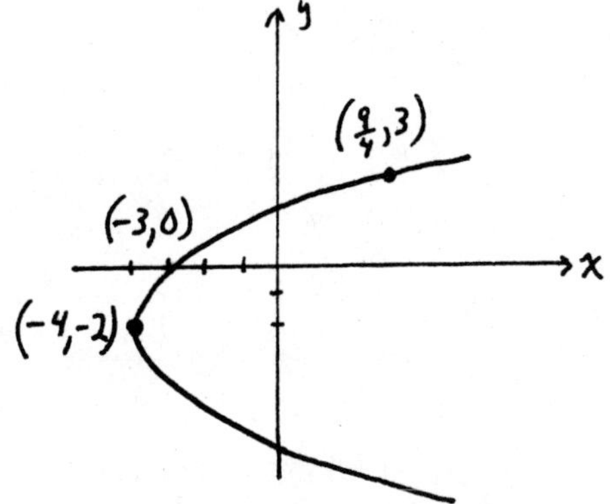

18. $2x^2 - 12x - 7y = 10$

$$2(x^2 - 6x + 9) = 7y + 10 + 18$$

$$2(x - 3)^2 = 7(y + 4)$$

$$(x - 3)^2 = \frac{7}{2}(y + 4)$$

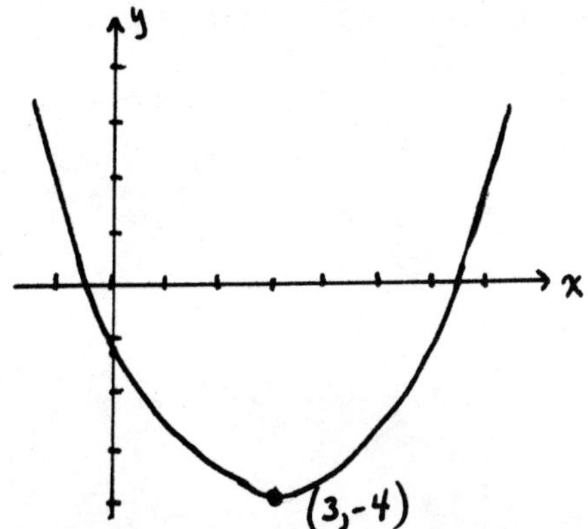

20. $x^2 - 2y - 2x = -7$

$x^2 - 2x + 1 = 2y - 7 + 1$

$(x - 1)^2 = 2(y - 3)$

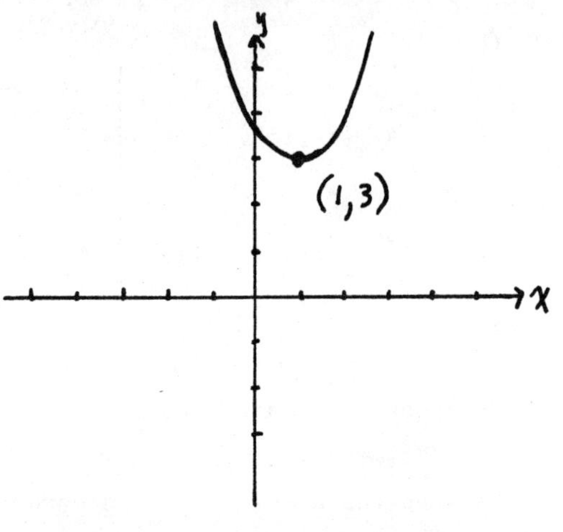

22. $y^2 - 4y = -8x + 20$

$y^2 - 4y + 4 = -8x + 20 + 4$

$(y - 2)^2 = -8(x - 3)$

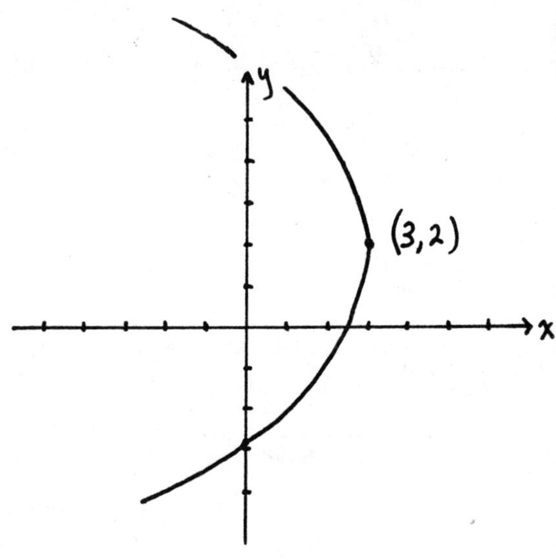

24. $4y^2 - 4y + 16x = 7$

$4(y^2 - y \quad) = -16x + 7$

$4(y^2 - y + \frac{1}{4}) = -16x + 7 + 1$

$4(y - \frac{1}{2})^2 = -16(x - \frac{1}{2})$

$(y - \frac{1}{2})^2 = -4(x - \frac{1}{2})$

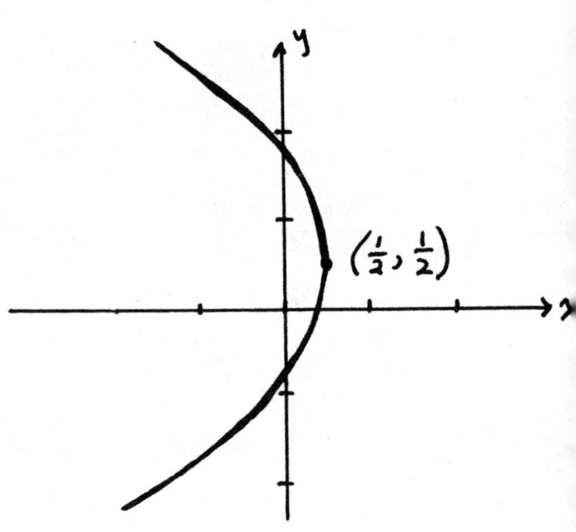

26. $4y^2 - 16x + 17 = 20y$

$$4(y^2 - 5y + \frac{25}{4}) = 16x - 17 + 25$$

$$4(y - \frac{5}{2})^2 = 16(x + \frac{1}{2})$$

$$(y - \frac{5}{2})^2 = 4(x + \frac{1}{2})$$

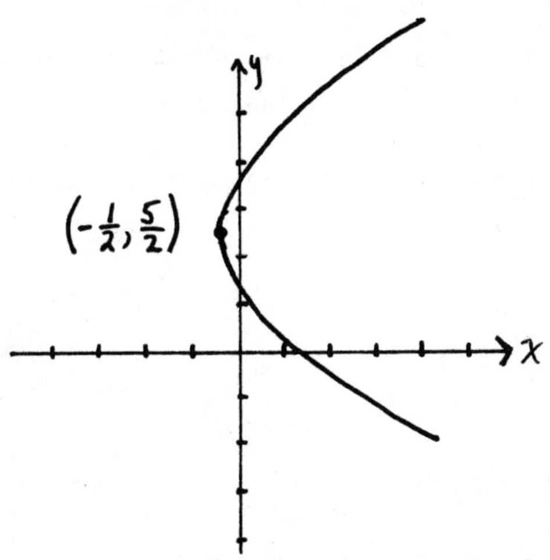

28. $x^2 + 8y - 8x = 8$

$$x^2 - 8x = -8y + 8$$

$$x^2 - 8x + 16 = -8y + 24$$

$$(x - 4)^2 = -8(y - 3)$$

The maximum value of y is 3.

30. $$s = -16t^2 + 80\sqrt{3}t$$

$$s = -16(t^2 - 5\sqrt{3}t)$$

$$s - 300 = -16(t^2 - 5\sqrt{3}t + \frac{75}{4})$$

The maximum height is 300 m .

32. The equation has the form

$$(x - 0)^2 = 4p(y - 15)$$

Because the curve passes through (450,120),

$$(450 - 0)^2 = 4p(120 - 15)$$

$$450^2 = 4p(105)$$

$$\frac{3375}{7} = p$$

Thus, the equation is

$$x^2 = \frac{13500}{7}(y - 15)$$

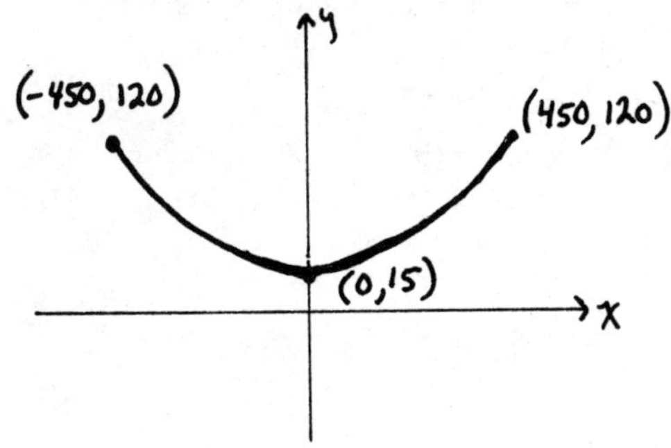

34. $s = -16t^2 + 128t$

$$0 = -16t(t - 8)$$

$t = 0$ and $t = 8$

The stone is on the ground at $t = 0$ and $t = 8$. The height of the stone x seconds after it is thrown is

$$s_x = -16x^2 + 128x$$

34. (cont'd) The height of the stone x seconds before it hits the ground is

$$\begin{aligned} s_{8-x} &= -16(8 - x)^2 + 128(8 - x) \\ &= -16(64 - 16x + x^2) + 1024 - 128x \\ &= -1024 + 256x - 16x^2 + 1024 - 128x \\ &= -16x^2 + 128x \end{aligned}$$

Thus, $s_x = s_{8-x}$.

36. The result in Example 1 was $y^2 = 12x$. This can be written in the form

$$0x^2 + 0xy + y^2 - 12x + 0y + 0 = 0$$

which is in the general form.

38. $y = ax^2 + bx + c$

$$\begin{cases} -3 = a(1)^2 + b(1) + c \\ 12 = a(-2)^2 + b(-2) + c \\ 3 = a(-1)^2 + b(-1) + c \end{cases}$$

The solution of this system is $a = 2$, $b = -3$, and $c = -2$.

Thus, the equation is

$$y = 2x^2 - 3x - 2$$

EXERCISE 6.3

2. $c = 4$, $a = 7$, major axis on y-axis. In the ellipse,

$a^2 - c^2 = b^2$ so

$$b^2 = 49 - 16 = 33$$

The equation of the ellipse is

$$\frac{x^2}{33} + \frac{y^2}{49} = 1$$

4. $c = 1$, $b = \frac{4}{3}$, major axis is on the x-axis. Now

$$a^2 - c^2 = b^2$$

$$a^2 - 1 = \frac{16}{9}$$

$$a^2 = \frac{25}{9}$$

The equation is

$$\frac{x^2}{\frac{25}{9}} + \frac{y^2}{\frac{16}{9}} = 1$$

or

$$\frac{9x^2}{25} + \frac{9y^2}{16} = 1$$

6. $c = 5$, $a = 6$, major axis on x-axis.

$$a^2 - c^2 = b^2$$

$$36 - 25 = b^2$$

$$b^2 = 11$$

The equation is

$$\frac{x^2}{36} + \frac{y^2}{11} = 1$$

8. The equation has the form

$$\frac{(x - 3)^2}{b^2} + \frac{(y - 4)^2}{a^2} = 1 \quad \text{where } b = 2.$$

Because the curve passes through (3,10), you can solve for a^2.

$$\frac{(3 - 3)^2}{b^2} + \frac{(10 - 4)^2}{a^2} = 1$$

$$36 = a^2$$

The equation is

$$\frac{(x - 3)^2}{4} + \frac{(y - 4)^2}{36} = 1$$

10. The equation has the form

$$\frac{(x-3)^2}{a^2} + \frac{(y-4)^2}{b^2} = 1 \quad \text{where} \quad b = 2.$$

Because the curve passes through (8,4), you can solve for a^2.

$$\frac{(8-3)^2}{a^2} + \frac{(4-4)^2}{b^2} = 1$$

$$25 = a^2$$

The equation is

$$\frac{(x-3)^2}{25} + \frac{(y-4)^2}{4} = 1$$

12. The center is at $\left(\frac{-8+4}{2}, \frac{5+5}{2}\right)$ or (-2,5). The equation has the form

$$\frac{(x+2)^2}{a^2} + \frac{(y-5)^2}{b^2} = 1$$

where $b = 3$. In the ellipse

$$a^2 - c^2 = b^2$$

$$a^2 - 6^2 = 9$$

$$a^2 = 45$$

The equation is

$$\frac{(x+2)^2}{45} + \frac{(y-5)^2}{9} = 1$$

14. The equation has the form

$$\frac{(x+4)^2}{b^2} + \frac{(y-5)^2}{a^2} = 1$$

Determine that $a = 6$. Then $\frac{c}{a} = \frac{c}{6} = \frac{1}{3}$ and $c = 2$. So

$$a^2 - c^2 = b^2$$

$$36 - 4 = b^2$$

$$b^2 = 32$$

The equation is

$$\frac{(x+4)^2}{32} + \frac{(y-5)^2}{36} = 1$$

16. The center is at $\left(\frac{2+(-2)}{2}, \frac{0+0}{2}\right)$ or (0,0). The equation has the form

$$\frac{x^2}{a^2} + \frac{y^2}{b^2} = 1$$

Determine that $a = 2$. Then $\frac{2b^2}{a} = \frac{2b^2}{2} = 2$ and $b^2 = 2$.

So the equation is

$$\frac{x^2}{4} + \frac{y^2}{2} = 1$$

18. $4x^2 + y^2 = 4$

$$\frac{x^2}{1} + \frac{y^2}{4} = 1$$

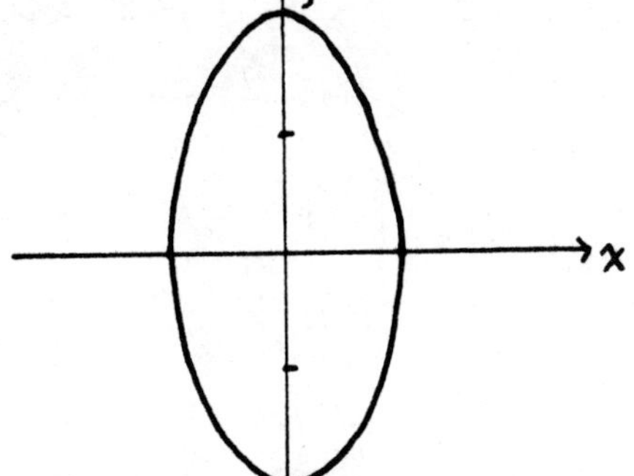

20. $(x - 1)^2 + \frac{4y^2}{25} = 4$

$$\frac{(x - 1)^2}{4} + \frac{y^2}{25} = 1$$

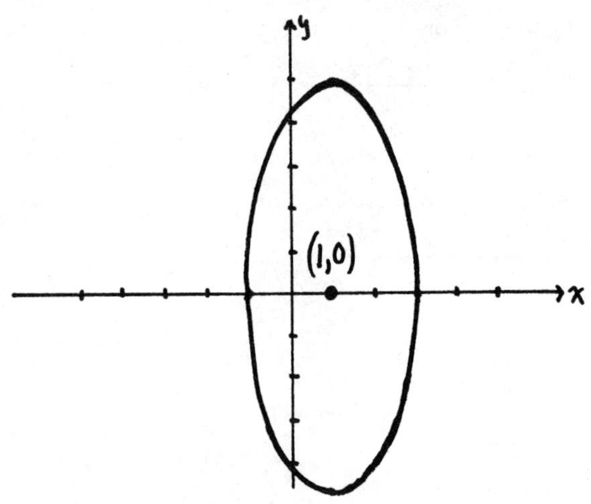

22. $$x^2 + 4y^2 - 2x - 16y = -13$$

$$x^2 - 2x + 1 + 4(y^2 - 4y + 4) = -13 + 1 + 16$$

$$(x - 1)^2 + 4(y - 2)^2 = 4$$

$$\frac{(x - 1)^2}{4} + \frac{(y - 2)^2}{1} = 1$$

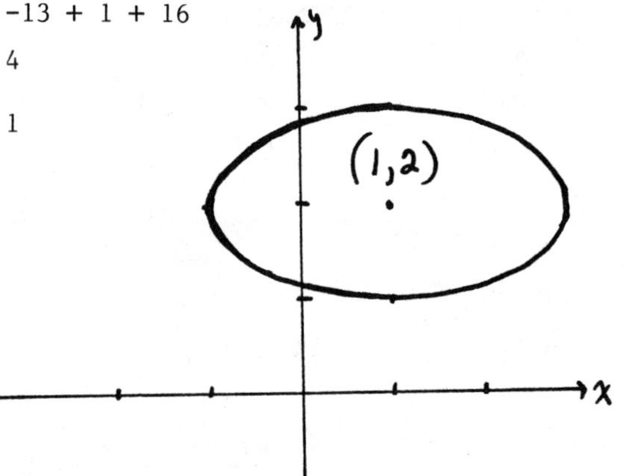

24. $$3x^2 + 2y^2 + 7x - 6y = -1$$

$$3(x^2 + \frac{7}{3}x + \frac{49}{36}) + 2(y^2 - 3y + \frac{9}{4}) = -1 + \frac{49}{12} + \frac{9}{2}$$

$$3(x + \frac{7}{6})^2 + 2(y - \frac{3}{2})^2 = \frac{91}{12}$$

$$\frac{(x + \frac{7}{6})^2}{\frac{91}{36}} + \frac{(y - \frac{3}{2})^2}{\frac{91}{24}} = 1$$

y

$(-\frac{7}{6}, \frac{3}{2})$

26. $a = 5$ and $b = 5$. Thus,

$$\frac{x^2}{25} + \frac{y^2}{25} = 1$$

This special ellipse is a circle.

28.

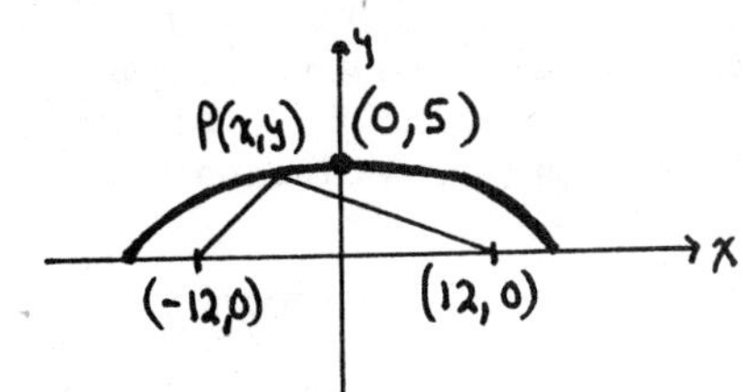

$b = 5$ and $c = 12$. So

$$a^2 - c^2 = b^2$$
$$a^2 = 25 + 144$$
$$a = 13$$

The required distance is $2a$, or $2(13)\text{ m} = 26\text{ m}$

30. $d(FP) = \sqrt{(x - c)^2 + (y - 0)^2}$

$$= \sqrt{x^2 - 2xc + c^2 + y^2}$$

Because the equation of the ellipse is

$$\frac{x^2}{a^2} + \frac{y^2}{b^2} = 1$$

you have

$$b^2x^2 + a^2y^2 = a^2b^2$$
$$y^2 = \frac{a^2b^2 - b^2x^2}{a^2}$$

So

$$d(FP) = \sqrt{x^2 - 2xc + c^2 + \frac{a^2b^2 - b^2x^2}{a^2}}$$

$$= \sqrt{\frac{a^2x^2 - 2a^2xc + a^2c^2 + a^2b^2 - b^2x^2}{a^2}}$$

$$= \sqrt{\frac{(a^2 - b^2)x^2 - 2a^2xc + a^2(c^2 + b^2)}{a^2}}$$

$$= \sqrt{\frac{c^2x^2 - 2a^2xc + a^2a^2}{a^2}}$$

$$= \sqrt{a^2 - 2xc + \frac{c^2x^2}{a^2}} \quad = \sqrt{(a - \frac{cx}{a})^2} \quad = a - \frac{c}{a}x$$

32. Because of the result of Exercise 30, the distance between any point on the ellipse and F is

$$a - \frac{c}{a}x$$

Because $x = a$ at point V, you have

$$d(FV) = a - \frac{c}{a}(a) = a - c$$

For all other points P on the ellipse, $x < a$ and

$$\frac{c}{a}x < \frac{c}{a}(a)$$

or

$$\frac{c}{a}x < c$$

Thus,

$$a - \frac{c}{a}x > a - c$$

and

$$d(FP) > d(FV)$$

34. Because $a^2 - c^2 = b^2$, you have $a^2 - b^2 = c^2$. Because $a^2 - b^2$ is a positive number, $a^2 > b^2$ and so is $a > b$.

36.

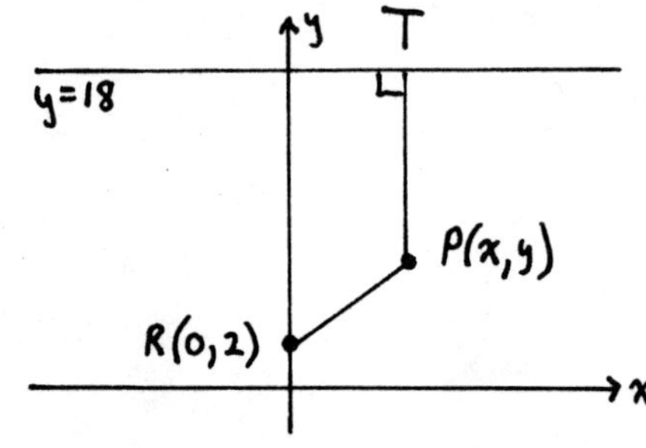

$$d(PR) = \sqrt{x^2 + (y - 2)^2}$$

$$d(PT) = 18 - y$$

You are given that

$$\sqrt{x^2 + (y - 2)^2} = \frac{1}{3}\left|18 - y\right|$$

So

$$x^2 + y^2 - 4y + 4 = \frac{1}{9}(324 - 36y + y^2)$$

$$9x^2 + 9y^2 - 36y + 36 = 324 - 36y + y^2$$

$$9x^2 + 8y^2 = 288$$

$$\frac{x^2}{32} + \frac{y^2}{36} = 1$$

EXERCISE 6.4

2. $c = 3$, $a = 2$, center at $(0,0)$, and major axis on the x-axis. The form of the equation is

$$\frac{x^2}{a^2} - \frac{y^2}{b^2} = 1$$

In the hyperbola $c^2 - a^2 = b^2$, so

$$9 - 4 = b^2$$

$$b^2 = 5$$

The equation is

$$\frac{x^2}{4} - \frac{y^2}{5} = 1$$

4. Center at $(-1,3)$, $a = 2$, $c = 3$, and the major axis is parallel to the x-axis. The form of the equation is

$$\frac{(x + 1)^2}{a^2} + \frac{(y - 3)^2}{b^2} = 1$$

Because $c^2 - a^2 = b^2$, $b^2 = 5$. Thus, the equation is

$$\frac{(x + 1)^2}{4} - \frac{(y - 3)^2}{5} = 1$$

6. Because the foci are at (0,10) and (0,-10), the center is at (0,0), and the major axis is on the y-axis. Furthermore, because $c = 10$,

$$\frac{c}{a} = \frac{10}{a} = \frac{5}{4}$$

$$a = 8$$

and

$$c^2 - a^2 = b^2$$
$$100 - 64 = b^2$$
$$b^2 = 36$$

The equation is

$$\frac{y^2}{64} - \frac{x^2}{36} = 1$$

8. Center at (0,0), $c = 4$, $a = 2$, and major axis is on the x-axis. In the hyperbola,

$$c^2 - a^2 = b^2$$
$$16 - 4 = b^2$$
$$b^2 = 12$$

The equation is

$$\frac{x^2}{4} - \frac{y^2}{12} = 1$$

10. Center at (1,4), $c = 6$, $a = 2$, and major axis parallel to the x-axis. The equation has the form

$$\frac{(x - 1)^2}{a^2} + \frac{(y - 4)^2}{b^2} = 1$$

In the hyperbola

$$c^2 - a^2 = b^2$$
$$36 - 4 = b^2$$
$$b^2 = 32$$

The equation is

$$\frac{(x - 1)^2}{4} - \frac{(y - 4)^2}{32} = 1$$

12. Center at (3,-1) and passing through (0,-1) and

$(3 + \frac{3\sqrt{5}}{2}, 0)$.

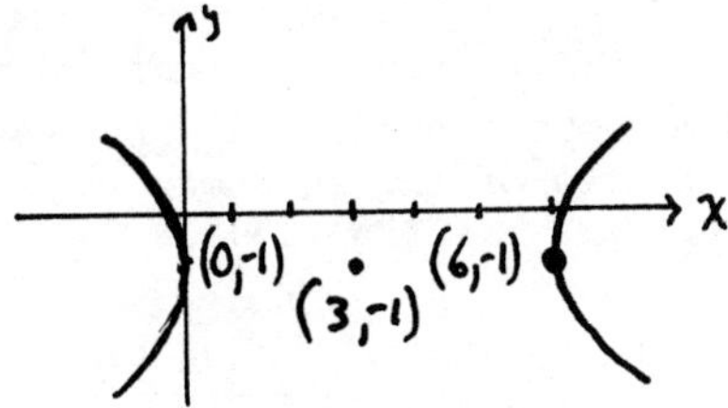

The equation has the form

$$\frac{(x - 3)^2}{a^2} - \frac{(y + 1)^2}{b^2} = 1$$

Because the curve passes through (0,-1) and $(3 + \frac{3\sqrt{5}}{2}, 0)$, you have

$$\frac{(0 - 3)^2}{a^2} - \frac{(-1 + 1)^2}{b^2} = 1$$

So $a^2 = 9$. Also

$$\frac{(3 + \frac{3\sqrt{5}}{2} - 3)^2}{a^2} - \frac{(0 + 1)^2}{b^2} = 1$$

$$\frac{\frac{45}{4}}{9} - \frac{1}{b^2} = 1$$

$$\frac{5}{4} - \frac{1}{b^2} = 1$$

12. (cont'd)

$$-\frac{1}{b^2} = -\frac{1}{4}$$

$$4 = b^2$$

The equation is

$$\frac{(x - 3)^2}{9} - \frac{(y + 1)^2}{4} = 1$$

14.
$$x^2 - y^2 - 4x - 6y = 6$$
$$x^2 - 4x \qquad - (y^2 + 6y \qquad) = 6$$
$$x^2 - 4x + 4 - (y^2 + 3y + 9) = 6 + 4 - 9$$
$$(x - 2)^2 - (y + 3)^2 = 1$$
$$\frac{(x - 2)^2}{1} - \frac{(y + 3)^2}{1} = 1$$

So $a = 1$ and $b = 1$. The area of the fundamental rectangle is $(2a)(2b) = 2(2)$ or 4 square units.

16.
$$9x^2 - 4y^2 = 18x + 24y + 63$$
$$9x^2 - 18x - 4y^2 - 24y = 63$$
$$9(x^2 - 2x \qquad) - 4(y^2 + 6y \qquad) = 63$$
$$9(x^2 - 2x + 1) - 4(y^2 + 6y + 9) = 63 + 9 - 36$$
$$9(x - 1)^2 - 4(y + 3)^2 = 36$$
$$\frac{(x - 1)^2}{4} - \frac{(y + 3)^2}{9} = 1$$

So $a = 2$ and $b = 3$. The area of the fundamental rectangle is $(2a)(2b) = 4(b)$ or 24 square units.

18. There are two answers. Because the area of the fundamental rectangle is $(2a)(2b)$ is 24 and $b = 6$,

$$4ab = 24$$
$$4a(6) = 24$$
$$a = 1$$

The equation of the hyperbola is either

$$\frac{(x - 3)^2}{1} - \frac{(y + 5)^2}{36} = 1$$

or

$$\frac{(y + 5)^2}{1} - \frac{(x - 3)^2}{36} = 1$$

20.

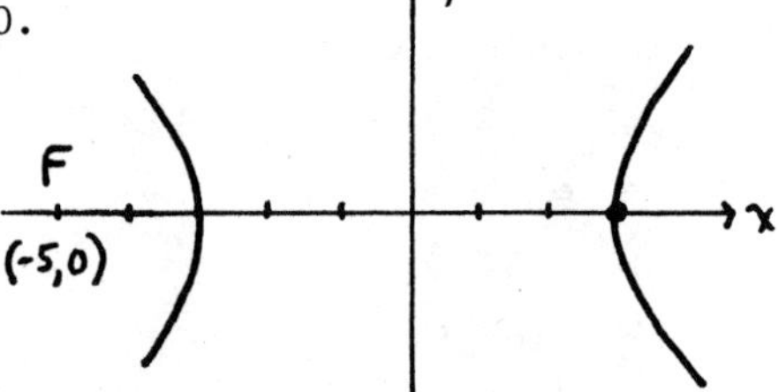

The form of the equation is

$$\frac{x^2}{a^2} - \frac{y^2}{b^2} = 1$$

with $c = 5$ and $a = 3$. Thus,

$$b^2 = c^2 - a^2$$
$$= 25 - 9$$
$$= 16$$

Thus, the equation is

$$\frac{x^2}{9} - \frac{y^2}{16} = 1$$

22.

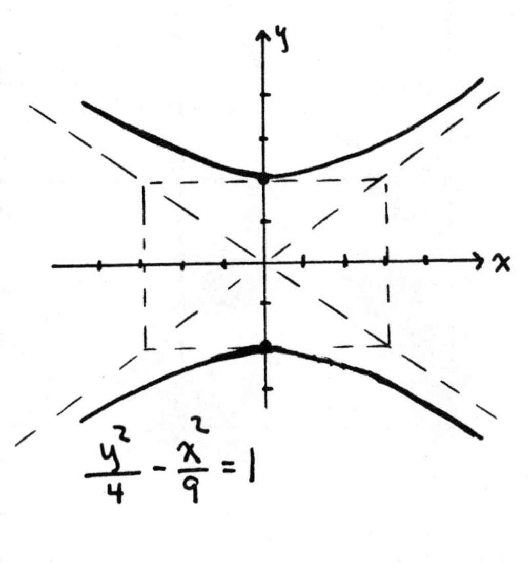

24.

$$x^2 + 6x - y^2 + 2y = -11$$
$$x^2 + 6x \quad - (y^2 - 2y \quad) = -11$$
$$x^2 + 6x + 9 - (y^2 - 2y + 1) = -11 + 9 - 1$$
$$(x + 3)^2 - (y - 1)^2 = -3$$
$$\frac{(y - 1)^2}{3} - \frac{(x + 3)^2}{3} = 1$$

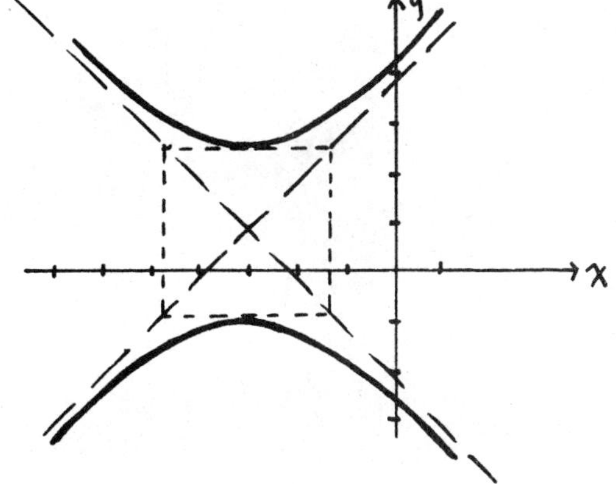

26.

$$x^2 - y^2 - 4x - 6y = 6$$
$$x^2 - 4x \quad - y^2 - 6y \quad = 6$$
$$x^2 - 4x \quad - (y^2 + 6y \quad) = 6$$
$$x^2 - 4x + 4 - (y^2 + 6y + 9) = 6 + 4 - 9$$
$$\frac{(x - 2)^2}{1} - \frac{(y + 3)^2}{1} = 1$$

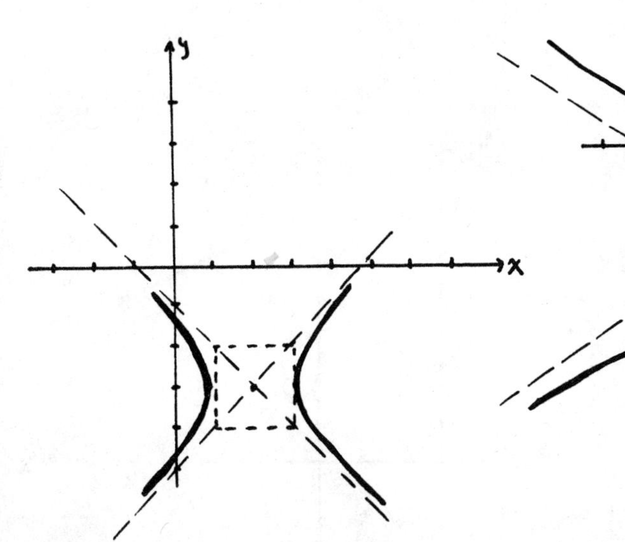

28.

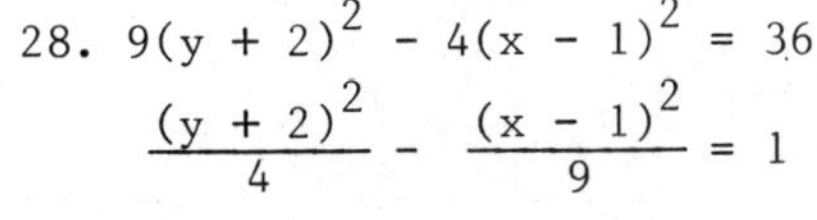

$$9(y + 2)^2 - 4(x - 1)^2 = 36$$
$$\frac{(y + 2)^2}{4} - \frac{(x - 1)^2}{9} = 1$$

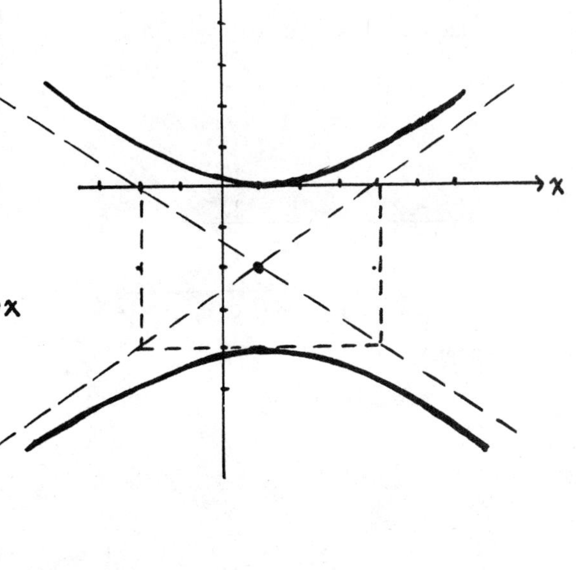

30.

x	y
1	9
3	3
9	1
-1	9
-3	-3
-9	-1

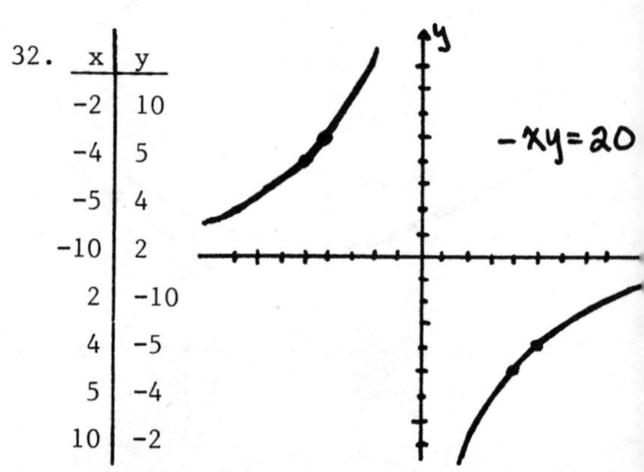

32.

x	y
-2	10
-4	5
-5	4
-10	2
2	-10
4	-5
5	-4
10	-2

34. $|D| - |d| = 5$

$$2a = 5$$

$$a = \frac{5}{2}$$

$$c = 3$$

So,

$$b^2 = c^2 - a^2$$

$$= 9 - \frac{25}{4}$$

$$= \frac{11}{4}$$

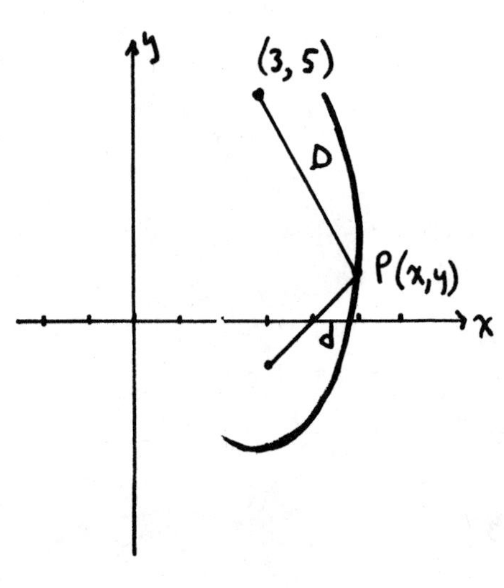

The equation is

$$\frac{(y-2)^2}{\frac{25}{4}} - \frac{(x-3)^2}{\frac{11}{4}} = 1$$

or

$$\frac{4(y-2)^2}{25} - \frac{4(x-3)^2}{11} = 1$$

36. $d(PF) = \sqrt{(x-5)^2 + (y-4)^2}$

$d(PN) = |x + 3|$

You are given that

$$\sqrt{(x-5)^2 + (y-4)^2} = \frac{5}{3}\,|x + 3|$$

Thus,

$$(x-5)^2 + (y-4)^2 = \frac{25}{9}(x^2 + 6x + 9)$$

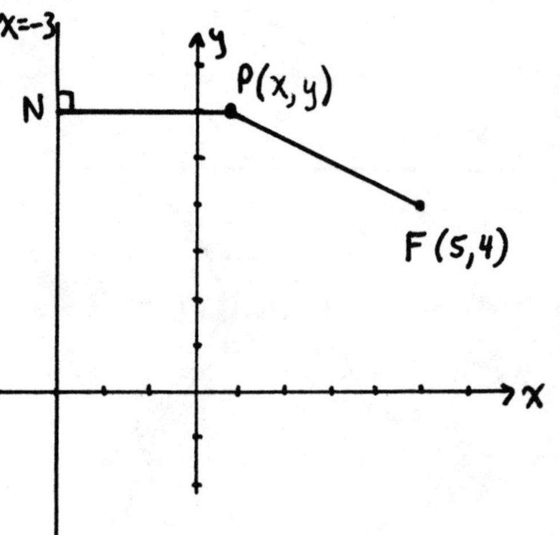

36. (cont'd)

$$x^2 - 10x + 25 + y^2 - 8y + 16 = \frac{25}{9}(x^2 + 6x + 9)$$

$$9x^2 - 90x + 225 + 9y^2 - 72y + 144 = 25x^2 + 150x + 225$$

$$-16x^2 - 240x + 9y^2 - 72y = -144$$

$$-16(x^2 + 15x + \frac{225}{4}) + 9(y^2 - 8y + 16) = -144 - 900 + 144$$

$$\frac{4(x + \frac{15}{2})^2}{225} - \frac{(y - 4)^2}{100} = 1$$

38. The slope of line BD is

$$m = \frac{b - (-b)}{a - (-a)} = \frac{2b}{2a} = \frac{b}{a}$$

Thus, the equation of line BD is

$$y - b = \frac{b}{a}(x - a)$$

$$y = \frac{b}{a}x - b + b$$

$$y = \frac{b}{a}x$$

In a similar fashion, you can show that the equation of line AC is

$$y = \frac{b}{a}x$$

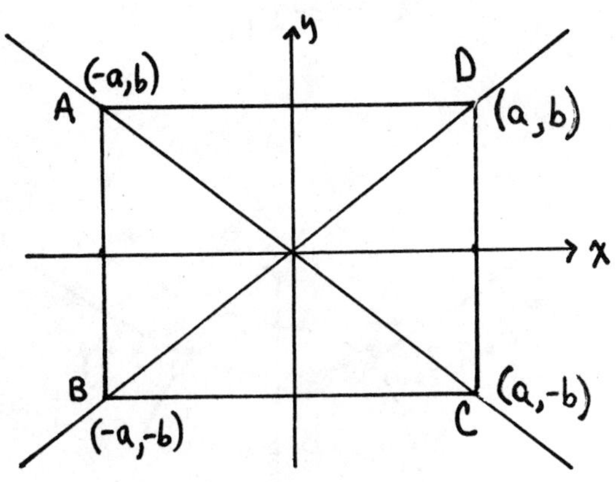

EXERCISE 6.5

2.

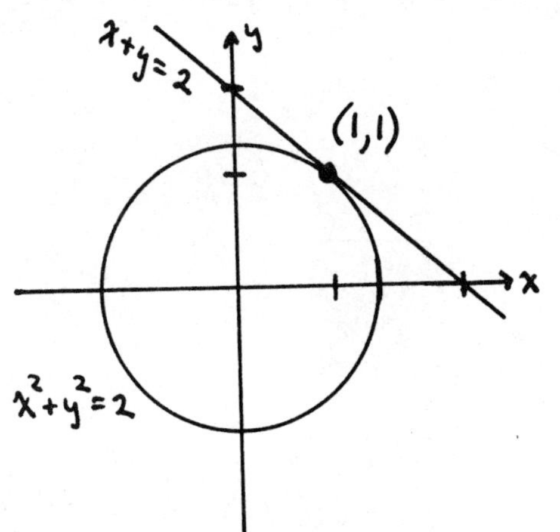

4.

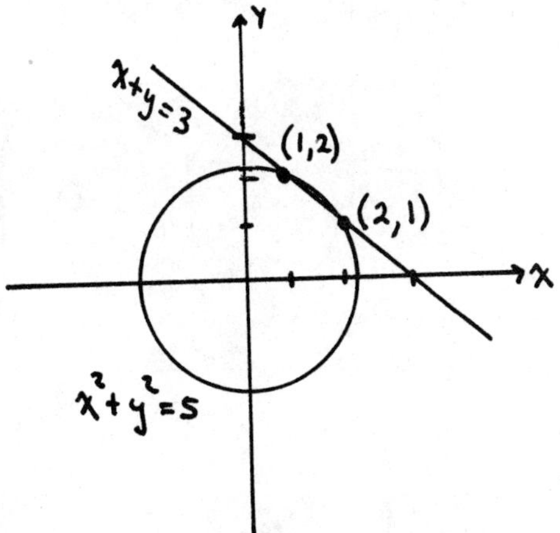

6.

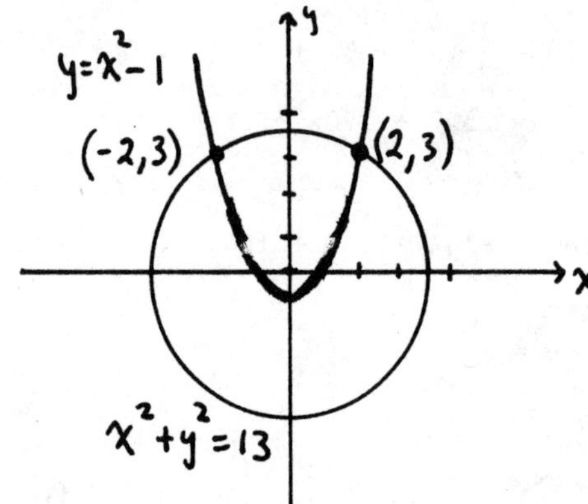

8.

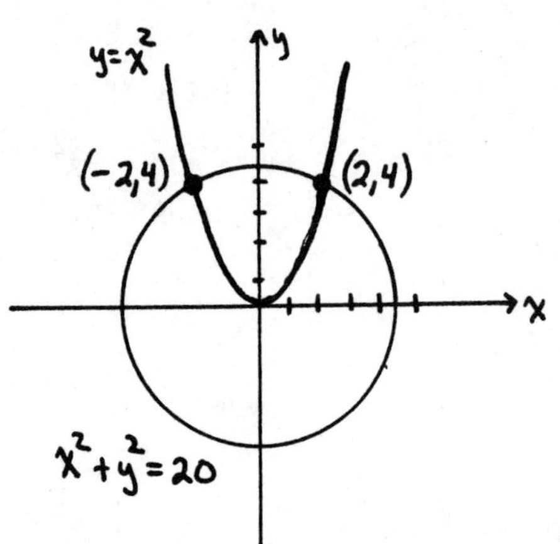

10.

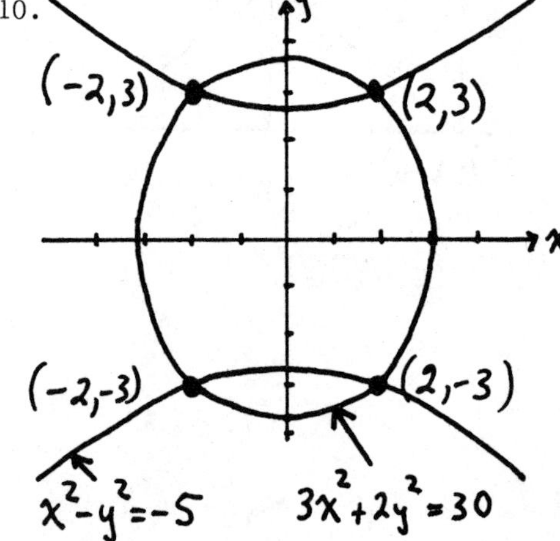

12. $\begin{cases} x^2 + y^2 = 20 \\ y = x^2 \end{cases}$

$$y + y^2 = 20$$

$$y^2 + y - 20 = 0$$

$$(y + 5)(y - 4) = 0$$

$y = -5$	or	$y = 4$
$x^2 = -5$		$x^2 = 4$
no solution		$x = \pm 2$

The solutions are (2,4) and (-2,4).

14. $\begin{cases} x^2 + y^2 = 36 \\ 49x^2 + 36y^2 = 1764 \end{cases} \Rightarrow \begin{cases} -49x^2 - 49y^2 = -1764 \\ 49x^2 + 36y^2 = 1764 \end{cases}$

$$-13y^2 = 0$$

$$y^2 = 0$$

Thus, $x^2 + y^2 = 36$

$$x^2 + 0 = 36$$

$$x^2 = 36$$

$x = 6$ or $x = -6$

The solutions are (6,0) and (-6,0).

16. $\begin{cases} x^2 - x - y = 2 \\ 4x - 3y = 0 \end{cases} \Longrightarrow \quad y = \frac{4x}{3}$

$$x^2 - x - \frac{4x}{3} = 2$$
$$3x^2 - 3x - 4x = 6$$
$$3x^2 - 7x - 6 = 0$$
$$(3x + 2)(x - 3) = 0$$

$x = -\frac{2}{3}$ or $x = 3$

$x = -\frac{2}{3}$	$x = 3$
$4x - 3y = 0$	$4x - 3y = 0$
$4(-\frac{2}{3}) - 3y = 0$	$4(3) - 3y = 0$
$-8 - 9y = 0$	$-3y = -12$
$y = -\frac{8}{9}$	$y = 4$

The solutions are $(-\frac{2}{3}, -\frac{8}{9})$ and $(3,4)$.

18. $\begin{cases} x^2 + y^2 = 25 \\ 2x^2 - 3y^2 = 5 \end{cases} \Longrightarrow \begin{cases} -2x^2 - 2y^2 = -50 \\ 2x^2 - 3y^2 = 5 \end{cases}$

$$-5y^2 = -45$$
$$y^2 = 9$$

$y = 3$ or $y = -3$

If $y = 3$, then	If $y = -3$, then
$x^2 + 9 = 25$	$x^2 + 9 = 25$
$x^2 = 16$	$x^2 = 16$
$x = 4$ or $x = -4$	$x = 4$ or $x = -4$

The solutions are $(4,3)$, $(-4,3)$, $(4,-3)$, and $(-4,-3)$.

20. $\begin{cases} 9x^2 - 7y^2 = 81 \\ x^2 + y^2 = 9 \end{cases} \Longrightarrow \begin{cases} 9x^2 - 7y^2 = 81 \\ 7x^2 + 7y^2 = 63 \end{cases}$

$$16x^2 = 144$$
$$x^2 = 9$$

$x = 3$ or $x = -3$

If $x = 3$, then	If $x = -3$, then
$9 + y^2 = 9$	$9 + y^2 = 9$
$y^2 = 0$	$y^2 = 0$
$y = 0$	$y = 0$

The solutions are $(3,0)$ and $(-3,0)$.

22. $\begin{cases} 2x^2 + y^2 = 6 \\ x^2 - y^2 = 3 \end{cases}$

$$3x^2 = 9$$
$$x^2 = 3$$

$x = \sqrt{3}$ or $x = -\sqrt{3}$

$x^2 - y^2 = 3$	$x^2 - y^2 = 3$
$3 - y^2 = 3$	$3 - y^2 = 3$
$-y^2 = 0$	$-y^2 = 0$
$y = 0$	$y = 0$

The solutions are $(\sqrt{3},0)$ and $(-\sqrt{3},0)$.

24. $\begin{cases} xy = -\frac{9}{2} \\ 3x + 2y = 6 \end{cases} \Rightarrow y = -\frac{3x}{2} + 3$

$$x(-\frac{3x}{2} + 3) = -\frac{9}{2}$$
$$-3x^2 + 6x = -9$$
$$3x^2 - 6x - 9 = 0$$
$$(3x + 3)(x - 3) = 0$$

$x = -1$ or $x = 3$

$3x + 2y = 6$	$3x + 2y = 6$
$3(-1) + 2y = 6$	$3(3) + 2y = 6$
$y = \frac{9}{2}$	$y = -\frac{3}{2}$

The solutions are $(-1, \frac{9}{2})$ and $(3,-\frac{3}{2})$.

26. $\begin{cases} x^2 - 6x - y = -5 \\ x^2 - 6x + y = -5 \end{cases}$

$$2x^2 - 12x = -10$$
$$x^2 - 6x + 5 = 0$$
$$(x - 5)(x - 1) = 0$$

$x = 5$ or $x = 1$

$y = x^2 - 6x + 5$	$y = x^2 - 6x + 5$
$= 25 - 30 + 5$	$= 1 - 6 + 5$
$= 0$	$= 0$

The solutions are $(5,0)$ and $(1,0)$.

28. $\begin{cases} 6x^2 + 8y^2 = 182 \\ 8x^2 - 3y^2 = 24 \end{cases} \Longrightarrow \begin{cases} 18x^2 + 24y^2 = 546 \\ 64x^2 - 24y^2 = 192 \end{cases}$

$$82x^2 = 738$$
$$x^2 = 9$$

$x = 3$ or $x = -3$

28. (cont'd)

If $x = 3$, then

$$6x^2 + 8y^2 = 182$$
$$54 + 8y^2 = 182$$
$$y^2 = 16$$

$y = 4$ or $y = -4$

If $x = -3$, then

$$6x^2 + 8y^2 = 182$$
$$54 + 8y^2 = 182$$
$$y^2 = 16$$

$y = 4$ or $y = -4$

The solutions are $(3,4)$, $(3,-4)$, $(-3,4)$, and $(-3,-4)$.

30. $$\begin{cases} \frac{1}{x} + \frac{1}{y} = 5 \\ \frac{1}{x} - \frac{1}{y} = -3 \end{cases}$$
$$\frac{2}{x} = 2$$
$$x = 1$$

$$\frac{1}{x} + \frac{1}{y} = 5$$
$$\frac{1}{1} + \frac{1}{y} = 5$$
$$\frac{1}{y} = 4$$
$$y = \frac{1}{4}$$

The solution is $(1,\frac{1}{4})$.

32. $$\begin{cases} \frac{1}{x} + \frac{3}{y} = 4 \\ \frac{2}{x} - \frac{1}{y} = 7 \end{cases} \Rightarrow \begin{cases} \frac{1}{x} + \frac{3}{y} = 4 \\ \frac{6}{x} - \frac{3}{y} = 21 \end{cases}$$
$$\frac{7}{x} = 25$$
$$x = \frac{7}{25}$$

$$\frac{1}{x} + \frac{3}{y} = 4$$
$$\frac{1}{\frac{7}{25}} + \frac{3}{y} = 4$$
$$\frac{25}{7} + \frac{3}{y} = \frac{28}{7}$$
$$\frac{3}{y} = \frac{3}{7}$$
$$y = 7$$

The solution is $(\frac{7}{25}, 7)$.

34. $$\begin{cases} x^2 + y^2 = 10 \\ 2x^2 - 3y^2 = 5 \end{cases} \Rightarrow \begin{cases} 3x^2 + 3y^2 = 30 \\ 2x^2 - 3y^2 = 5 \end{cases}$$
$$5x^2 = 35$$
$$x^2 = 7$$

$x = \sqrt{7}$ or $x = -\sqrt{7}$

If $x = \sqrt{7}$, then

$$x^2 + y^2 = 10$$
$$7 + y^2 = 10$$
$$y^2 = 3$$

$y = \sqrt{3}$ or $y = -\sqrt{3}$

If $x = -\sqrt{7}$, then

$$x^2 + y^2 = 10$$
$$7 + y^2 = 10$$
$$y^2 = 3$$

$y = \sqrt{3}$ or $y = -\sqrt{3}$

The solutions are $(\sqrt{7},\sqrt{3})$, $(\sqrt{7},-\sqrt{3})$, $(-\sqrt{7},\sqrt{3})$, and $(-\sqrt{7},-\sqrt{3})$.

36. $\begin{cases} xy = \dfrac{1}{12} \\ y + x = 7xy \end{cases} \Rightarrow y = \dfrac{1}{12x}$

$$\frac{1}{12x} + x = 7x\left(\frac{1}{12x}\right)$$

$$\frac{1}{12x} + x = \frac{7}{12}$$

$$1 + 12x^2 = 7x$$

$$12x^2 - 7x + 1 = 0$$

$$(4x - 1)(3x - 1) = 0$$

$x = \frac{1}{4}$ or $x = \frac{1}{3}$

$x = \frac{1}{4}$	$x = \frac{1}{3}$
$y = \frac{1}{12x}$	$y = \frac{1}{12x}$
$= \frac{1}{3}$	$= \frac{1}{4}$

The solutions are

$(\frac{1}{4}, \frac{1}{3})$ and $(\frac{1}{3}, \frac{1}{4})$.

38. Let one integer be x and the other y. Then

$\begin{cases} xy = 32 \\ x + y = 12 \end{cases} \Rightarrow y = 12 - x$

$$x(12 - x) = 32$$

$$12x - x^2 = 32$$

$$x^2 - 12x + 32 = 0$$

$$(x - 8)(x - 4) = 0$$

$x = 8$ or $x = 4$

$x = 8$	$x = 4$
$y = 12 - x$	$y = 12 - x$
$= 4$	$= 8$

The integers are 4 and 8.

40. Let g represent the amount that Grant invested at an annual rate of r. Then $g + 500$ represents the amount Jeff invested at an annual rate of $r - .01$.

$\begin{cases} gr = 225 \\ (g + 500)(r - .01) = 240 \end{cases} \Rightarrow \begin{cases} r = \dfrac{225}{g} \\ gr - .01g + 500r - 5 = 240 \end{cases}$

$$g\left(\frac{225}{g}\right) - .01g + 500\left(\frac{225}{g}\right) = 245$$

$$-.01g + \frac{112500}{g} = 20$$

$$.01g^2 + 20g - 112500 = 0$$

$$g^2 + 2000g - 11250000 = 0$$

$$(g - 2500)(g + 4500) = 0$$

$g = 2500$ or ~~$g = -4500$~~

$$r = \frac{225}{g} = \frac{225}{2500} = .09$$

Grant invested \$2500 at 9% interest.

42.

	d =	r ·	t
Jim	306	r	t
Jim's brother	306	r - 17	$t + \frac{3}{2}$

$$\begin{cases} rt = 36 \\ (r - 17)(t + \frac{3}{2}) = 306 \end{cases} \Rightarrow \begin{cases} r = \frac{306}{t} \\ rt + \frac{3}{2}r - 17t - \frac{51}{2} = 306 \end{cases}$$

$$\frac{306}{t}t + \frac{3}{2}(\frac{306}{t}) - 17t - \frac{51}{2} = 306$$

$$\frac{918}{2t} - 17t - \frac{51}{2} = 0$$

$$918 - 34t^2 - 51t = 0$$

$$34t^2 + 51t - 918 = 0$$

$$2t^2 + 3t - 54 = 0$$

$$(2t - 9)(t + 6) = 0$$

$$t = \frac{9}{2} \text{ or } \cancel{t = -6}$$

$$rt = 306$$

$$r(\frac{9}{2}) = 306$$

$$r = 68$$

Jim's rate was 68 mph and his time was 4.5 hours.

EXERCISE 6.6

2. $\begin{cases} x = x' + h \\ y = y' + k \end{cases}$

$(h,k) = (1,-3)$

$x = -1 + 1 = 0$

$y = 3 +(-3) = 0$

$(x,y) = (0,0)$

4. $\begin{cases} x = x' + h \\ y = y' + k \end{cases}$

$(h,k) = (1,-3)$

$x = 1 + 1 = 2$

$y = -3 +(-3) = -6$

$(x,y) = (2,-6)$

6. $\begin{cases} x' = x - h \\ y' = y - k \end{cases}$

$(h,k) = (-2,4)$

$x' = -2 -(-2) = 0$

$y' = 4 - 4 = 0$

$(x',y') = (0,0)$

8. $\begin{cases} x' = x - h \\ y' = y - k \end{cases}$

$(h,k) = (-2,4)$

$x' = 4 -(-2) = 6$

$y' = 2 - 4 = -2$

$(x',y') = (6,-2)$

10. $y = -3x - 4$ Because $(h,k) = (0,-5)$, the equations of translation are

$$\begin{cases} x = x' + 0 \\ y = y' +(-5) \end{cases}$$

Thus,

$$y' - 5 = -3x' - 4$$

$$y' = -3x' + 1$$

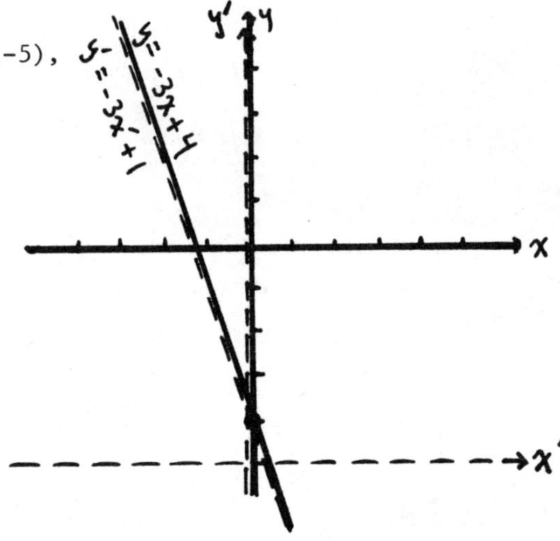

12. $x = y^2 + 10y + 25$ Because $(h,k) = (0,-5)$, the equations of translation are

$$\begin{cases} x = x' + 0 \\ y = y' - 5 \end{cases}$$

Thus,

$$x' = (y' - 5)^2 + 10(y' - 5) + 25$$

$$x' = y'^2 - 10y' + 25 + 10y' - 50 + 25$$

$$x' = y'^2$$

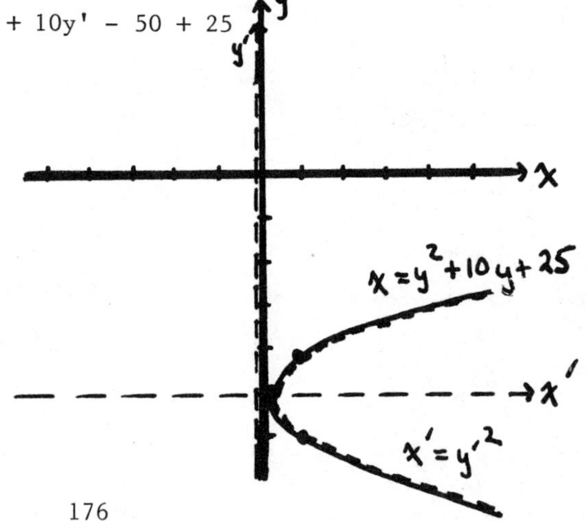

14. $2x^2 + 3y^2 = 12$

Because $(h,k) = (3,-2)$, the translation equations are

$$\begin{cases} x = x' + 3 \\ y = y' - 2 \end{cases}$$

Thus,

$$\begin{aligned} 2(x' + 3)^2 + 3(y' - 2)^2 &= 12 \\ 2x'^2 + 12x' + 18 + 3y'^2 - 12y' + 12 &= 12 \\ 2x'^2 + 12x' + 3y'^2 - 12y' &= -18 \\ 2(x'^2 + 6x' + 9) + 3(y'^2 - 4y' + 4) &= -18 + 18 + 12 \\ \frac{(x' + 3)^2}{6} + \frac{(y' - 2)^2}{4} &= 1 \end{aligned}$$

16. $y^2 + 4y + 7 = x$

Because $(h,k) = (3,-2)$, the translation equations are

$$\begin{cases} x = x' + 3 \\ y = y' - 2 \end{cases}$$

Thus,

$$\begin{aligned} (y' - 2)^2 + 4(y' - 2) + 7 &= x' + 3 \\ y'^2 - 4y' + 4 + 4y' - 8 + 7 &= x' + 3 \\ y'^2 &= x' \end{aligned}$$

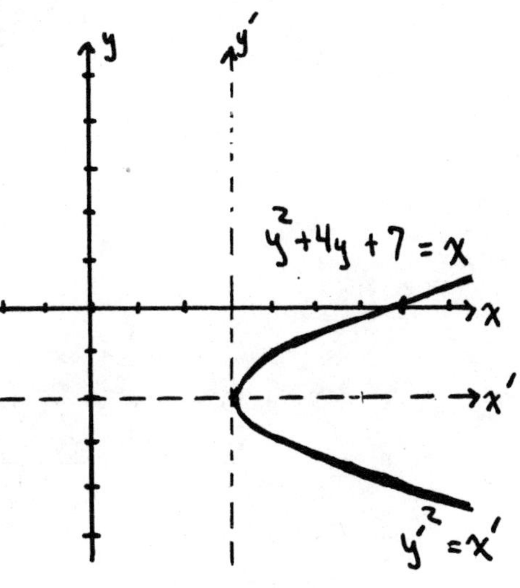

18.

$$\begin{aligned} x^2 + y^2 - 8x - 2y + 1 &= 0 \\ x^2 - 8x + y^2 - 2y &= -1 \\ x^2 - 8x + 16 + y^2 - 2y + 1 &= -1 + 16 + 1 \\ (x - 4)^2 + (y - 1)^2 &= 16 \end{aligned}$$

Let $\begin{cases} x' = x - 4 \\ y' = y - 1 \end{cases}$

Then $x'^2 + y'^2 = 16$

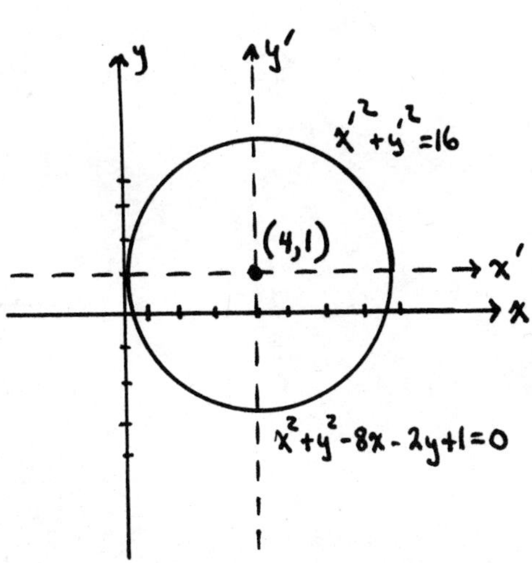

20. $$4x^2 + 9y^2 + 24x - 18y + 9 = 0$$

$$4(x^2 + 6x + 9) + 9(y^2 - 2y + 1) = -9 + 36 + 9$$

$$\frac{(x + 3)^2}{9} + \frac{(y - 1)^2}{4} = 1$$

Let $\begin{cases} x' = x + 3 \\ y' = y - 1 \end{cases}$

Then

$$\frac{x'^2}{9} + \frac{y'^2}{4} = 1$$

22. $$4x^2 - 9y^2 + 8x - 36y = 68$$

$$4(x^2 + 2x + 1) - 9(y^2 + 4y + 4) = 68 + 4 - 36$$

$$\frac{(x + 1)^2}{9} - \frac{(y + 2)^2}{4} = 1$$

Let $\begin{cases} x' = x + 1 \\ y' = y + 2 \end{cases}$

Then

$$\frac{x'^2}{9} - \frac{y'^2}{4} = 1$$

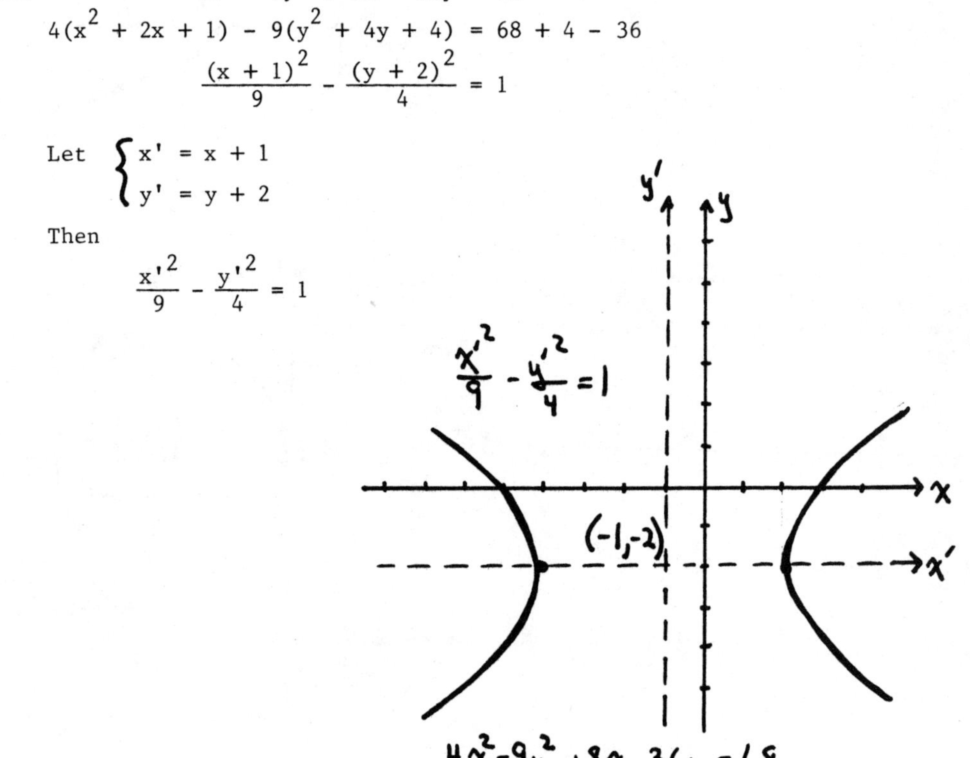

24. The equations of translation are

$$\begin{cases} x = x' + h \\ y = y' + k \end{cases}$$

Substitute into the equation $xy = 1$ to get

$(x' + h)(y' + k) = 1$ or $x'y' + x'k + hy' + hk = 1$

which also has an $x'y'$ term.

26. $Ax^2 + Bxy + Cy^2 + Dx + Ey + F = 0$

Substitute $x' + h$ for x and $y' + k$ for y and simplify.

$$A(x'+h)^2 + B(x'+h)(y'+k) + C(y'+k)^2 + D(x'+h) + E(y'+k) + F = 0$$

$$Ax'^2 + 2Ahx' + Ah^2 + Bx'y' + Bkx' + Bhy' + Bhk + Cy'^2 + 2Cky' + Ck^2 + Dx' + Dh + Ey' + Ek + F = 0$$

$$Ax'^2 + Bx'y' + Cy'^2 + (2Ah + Bk + D)x' + (Bh + 2Ck + E)y' + Ah^2 + Bhk + Ck^2 + Dh + Ek + F = 0$$

Because the coefficients of the x-squared, xy, and y-squared terms do not change, neither does the value of $B^2 - 4AC$.

REVIEW EXERCISES

2. The radius is

$$r = \sqrt{(6 - 0)^2 + (8 - 0)^2}$$
$$= 10$$

The equation is

$x^2 + y^2 = 100$

4. The center is at $\left(\frac{-3 + 7}{2}, \frac{-6 + 10}{2}\right)$ or $(2,2)$. The radius is

$$r = \sqrt{(7 - 2)^2 + (10 - 2)^2}$$
$$= \sqrt{5^2 + 8^2}$$
$$= \sqrt{89}$$

The equation is

$(x - 2)^2 + (y - 2)^2 = 89$

6. $$x^2 + 4x + y^2 - 10y = -13$$
$$x^2 + 4x + 4 + y^2 - 10y + 25 = -13 + 4 + 25$$
$$(x + 2)^2 + (y - 5)^2 = 16$$

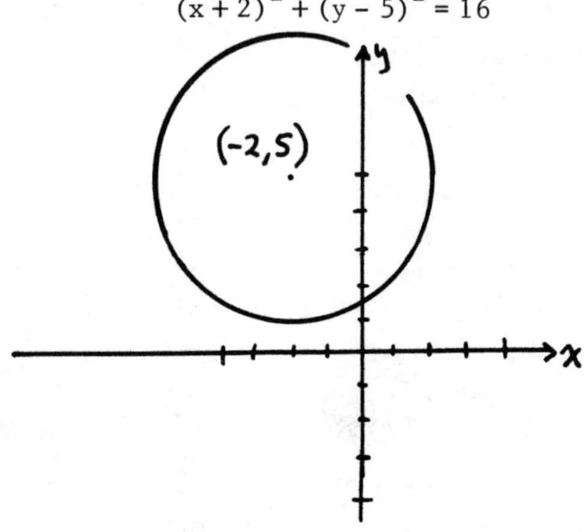

8. Because the equation opens upwards, use the form
$$x^2 = 4py$$
$$64 = 4p(4)$$
$$4 = p$$
Thus, the equation is
$$x^2 = 4(4)y$$
$$x^2 = 16y$$

10. Use the form
$$(x - h)^2 = -4p(y - k)$$
$$[-4 -(-2)]^2 = -4p(-8 - 3)$$
$$4 = -4p(-11)$$
$$\frac{1}{11} = p$$
The equation is
$$(x + 2)^2 = -\frac{4}{11}(y - 3)$$

12.
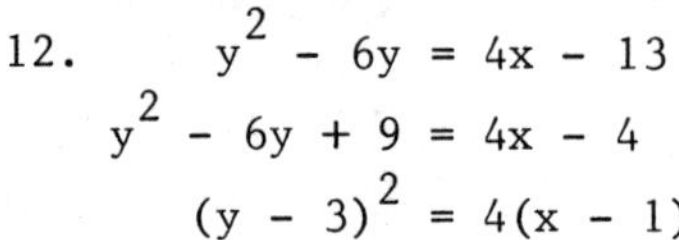
$$y^2 - 6y = 4x - 13$$
$$y^2 - 6y + 9 = 4x - 4$$
$$(y - 3)^2 = 4(x - 1)$$

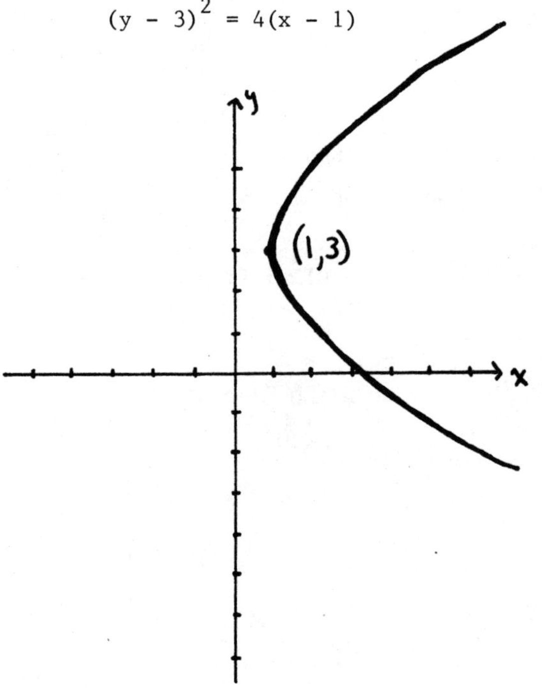

14. $a = 6$ and $b = 4$. Thus, the equation is
$$\frac{x^2}{36} + \frac{y^2}{16} = 1$$

16. $$4x^2 + y^2 - 16x + 2y = -13$$
$$4(x^2 - 4x + 4) + y^2 + 2y + 1 = -13 + 16 + 1$$
$$4(x - 2)^2 + (y + 1)^2 = 4$$
$$\frac{(x - 2)^2}{1} + \frac{(y + 1)^2}{4} = 1$$

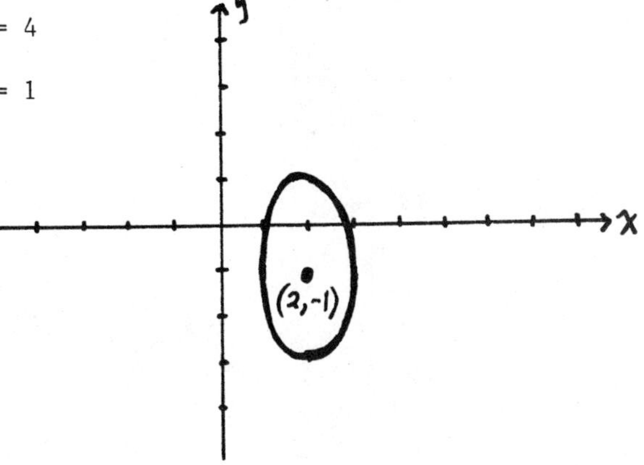

18. Because the hyperbola opens sideways, use the form

$$\frac{(x - h)^2}{a^2} - \frac{(y - k)^2}{b^2} = 1$$

Because the center is at (0,3), you can determine that $a = 3$ and $c = 5$. Then find b^2.

$$b^2 = c^2 - a^2$$
$$= 25 - 9$$
$$= 16$$

Thus, the equation is

$$\frac{x^2}{9} - \frac{(y - 3)^2}{16} = 1$$

20. $-2xy = 9$

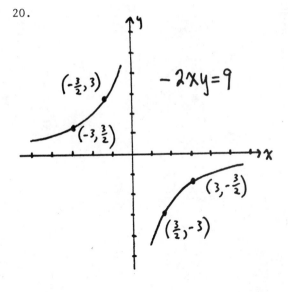

22. $$\begin{cases} 3x^2 + y^2 = 52 \\ x^2 - y^2 = 12 \end{cases}$$
$$4x^2 = 64$$
$$x^2 = 16$$

$x = 4$ or $x = -4$

$x = 4$	$x = -4$
$x^2 - y^2 = 12$	$x^2 - y^2 = 12$
$16 - y^2 = 12$	$16 - y^2 = 12$
$-y^2 = -4$	$-y^2 = -4$
$y^2 = 4$	$y^2 = 4$
$y = 2$ or $y = -2$	$y = 2$ or $y = -2$

22. (cont'd)

The solutions are (4,2), (4,-2), (-4,2), and (-4,-2).

24. $\begin{cases} x^2 + y^2 = 16 \\ -\sqrt{3}y + 4\sqrt{3} = 3x \Rightarrow y = 4 - \sqrt{3}x \end{cases}$

$$x^2 + (4 - \sqrt{3}x)^2 = 16$$

$$x^2 + 16 - 8\sqrt{3}x + 3x^2 = 16$$

$$4x^2 - 8\sqrt{3}x = 0$$

$$4x(x - 2\sqrt{3}) = 0$$

$x = 0$ or $x = 2\sqrt{3}$

$y = 4 - \sqrt{3}x$	$y = 4 - \sqrt{3}x$
$= 4 - \sqrt{3}(0)$	$= 4 - \sqrt{3}(2\sqrt{3})$
$= 4$	$= 4 - 6$
	$= -2$

The solutions are $(0,4)$ and $(2\sqrt{3},-2)$.

26. $\begin{cases} \dfrac{x^2}{16} + \dfrac{y^2}{12} = 1 \\ \dfrac{x^2}{1} - \dfrac{y^2}{3} = 1 \end{cases} \Rightarrow \begin{cases} \dfrac{x^2}{16} + \dfrac{y^2}{12} = 1 \\ \dfrac{x^2}{4} - \dfrac{y^2}{12} = \dfrac{1}{4} \end{cases}$

$$\frac{5x^2}{16} = \frac{5}{4}$$

$$x^2 = 4$$

$x = 2$ or $x = -2$

If $x = 2$, then	If $x = -2$, then
$x^2 - \dfrac{y^2}{3} = 1$	$x^2 - \dfrac{y^2}{3} = 1$
$4 - \dfrac{y^2}{3} = 1$	$4 - \dfrac{y^2}{3} = 1$
$y^2 = 9$	$y^2 = 9$
$y = 3$ or $y = -3$	$y = 3$ or $y = -3$

The solutions are $(2,3)$, $(2,-3)$, $(-2,3)$, and $(-2,-3)$.

28. $x^2 - y^2 = 4$

Let $\begin{cases} x = x' + 2 \\ y = y' - 3 \end{cases}$

Then,

$$(x' + 2)^2 - (y' - 3)^2 = 4$$

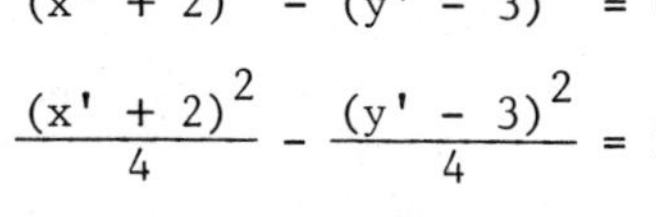

$$\frac{(x' + 2)^2}{4} - \frac{(y' - 3)^2}{4} = 1$$

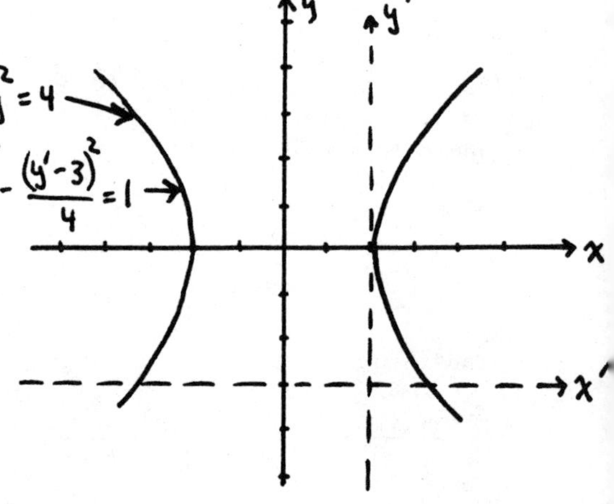

30. $x^2 - 4x - 3y = 5$

Let $\begin{cases} x = x' + 2 \\ y = y' - 3 \end{cases}$

Then,

$$(x' + 2)^2 - 4(x' + 2) - 3(y' - 3) = 5$$

$$x'^2 + 4x' + 4 - 4x' - 8 - 3y' + 9 = 5$$

$$x'^2 - 3y' = 0$$

$$x'^2 = 3y'$$

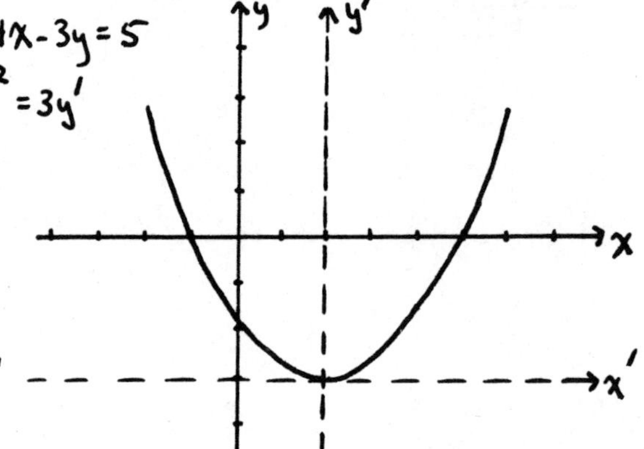

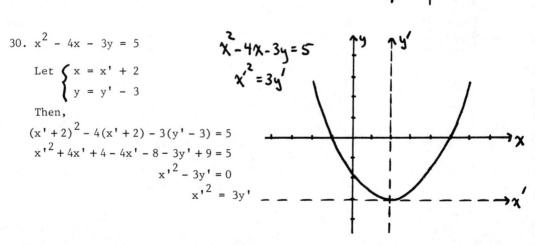

32.
$$4x^2 - y^2 - 8x + 4y = 4$$
$$4(x^2 - 2x) \quad - (y^2 - 4y \quad) = 4$$
$$4(x^2 - 2x + 1) - (y^2 - 4y + 4) = 4 + 4 - 4$$
$$\frac{(x-1)^2}{1} - \frac{(y-2)^2}{4} = 1$$

Let $\begin{cases} x' = x - 1 \\ y' = y - 2 \end{cases}$

Thus,

$$\frac{x'^2}{1} - \frac{y'^2}{4} = 1$$

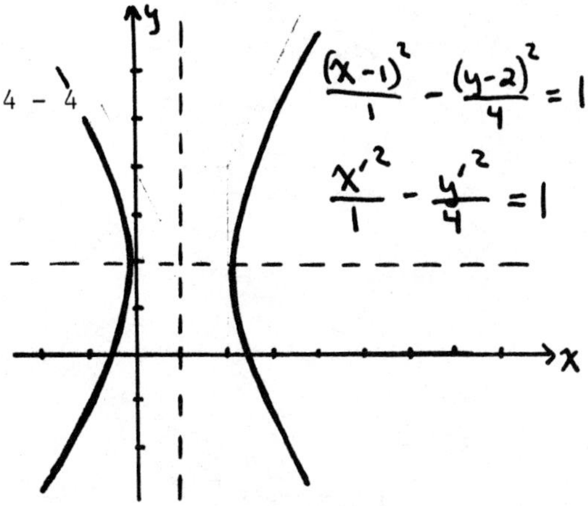

$\frac{(x-1)^2}{1} - \frac{(y-2)^2}{4} = 1$

$\frac{x'^2}{1} - \frac{y'^2}{4} = 1$

EXERCISE 7.1

2. $P(-1) = 2(-1)^4 - 2(-1)^3 + 5(-1)^2 - 1$
$= 2(1) - 2(-1) + 5(1) - 1$
$= 2 + 2 + 5 - 1$
$= 8$

$$\begin{array}{r|l} & 2x^3 - 4x^2 + 9x - 9 \\ \hline x+1 & 2x^4 - 2x^3 + 5x^2 \quad - 1 \\ & \underline{2x^4 + 2x^3} \\ & -4x^3 + 5x^2 \\ & \underline{-4x^3 - 4x^2} \\ & 9x^2 \\ & \underline{9x^2 + 9x} \\ & -9x - 1 \\ & \underline{-9x - 9} \\ & 8 \end{array}$$

4. $P(1) = 2(1)^4 - 2(1)^3 + 5(1)^2 - 1$
$= 2 - 2 + 5 - 1$
$= 4$

$$\begin{array}{r|l} & 2x^3 + 5x + 5 \\ \hline x-1 & 2x^4 - 2x^3 + 5x^2 \quad - 1 \\ & \underline{2x^4 - 2x^3} \\ & 5x^2 \\ & \underline{5x^2 - 5x} \\ & 5x - 1 \\ & \underline{5x - 5} \\ & 4 \end{array}$$

6. $P(4) = 2(4)^4 - 2(4)^3 + 5(-4)^2 - 1$
$= 2(256) - 2(64) + 5(16) - 1$
$= 512 - 128 + 80 - 1$
$= 463$

$$
\begin{array}{r}
2x^3 + 6x^2 + 29x + 116 \\
x - 4 \overline{\smash{)}\, 2x^4 - 2x^3 + 5x^2 \qquad - 1} \\
\underline{2x^4 - 8x^3} \qquad\qquad\qquad \\
6x^3 + 5x^2 \qquad\qquad \\
\underline{6x^3 - 24x^2} \qquad\qquad \\
29x^2 \qquad\qquad \\
\underline{29x^2 - 116x} \qquad \\
116x - 1 \\
\underline{116x - 464} \\
463
\end{array}
$$

8.
$$
\begin{array}{r}
x^4 - 3x^3 + 9x^2 - 23x + 69 \\
x + 3 \overline{\smash{)}\, x^5 \qquad\qquad + 4x^2 \qquad - 1} \\
\underline{x^5 + 3x^4} \qquad\qquad\qquad\qquad \\
-3x^4 \qquad\qquad\qquad\qquad \\
\underline{-3x^4 - 9x^3} \qquad\qquad\qquad \\
9x^3 + 4x^2 \qquad\qquad \\
\underline{9x^3 + 27x^2} \qquad\qquad \\
-23x^2 \qquad\qquad \\
\underline{-23x^2 - 69x} \qquad \\
69x - 1 \\
\underline{69x + 207} \\
-208
\end{array}
$$

$P(-3) = -208$

10. $P(2) = (2)^3 - (2)^2 + 2(2) - 8$
$= 8 - 4 + 4 - 8$
$= 0$

Because $P(2) = 0$, $x - 2$ is a factor.

12. $P(-1) = 3(-1)^5 + 4(-1)^2 - 7$
$= 3(-1) + 4(1) - 7$
$= -3 + 4 - 7$
$= -6$

Because $P(-1) \neq 0$, $x - (-1)$ or $x + 1$ is not a factor.

14. $P(3) = 3(3)^5 - 3(3)^4 + 5(3)^2 - 13(3) - 6$
$= 3(243) - 3(81) + 5(9) - 39 - 6$
$= 486$

Because $P(3) \neq 0$, $x - 3$ is not a factor.

16. $P(-1) = (-1)^{1984} + (-1)^{1776} - (-1)^{1492} - (-1)^{1066}$

$= 1 + 1 - 1 - 1$

$= 0$

Because $P(-1) = 0$, $x + 1$ is a factor.

18. Because $P(-1) = 0$, $x + 1$ is a factor of $x^4 + 4x^3 - 10x^2 - 28x - 15 = 0$. Find the other factor by long division.

$$
\begin{array}{r}
x^3 + 3x^2 - 13x - 15 \\
x + 1 \overline{)\, x^4 + 4x^3 - 10x^2 - 28x - 15} \\
\underline{x^4 + x^3} \qquad\qquad\qquad \\
3x^3 - 10x^2 \qquad\quad \\
\underline{3x^3 + 3x^2} \qquad\quad \\
-13x^2 - 28x \quad \\
\underline{-13x^2 - 13x} \quad \\
-15x - 15 \\
\underline{-15x - 15}
\end{array}
$$

Because -1 is a root twice, $x + 1$ is a factor of $x^3 + 3x^2 - 13x - 15$ also. Thus,

$$
\begin{array}{r}
x^2 + 2x - 15 \\
x + 1 \overline{)\, x^3 + 3x^2 - 13x - 15} \\
\underline{x^3 + x^2} \qquad\qquad \\
2x^2 - 13x \quad \\
\underline{2x^2 + 2x} \quad \\
-15x - 15 \\
\underline{-15x - 15}
\end{array}
$$

Thus,

$$(x + 1)(x + 1)(x^2 + 2x - 15) = 0$$

$$(x + 1)(x + 1)(x + 5)(x - 3) = 0$$

$$x = -1,\ x = -1,\ x = -5,\ x = 3$$

20. $(x - 1)(x - 0)[x - (-1)]$

$(x^2 - x)(x + 1)$

$x^3 - x$

22. $(x - 7)(x - 6)(x - 3)$

$(x - 7)(x^2 - 9x + 18)$

$x^3 - 16x^2 + 81x - 126$

24. $(x-0)(x-0)(x-0)(x-\sqrt{3})[x-(-\sqrt{3})]$

$x^3(x-\sqrt{3})(x+\sqrt{3})$

$x^3(x^2-3)$

x^5-3x^3

26. $(x-i)(x-i)(x-2)$

$(x^2-2xi-1)(x-2)$

$x^3-2x^2i-x-2x^2+4xi+2$

$x^3-(2i+2)x^2+(-1+4i)x+2$

28. $[x-(2+i)][x-(2-i)][x-i]$

$(x-2-i)(x-2+i)(x-i)$

$(x^2-4x+5)(x-i)$

$x^3-(4+i)x^2+(4i+5)x-5i$

30. The three cube roots of 64 are the solutions of $x^3-64=0$. By inspection, one of these solutions is 4. Then because of the factor theorem, $x-4$ is a factor of x^3-64. Obtain the other factor by division.

$$
\begin{array}{r|l}
 & x^2+4x+16 \\
x-4 & x^3 \qquad\qquad -64 \\
 & \underline{x^3-4x^2} \\
 & 4x^2 \\
 & \underline{4x^2-16x} \\
 & 16x-64 \\
 & \underline{16x-64}
\end{array}
$$

Thus, the equation $x^3-64=0$ can be written as

$$(x-4)(x^2+4x+16)=0$$

Setting each factor equal to 0 and solving for x gives the three cube roots of 64.

$$x=4,\ x=-2+2\sqrt{3}i,\ x=-2-2\sqrt{3}i$$

32. The three cube roots of -216 are the solutions of $x^3+216=0$. By inspection, one of these solutions is -6. Thus,

$$
\begin{array}{r|l}
 & x^2-6x+36 \\
x+6 & x^3 \qquad\qquad +216 \\
 & \underline{x^3+6x^2} \\
 & -6x^2 \\
 & \underline{-6x^2-36x} \\
 & 36x+216 \\
 & \underline{36x+216}
\end{array}
$$

The equation can be written as $(x+6)(x^2-6x+36)=0$
Setting each factor equal to 0 and solving for x gives the three cube roots of -216.

$$x=-6,\ x=3+3\sqrt{3}i,\ x=3-3\sqrt{3}i$$

34. Because $x = 1$ and $x = -2$, the polynomial $x^4 + 2x^3 - 3x^2 - 4x + 4$ has factors of $x - 1$ and $x + 2$. Find the other factor by division to get

$$(x - 1)(x + 2)(x^2 + x - 2) = 0$$

$$(x - 1)(x + 2)(x + 2)(x - 1) = 0$$

$$x = 1,\ x = -2,\ x = -2,\ x = 1$$

36. $a_0 = 0$

38. The fundamental theorem guarantees that any polynomial $P(x)$ has at least one zero. That zero will be a solution of the equation $P(x) = 0$.

40. No. The zero-degree polynomial $P(x) = 3x^0$, for example, does not have a zero.

EXERCISE 7.2

2. $$\begin{array}{r|rrrr} -2 & 5 & 2 & -1 & 1 \\ & & -10 & 16 & -30 \\ \hline & 5 & -8 & 15 & |-29 \end{array}$$

4. $$\begin{array}{r|rrrr} 3 & 5 & 2 & -1 & 1 \\ & & 15 & 51 & 150 \\ \hline & 5 & 17 & 50 & |\ 151 \end{array}$$

6. $$\begin{array}{r|rrrr} 5 & 5 & 2 & -1 & 1 \\ & & 25 & 135 & 670 \\ \hline & 5 & 27 & 134 & |\ 671 \end{array}$$

8. $$\begin{array}{r|rrrr} i & 5 & 2 & -1 & 1 \\ & & 5i & -5+2i & -2-6i \\ \hline & 5 & 2+5i & -6+2i & |\ -1-6i \end{array}$$

10. $$\begin{array}{r|rrrrr} -1 & 2 & 0 & -1 & 0 & 2 \\ & & -2 & 2 & -1 & 1 \\ \hline & 2 & -2 & 1 & -1 & |\ 3 \end{array}$$

12. $$\begin{array}{r|rrrrr} 3 & 2 & 0 & -1 & 0 & 2 \\ & & 6 & 18 & 51 & 153 \\ \hline & 2 & 6 & 17 & 51 & |\ 155 \end{array}$$

14. $$\begin{array}{r|rrrrr} 1/3 & 2 & 0 & -1 & 0 & 2 \\ & & \frac{2}{3} & \frac{2}{9} & -\frac{7}{27} & -\frac{7}{81} \\ \hline & 2 & \frac{2}{3} & -\frac{7}{9} & -\frac{7}{27} & |\ \frac{155}{81} \end{array}$$

16. $$\begin{array}{r|rrrrr} -i & 2 & 0 & -1 & 0 & 2 \\ & & -2i & -2 & 3i & 3 \\ \hline & 2 & -2i & -3 & 3i & |\ 5 \end{array}$$

18. $$\begin{array}{r|rrrrr} 0 & 1 & -8 & 14 & 8 & -15 \\ & & 0 & 0 & 0 & 0 \\ \hline & 1 & -8 & 14 & 8 & |\ -15 \end{array}$$

20. $$\begin{array}{r|rrrrr} -1 & 1 & -8 & 14 & 8 & -15 \\ & & -1 & 9 & -23 & +15 \\ \hline & 1 & -9 & 23 & -15 & |\ 0 \end{array}$$

22.
$$\begin{array}{r|rrrr|r} 5 & 1 & -8 & 14 & 8 & -15 \\ & & 5 & -15 & -5 & 15 \\ \hline & 1 & -3 & -1 & 3 & 0 \end{array}$$

24.
$$\begin{array}{r|rrrr|r} -5 & 1 & -8 & 14 & 8 & -15 \\ & & -5 & 65 & -395 & 1935 \\ \hline & 1 & -13 & 79 & -387 & 1920 \end{array}$$

26.
$$\begin{array}{r|rrrrr|r} 1 & 1 & 0 & -1 & -8 & 0 & 8 \\ & & 1 & 1 & 0 & -8 & -8 \\ \hline & 1 & 1 & 0 & -8 & -8 & 0 \end{array}$$

28.
$$\begin{array}{r|rrrrr|r} -2 & 1 & 0 & -1 & -8 & 0 & 8 \\ & & -2 & 4 & -6 & 28 & -56 \\ \hline & 1 & -2 & 3 & -14 & 28 & -48 \end{array}$$

30.
$$\begin{array}{r|rrrrr|r} -i & 1 & 0 & -1 & -8 & 0 & 8 \\ & & -i & -1 & 2i & 2+8i & 8-2i \\ \hline & 1 & -i & -2 & -8+2i & 2+8i & 16-2i \end{array}$$

32.
$$\begin{array}{r|rrrrr|r} 2i & 1 & 0 & -1 & -8 & 0 & 8 \\ & & 2i & -4 & -10i & 20-16i & 32+40i \\ \hline & 1 & 2i & -5 & -8-10i & 20-16i & 40+40i \end{array}$$

34.
$$\begin{array}{r|rrr|r} 1 & 3 & -2 & -6 & -4 \\ & & 3 & 1 & -5 \\ \hline & 3 & 1 & -5 & -9 \end{array}$$

$(x - 1)(3x^2 + x - 5) - 9$

36.
$$\begin{array}{r|rrr|r} -2 & 3 & -2 & -6 & -4 \\ & & -6 & 16 & -20 \\ \hline & 3 & -8 & 10 & -24 \end{array}$$

$(x + 2)(3x^2 - 8x + 10) - 24$

38.
$$\begin{array}{r|rrr|r} 7 & 3 & -2 & -6 & -4 \\ & & 21 & 133 & 889 \\ \hline & 3 & 19 & 127 & 885 \end{array}$$

$(x - 7)(3x^2 + 19x + 127) + 885$

40.
$$\begin{array}{r|rrr|r} 3 & 2 & 4 & -3 & 8 \\ & & 6 & 30 & 81 \\ \hline & 2 & 10 & 27 & 73 \end{array}$$

The answer is
$2x^2 + 10x + 27 + \frac{73}{x - 3}$.

42.
$$\begin{array}{r|rrrr|r} -1 & 1 & 5 & -2 & 1 & -1 \\ & & -1 & -4 & 6 & -7 \\ \hline & 1 & 4 & -6 & 7 & -8 \end{array}$$

The answer is
$x^3 + 4x^2 - 6x + 7 + \frac{-8}{x + 1}$.

44.
$$\begin{array}{r|rrrrr|r} -3 & 1 & 0 & 0 & -4 & 4 & 4 \\ & & -3 & 9 & -27 & 93 & -291 \\ \hline & 1 & -3 & 9 & -31 & 97 & -287 \end{array}$$

The answer is
$x^4 - 3x^3 + 9x^2 - 31x + 97 + \frac{-287}{x + 3}$.

46.

4	1	0	0	0	0	0
		4	16	64	256	1024
	1	4	16	64	256	1024

$4^5 = 1024$

48.

3	1	0	0	0	0	0	0
		3	9	27	81	243	729
	1	3	9	27	81	243	729

$3^6 = 729$

50.

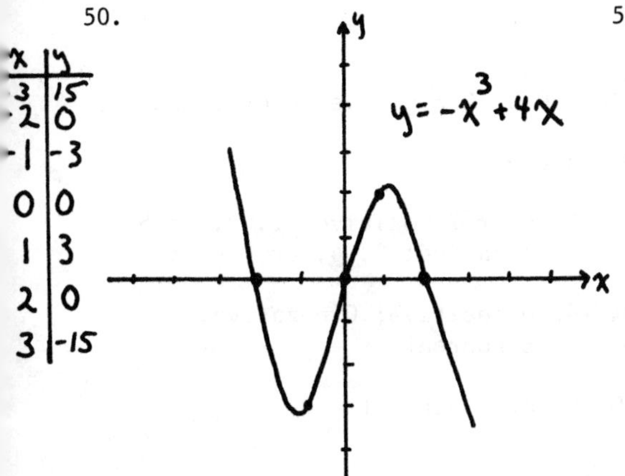

52.

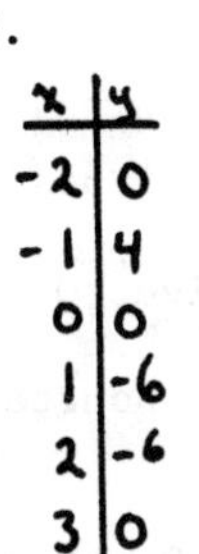

x	y
-2	0
-1	4
0	0
1	-6
2	-6
3	0

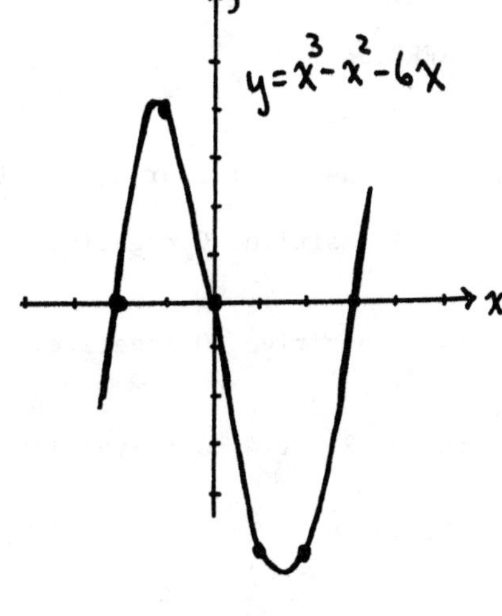

54.

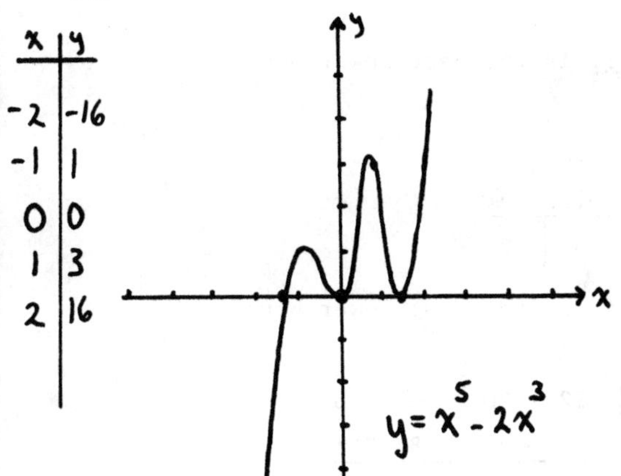

56.

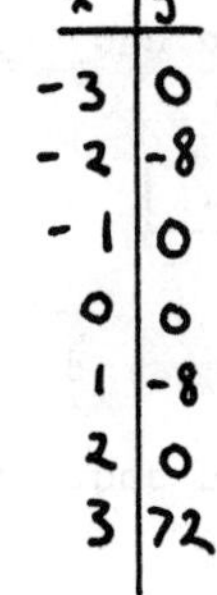

x	y
-3	0
-2	-8
-1	0
0	0
1	-8
2	0
3	72

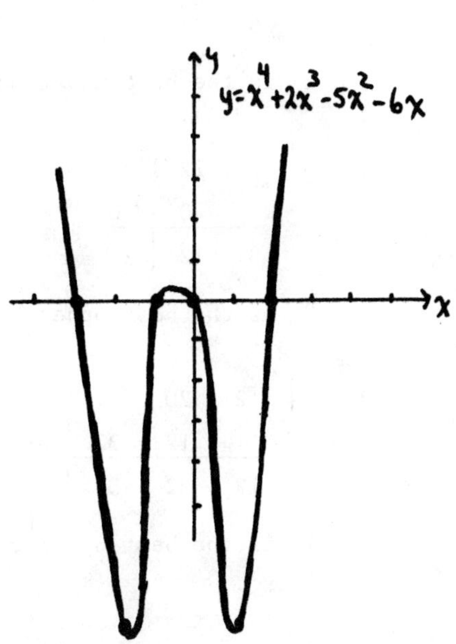

58.
$$\begin{array}{r|rrr|r} \underline{-2} & 3 & 8 & k & -6 \\ & & -6 & -4 & -2k+8 \\ \hline & 3 & 2 & k-4 & -2k+2 \end{array}$$

$$-2k + 2 = 0$$
$$k = 1$$

60.
$$\begin{array}{r|rrr|r} \underline{0.13} & 2.1 & -1.2 & 3.5 & -1.8 \\ & & 0.273 & -0.12051 & 0.4393337 \\ \hline & 2.1 & -0.927 & 3.37949 & -1.3606663 \end{array}$$

EXERCISE 7.3

2. 40

4. 8

6. 1 positive; 0 or 2 negative; 0 or 2 nonreal

8. 0 positive; 1 or 3 negative; 0 or 2 nonreal

10. 1 positive; 0 negative; 2 nonreal

12. 0 or 2 positive; 1, 3, or 5 negative; 2, 4, or 6 nonreal

14. 0 positive, 0 negative, 10 nonreal

16. 0 positive; 0 negative; 6 nonreal

18. 0, 2, or 4 positive; 1 negative; 0, 2, or 4 nonreal

20.
$$\begin{array}{r|rr|r} \underline{1} & 6 & 1 & -1 \\ & & 6 & 7 \\ \hline & 6 & 7 & 6 \end{array} \qquad \begin{array}{r|rr|r} \underline{-1} & 6 & 1 & -1 \\ & & -6 & 5 \\ \hline & 6 & -5 & 4 \end{array}$$

1 is the best upper bound and -1 is the best lower bound.

22.
$$\begin{array}{r|rr|r} \underline{0} & 3 & 12 & 24 \\ & & 0 & 0 \\ \hline & 3 & 12 & 24 \end{array} \qquad \begin{array}{r|rr|r} \underline{-4} & 3 & 12 & 24 \\ & & -12 & 0 \\ \hline & 3 & 0 & 24 \end{array}$$

0 is the best upper bound and -4 is the best lower bound.

24.
$$\begin{array}{r|rrr|r} \underline{1} & 12 & 20 & -1 & -6 \\ & & 12 & 32 & 31 \\ \hline & 12 & 32 & 31 & 25 \end{array} \qquad \begin{array}{r|rrr|r} \underline{-2} & 12 & 20 & -1 & -6 \\ & & -24 & 8 & -14 \\ \hline & 12 & -4 & 7 & -20 \end{array}$$

1 is the best upper bound and -2 is the best lower bound.

26. Synthetic division by 6:

6	1	0	-34	0	225
		6	36	12	72
	1	6	2	12	297

Synthetic division by -6:

-6	1	0	-34	0	225
		-6	36	-12	72
	1	-6	2	-12	297

6 is the best upper bound and -6 is the best lower bound.

28. Because a, b, c, and d are positive, the polynomial

$P(x) = ax^4 + 0x^3 + bx^2 + cx - d$

has one variation in sign. Therefore P(x) has 1 positive zero. The polynomial

$P(-x) = ax^4 + 0x^3 + bx^2 - cx - d$

has one variation in sign. Therefore P(x) has 1 negative zero. Thus, P(x) must have two nonreal zeros, and the equation P(x) = 0 must have two nonreal roots.

EXERCISE 7.4

2. The equation has 3 roots. The candidates are ±1, ±2.

1	1	2	-1	-2
		1	3	2
	1	3	2	0

Thus 1 is a root. Solve $x^2 + 3x + 2 = 0$ to find the other roots -2 and -1.

4. The equation has 4 roots. The candidates are ±1.

-1	1	4	6	4	1
		-1	-3	-3	-1
	1	3	3	1	0

-1	1	3	3	1
		-1	-2	-1
	1	2	1	0

Thus, -1 is a root twice. Solve $x^2 + 2x + 1 = 0$ to find the other roots of -1 and -1. All four roots are -1.

6. The equation has 5 roots. The candidates are ±1, ±2, ±4, ±8.

1	1	0	-1	-8	0	8
		1	1	0	-8	-8
	1	1	0	-8	-8	0

6. (cont'd)

2	1	1	0	-8	-8
		2	6	12	8
	1	3	6	4	0

-1	1	3	6	4
		-1	-2	-4
	1	2	4	0

Thus, 1, 2, and -1 are roots. Solve $x^2 + 2x + 4 = 0$ to find the other roots:

$-1 + \sqrt{3}i$ and $-1 - \sqrt{3}i$.

8. The equation has 4 roots. The candidates are ±1, ±3, ±5, ±15.

1	1	-8	14	8	-15
		1	-7	7	15
	1	-7	7	15	0

3	1	-7	7	15
		3	-12	-15
	1	-4	-5	0

Thus, 1 and 3 are roots. Solve $x^2 - 4x - 5 = 0$ to find the other roots: -1 and 5.

10. The equation has 7 roots. The candidates are ±1.

-1	1	7	21	35	35	21	7	1
		-1	-6	-15	-20	-15	-6	-1
	1	6	15	20	15	6	1	0

-1	1	6	15	20	15	6	1
		-1	-5	-10	-10	-5	-1
	1	5	10	10	5	1	0

-1	1	5	10	10	5	1
		-1	-4	-6	-4	-1
	1	4	6	4	1	0

10. (cont'd)

-1	1	4	6	4	1
		-1	-3	-3	-1
	1	3	3	1	0

-1	1	3	3	1
		-1	-2	-1
	1	2	1	0

Thus, -1 is a root 5 times. Solve $x^2 + 2x + 1 = 0$ to find there are two more roots of -1. The root -1 is a root of multiplicity of 7.

12. The equation has 6 roots. The candidates are ±1, ±2, ±4.

1	1	-3	-1	9	-10	12	-8
		1	-2	-3	6	-4	8
	1	-2	-3	6	-4	8	0

2	1	-2	-3	6	-4	8
		2	0	-6	0	-8
	1	0	-3	0	-4	0

2	1	0	-3	0	-4
		2	4	2	4
	1	2	1	2	0

-2	1	2	1	2
		-2	0	-2
	1	0	1	0

Thus, 1, 2, 2, and -2 are roots. Solve $x^2 + 1 = 0$ to find the other two roots: i and -i.

14. The equation has 4 roots. The candidates are

$$\pm 1,\ \pm\frac{1}{2},\ \pm\frac{1}{3},\ \pm\frac{1}{4},\ \pm\frac{1}{6},\ \pm\frac{1}{12},\ \pm 3,\ \pm\frac{3}{2},\ \pm\frac{3}{3},\ \pm\frac{3}{4},\ \pm\frac{3}{6},\ \pm\frac{3}{12}$$

1/2	12	20	-41	20	-3
		6	13	-14	3
	12	26	-28	6	0

14. (cont'd)

1/2	12	26	-28	6
		6	16	-6
	12	32	-12	0

Thus, 1/2 is a root two times. Solve $12x^2 + 16x - 12 = 0$ to find the other two roots: 1/3 and -3.

16. The equation has 4 roots. The candidates are

$\pm 1, \pm 2, \pm 4, \pm 8, \pm 10, \pm 20, \pm 40, \pm \frac{1}{2}, \pm \frac{2}{2}, \pm \frac{4}{2}, \pm \frac{8}{2}, \pm \frac{10}{2}, \pm \frac{20}{2}, \pm \frac{40}{2}$

5/2	2	-1	-2	-4	-40
		5	10	20	40
	2	4	8	16	0

-2	2	4	8	16
		-4	0	-16
	2	0	8	0

Thus, 5/2 and -2 are roots. Solve $2x^2 + 8 = 0$ to find the other two roots: 2i and -2i.

18. The equation has 3 roots. The candidates are

$\pm 1, \pm 2, \pm 4, \pm 8, \pm \frac{1}{3}, \pm \frac{2}{3}, \pm \frac{4}{3}, \pm \frac{8}{3}$

2/3	3	-2	12	-8
		2	0	8
	3	0	12	0

Thus, 2/3 is a root. Solve $3x^2 + 12 = 0$ to find the other two roots: 2i and -2i.

20. Write the equation as $\frac{1}{x^5} - \frac{8}{x^4} + \frac{25}{x^3} - \frac{38}{x^2} + \frac{28}{x} - 8 = 0$

and multiply by $-x^5$ to get $8x^5 - 28x^4 + 38x^3 - 25x^2 + 8x - 1 = 0$.
This equation has 5 nonzero roots. The candidates are

$\pm 1, \pm \frac{1}{2}, \pm \frac{1}{4}, \pm \frac{1}{8}$

20. (cont'd)

1/2	8	-28	38	-25	8	-1
		4	-12	13	-6	1
	8	-24	26	-12	2	0

1/2	8	-24	26	-12	2
		4	-10	8	-2
	8	-20	16	-4	0

1/2	8	-20	16	-4
		4	-8	4
	8	-16	8	0

Thus, 1/2 is a root three times. Solve $8x^2 - 16x + 8 = 0$ to find the other two roots: 1 and 1.

22. Write the equation as $6x^3 - 19x^2 + x + 6 = 0$. This equation has 3 roots. The candidates are

$$\pm 1, \pm 2, \pm 3, \pm 6, \pm\frac{1}{2}, \pm\frac{2}{2}, \pm\frac{3}{2}, \pm\frac{6}{2}, \pm\frac{1}{3}, \pm\frac{2}{3}, \pm\frac{3}{3}, \pm\frac{6}{3}, \pm\frac{1}{6}, \pm\frac{2}{6}, \pm\frac{3}{6}, \pm\frac{6}{6}$$

3	6	-19	1	6
		18	-3	-6
	6	-1	-2	0

Thus, 3 is a root. Solve $6x^2 - x - 2 = 0$ to find the other two roots: 2/3 and -1/2.

24. Because n is an even positive integer and c is positive, both the polynomials $P(x) = x^n - c$ and $P(-x) = (-x)^n - c$ have one variation in sign. Hence, there is exactly one positive and one negative root. Because 0 is not a root, there are exactly two real roots.

EXERCISE 7.5

2. $P(-1) = 2(-1)^3 + 17(-1)^2 + 31(-1) - 20 = -36$

   $P(2) = 2(2)^3 + 17(2)^2 + 31(2) - 20 = 126$

   Since $P(-1)$ and $P(2)$ have opposite signs, there is at least one root between -1 and 2.

4. $P(1) = 2(1)^3 - 3(1)^2 + 2(1) - 3 = -2$

$P(2) = 2(2)^3 - 3(2)^2 + 2(2) - 3 = 5$

Since $P(1)$ and $P(2)$ have opposite signs, there is at least one root between 1 and 2.

6. $P(2) = (2)^4 - 8(2)^2 + 15 = -1$

$P(3) = (3)^4 - 8(3)^2 + 15 = 24$

Since $P(2)$ and $P(3)$ have opposite signs, there is at least one root between 2 and 3.

8. $P(x) = 30x^3 - 61x^2 - 39x + 10$

$P(-1) = 30(-1)^3 - 61(-1)^2 - 39(-1) + 10 = -42$

$P(0) = 30(0)^3 - 61(0)^2 - 39(0) + 10 = 10$

Since $P(-1)$ and $P(0)$ have opposite signs, there is at least one root between -1 and 0.

10. $P(-1) = 5(-1)^3 - 9(-1)^2 - 4(-1) + 9 = -1$

$P(2) = 5(2)^3 - 9(2)^2 - 4(2) + 9 = 5$

Since $P(-1)$ and $P(2)$ have opposite signs, there is at least one root between -1 and 2.

12. $\sqrt[3]{53}$ is a root of the polynomial equation $P(x) = x^3 - 53 = 0$. Note that the values $P(3) = 27 - 53 = -26$ and $P(4) = 64 - 53 = 11$ have opposite signs. Set x_L equal to 3 and x_R equal to 4 and compute their average:

$$c = \frac{3 + 4}{2} = 3.5$$

Then continue as follows:

Step	x_L	c	x_R	$P(x_L)$	$P(c)$	$P(x_R)$
0	3	3.5	4	negative	negative	positive
1	3.5	3.75	4	negative	negative	positive
2	3.75	3.875	4	negative	positive	positive
3	3.75	3.8125	3.875	negative	positive	positive
4	3.75	3.78125	3.8125	negative	positive	positive
5	3.75	3.7656	3.78125	negative	positive	positive
6	3.75	3.7578	3.7656	negative	positive	positive
7	3.75	3.7539	3.7578	negative	negative	positive
8	3.7536	3.7559	3.7578	negative	negative	positive
9	3.7556	3.75685	3.7576			

Thus, to two decimal places $\sqrt[3]{53} = 3.76$.

14. $\sqrt[3]{102}$ is a root of the polynomial equation $P(x) = x^3 - 102 = 0$. Note that the values $P(4) = 64 - 102 = -38$ and $P(5) = 125 - 102 = 23$ have opposite signs. Set x_L equal to 4 and x_R equal to 5 and compute their average:

$$c = \frac{4 + 5}{2} = 4.5$$

Then continue as follows:

Step	x_L	c	x_R	$P(x_L)$	P(c)	$P(x_R)$
0	4	4.5	5	negative	negative	positive
1	4.5	4.75	5	negative	positive	positive
2	4.5	4.625	4.75	negative	negative	positive
3	4.625	4.6875	4.75	negative	positive	positive
4	4.625	4.65625	4.6875	negative	negative	positive
5	4.65625	4.671875	4.6875	negative	negative	positive
6	4.671875	4.67969	4.6875	negative	positive	positive
7	4.671875	4.67578	4.67969	negative	positive	positive
8	4.671875	4.67383	4.67578	negative	positive	positive
9	4.671875	4.67286	4.67383	negative	positive	positive
10	4.671875	4.67187	4.67286	negative	negative	positive
11	4.67187	4.67237	4.67286	negative	positive	positive
12	4.67187	4.67212	4.67237	negative	negative	positive
13	4.67212	4.67225	4.67237			

Thus, to three decimal places $\sqrt[3]{102} = 4.672$.

16. $P(-1) = 35(-1)^3 + 12(-1)^2 + 8(-1) + 1 = -30$

$P(0) = 1$

Because $P(-1)$ and $P(0)$ have opposite signs, there is a root between -1 and 0. Continue as follows:

Step	x_L	c	x_R	$P(x_L)$	P(c)	$P(x_R)$
0	-1	-0.5	0	negative	negative	positive
1	-0.5	-0.25	0	negative	negative	positive
2	-0.25	-0.125	0	negative	positive	positive
3	-0.25	-0.1875	-0.125	negative	negative	positive
4	-0.1875	-0.156	-0.125	negative	negative	positive
5	-0.156	-0.1405	-0.125	negative	negative	positive
6	-0.1405	-0.1328	-0.125			

Thus, to one decimal place the root of $P(x) = -0.1$.

REVIEW EXERCISES

2. 2 | 4 2 0 -3 -2

4	2	0	-3	-2
	8	20	40	74
4	10	20	37	72

$P(2) = 72$

4. 1/2 |

4	2	0	-3	-2
	2	2	1	-1
4	4	2	-2	-3

$P(\frac{1}{2}) = -3$

6. -3 |

2	10	4	7	21
	-6	-12	24	-93
2	4	-8	31	-72

Since $P(-3) \neq 0$, $x - (-3)$ or $x + 3$ is not a factor. The statement is false.

8. 6 |

1	-6	0	0	-4	24
	6	0	0	0	-24
1	0	0	0	-4	0

Since $P(6) = 0$, $x - 6$ is a factor. The statement is true.

10. The three cube roots of 343 are solutions of $x^3 - 343 = 0$. By inspection, one of the solutions is 7. Thus $x - 7$ must be a factor of $x^3 - 343$. Obtain the other factor by using synthetic division.

7 |

1	0	0	-343
	7	49	343
1	7	49	0

Thus, the equation $x^3 - 343 = 0$ can be written as

$$(x - 7)(x^2 + 7x + 49) = 0$$

Setting each factor equal to 0 and solving for x gives the three cube roots of 343.

$$x = 7, \quad x = \frac{-7 + 7\sqrt{3}\,i}{2}, \quad x = \frac{-7 - 7\sqrt{3}\,i}{2}$$

12. $(x - 1)(x + 3)(x - \frac{1}{2}) = (x^2 + 2x - 3)(2x - 1) = 2x^3 + 3x^2 - 8x + 3$

14. -2 |

5	-4	3	-2	1	-1
	-10	28	-62	128	-258
5	-14	31	-64	129	-259

The quotient is $5x^4 - 14x^3 + 31x^2 - 64x + 129$ with a remainder of -259.

16. 1984

18. 1 positive; 0, 2, or 4 negative; 4, 2, or 0 nonreal

20. 0 positive; 1 negative; 6 nonreal

22. Write the equation as $3x^3 + 2x^2 + 2x - 1 = 0$. The equation has 3 roots. The candidates are

± 1 and $\pm \frac{1}{3}$

$$\begin{array}{r|rrrr} \underline{1/3} & 3 & 2 & 2 & -1 \\ & & 1 & 1 & 1 \\ \hline & 3 & 3 & 3 & \big| \; 0 \end{array}$$

Thus, $\frac{1}{3}$ is a root. Solve $3x^2 + 3x + 3 = 0$ to find the other two roots:

$$\frac{-1 + \sqrt{3}\, i}{2} \quad \text{and} \quad \frac{-1 - \sqrt{3}\, i}{2}$$

24. $P(1) = 6(1)^3 - (1)^2 - 10(1) - 3 = -8$

$P(2) = 6(2)^3 - (2)^2 - 10(2) - 3 = 21$

Since $P(1)$ and $P(2)$ have opposite signs, there is at least one root between 1 and 2.

26. $P(x) = 3x - 1 = 0$, $P(0) = -1$, and $P(1) = 2$. Hence, there is a root between 0 and 1.

Step	x_L	c	x_R	$P(x_L)$	P(c)	$P(x_R)$
0	0	.5	1	negative	positive	positive
1	0	.25	.5	negative	negative	positive
2	.25	.375	.5	negative	positive	positive
3	.25	.3125	.375	negative	negative	positive
4	.3125	.3438	.3750	negative	positive	positive
5	.3125	.3282	.3438			

An approximate root is 0.3. The exact root is 1/3.

EXERCISE 8.1

2.

4.

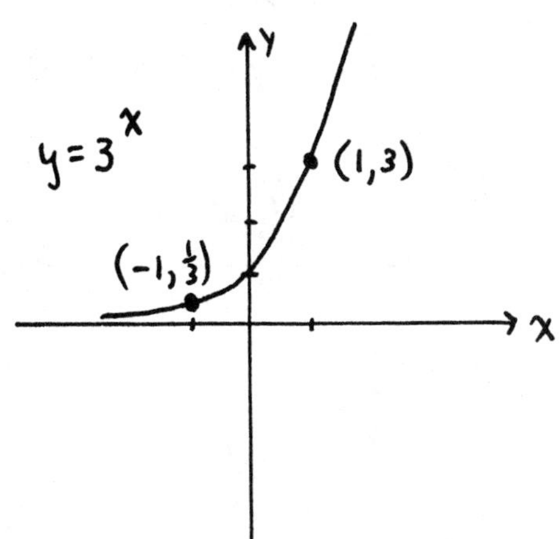

6.

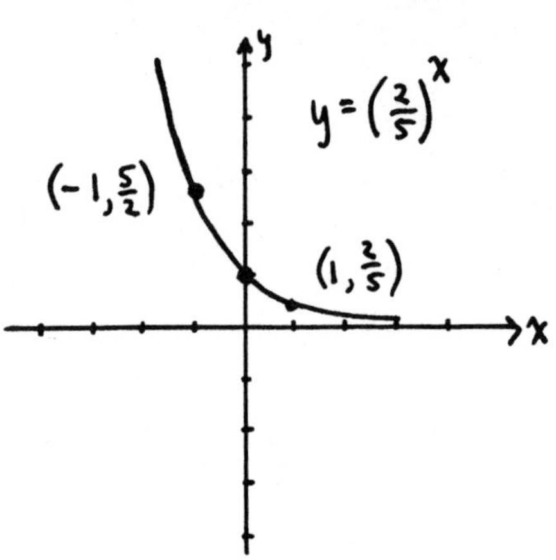

$y = \left(\frac{2}{5}\right)^x$

$(-1, \frac{5}{2})$

$(1, \frac{2}{5})$

8.

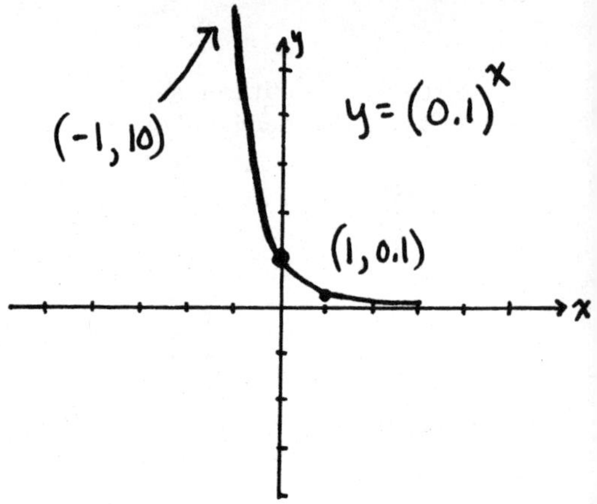

$y = (0.1)^x$

$(-1, 10)$

$(1, 0.1)$

10.

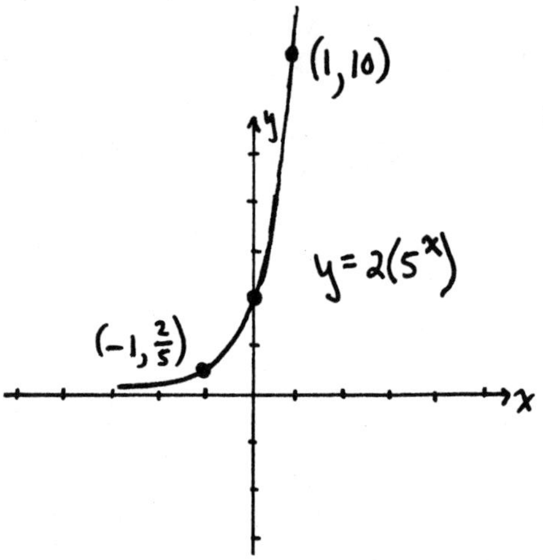

$y = 2(5^x)$

$(1, 10)$

$(-1, \frac{2}{5})$

12.

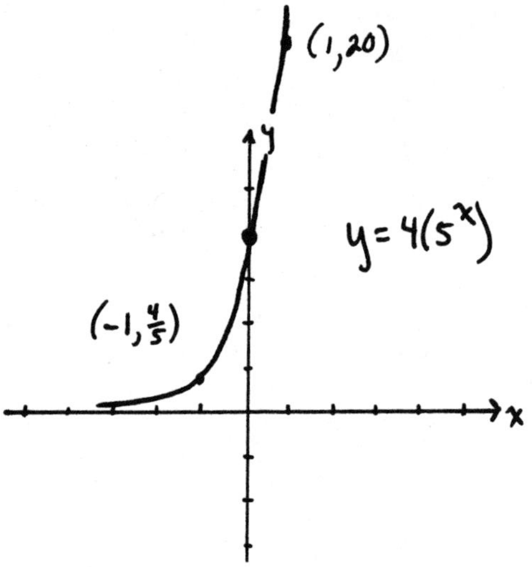

$y = 4(5^x)$

$(1, 20)$

$(-1, \frac{4}{5})$

14.

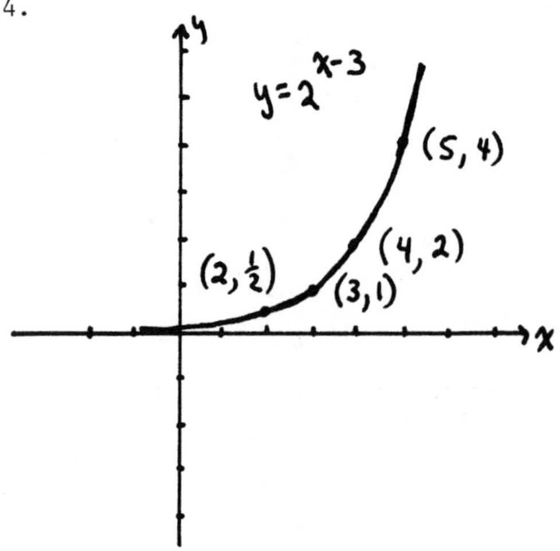

$y = 2^{x-3}$

$(5, 4)$

$(4, 2)$

$(2, \frac{1}{2})$

$(3, 1)$

16.

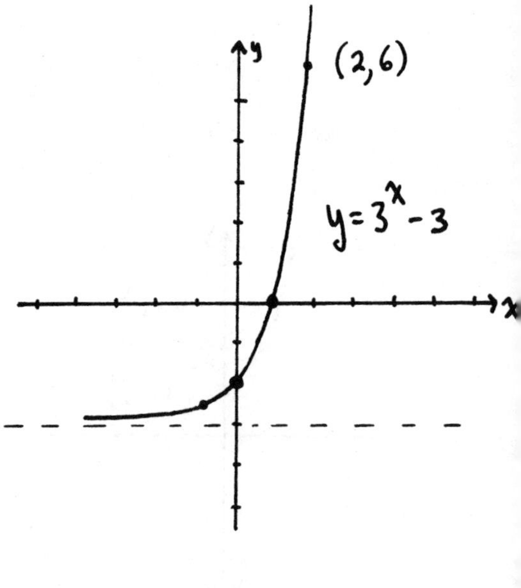

$y = 3^x - 3$

$(2, 6)$

18.

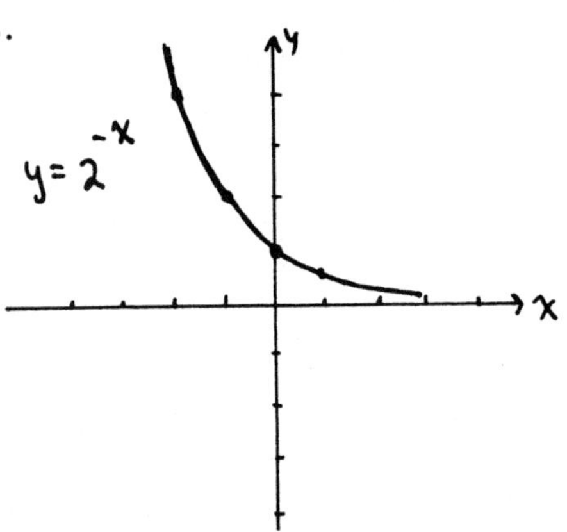

20. If $x = 1$ and $y = 0$, then $y = b^x$ becomes $0 = b^1$. Since b cannot be 0, this is impossible. Thus, there is no value of b.

22. If $x = -1$ and $y = 50$, then $y = b^x$ becomes $50 = b^{-1}$. Thus, $b = \frac{1}{50}$. The point $(0,1)$ satisfies the equation $y = (\frac{1}{50})^x$. Thus, b is $\frac{1}{50}$.

24. If $x = 0$ and $y = -1$, then $y = b^x$ becomes $-1 = b^0$, which is impossible. There is no value of b.

26. $A = A_0 2^{-t/h}$

$A = 0.052^{-100/12.4}$

≈ 0.00019 gm

28.

For smokers	For nonsmokers
$A_1 = A_0 2^{-t/h}$	$A_2 = A_0 2^{-12/8}$
$= A_0 2^{-12/4.5}$	$= A_0 2^{-3/2}$
$= A_0 2^{-8/3}$	

The ratio is $\frac{A_1}{A_2}$ or $\frac{A_0 2^{-8/3}}{A_0 2^{-3/2}}$ or

$$\frac{2^{-8/3}}{2^{-3/2}} = 2^{-1.17} \approx 0.44$$

After 12 hours, the ratio of the drug retained in a smoker's system to that in a nonsmoker's system is 0.44 to 1.

30. $A = A_0(1 + \frac{r}{k})^{kt}$

$= 1000(1 + \frac{0.12}{12})^{12(4.5)}$

$= 1711.41$

32. $A = A_0(1 + \frac{r}{360})^{365t}$

$= 1000(1 + \frac{0.12}{360})^{365(5)}$

$= 1837.18$

34. $P = 375(1.3)^t$

$= 375(1.3)^3$

$= 824$

36. $C = C_0(0.7)^t$

$2.471 \times 10^{-5} = C_0(0.7)^7$

$\frac{2.471 \times 10^{-5}}{(0.7)^7} = C_0$

$C_0 = 3 \times 10^{-4}$

EXERCISE 8.2

2.

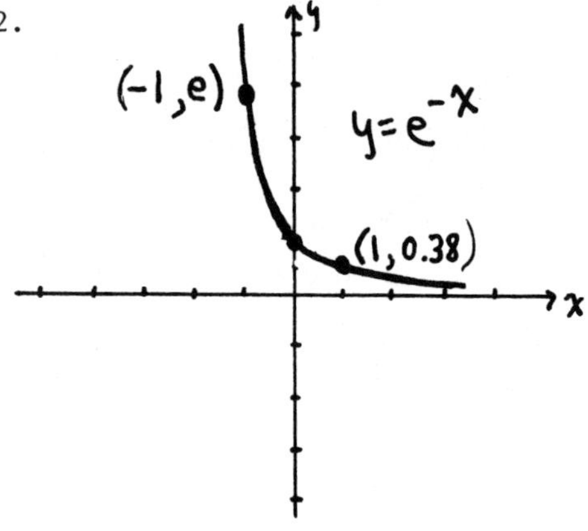

4.

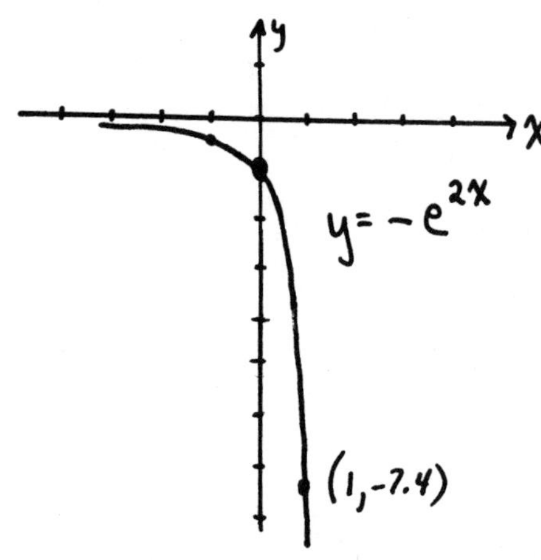

6.

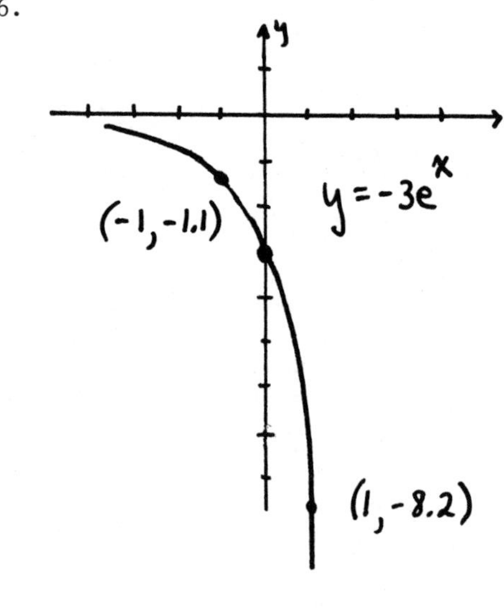

8.

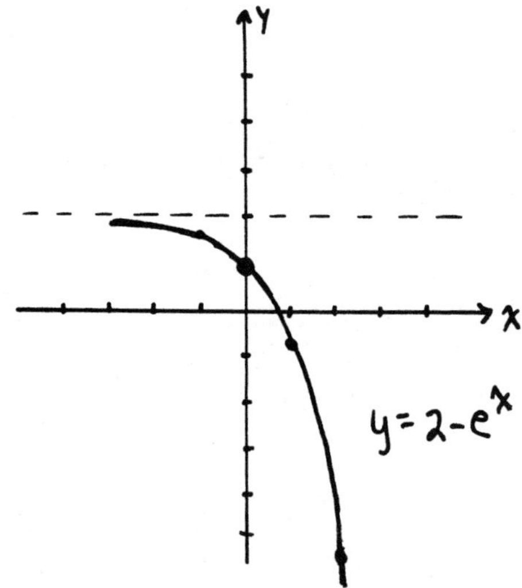

10. If $x = -1$ and $y = e$, then $y = e^x$ becomes $e = e^{-1}$, which is not true. Thus, the graph of $y = e^x$ could not look like the figure.

12. If $x = -1$ and $y = \frac{1}{e}$, then $y = e^x$ becomes $\frac{1}{e} = e^{-1}$, which is true. If $x = 0$ and $y = 1$, then $1 = e^0$, which is true. Thus, the graph could look like the figure.

14. If $x = 2$ and $y = e^2$, then $y = e^x$ becomes $e^2 = e^2$, which is true. If $x = 1$ and $y = e$, then $e = e^1$, which is true. Thus, the graph could look like the figure.

16. If $x = -3$ and $y = \frac{1}{e^3}$, then $y = e^x$ becomes $\frac{1}{e^3} = e^{-3}$, which is true. If $x = -1$ and $y = \frac{1}{e}$, then $\frac{1}{e} = e^{-1}$, which is true. Thus, the graph could look like the figure.

18.
$$\begin{aligned} A &= A_0e^{rt} \\ &= 2000e^{0.08(15)} \\ &= 6640.23 \end{aligned}$$

In 15 years, the account will contain \$6640.23.

20.
$$\begin{aligned} A &= A_0e^{rt} \\ 3610 &= A_0e^{0.105(-1)} \\ \frac{3610}{e^{-0.105}} &= A_0 \\ A_0 &= 3250.17 \end{aligned}$$

One year ago, \$3,250.17 was in the account.

22.
$$\begin{aligned} P &= 173e^{0.03t} \\ &= 173e^{0.03(20)} \\ &= 315 \end{aligned}$$

The population will be 315 people.

24.
$$\begin{aligned} P &= P_0e^{kt} \\ &= 4.2e^{0.019(30)} \\ &\approx 7.43 \text{ billion} \end{aligned}$$

A little more than 7.4 billion.

26.
$$\begin{aligned} P &= P_0e^{kt} \\ 2(2 \text{ X } 10^5) &= 2 \text{ X } 10^5e^{k(20)} \\ 2 &= e^{20k} \\ 2^{1/20} &= e^k \end{aligned}$$

26. (cont'd) Thus,
$$\begin{aligned} P &= P_0e^{kt} \\ &= 2 \text{ X } 10^5(2^{1/20})^{35} \\ &\approx 6.73 \text{ X } 10^5 \end{aligned}$$

In 35 years, the population will be about 673,000.

28. $\frac{1}{2} A_0 = A_0 e^{k(2.3)}$

$$\frac{1}{2} = e^{2.3k}$$

$$\left(\frac{1}{2}\right)^{1/2.3} = e^k$$

Thus,

$$A = A_0\left(\frac{1}{2}\right)^{t/2.3}$$

$$= A_0\left(\frac{1}{2}\right)^{24/2.3}$$

$$= 0.000722A_0$$

About 0.07% will remain.

30. $1,\ 1,\ \frac{1}{2},\ \frac{1}{2\cdot 3},\ \frac{1}{2\cdot 3\cdot 4},\ \frac{1}{2\cdot 3\cdot 4\cdot 5},$

$\frac{1}{2\cdot 3\cdot 4\cdot 5\cdot 6},\ \frac{1}{2\cdot 3\cdot 4\cdot 5\cdot 6\cdot 7}$

The sum is 2.7182/53964.

This result is accurate to 4 decimal places.

EXERCISE 8.3

2. $\log_{1/2} \frac{1}{8} = x \Leftrightarrow \left(\frac{1}{2}\right)^x = \frac{1}{8}$

Thus, $x = 3$.

4. $\log_{25} 5 = x \Leftrightarrow 25^x = 5$

Thus, $x = \frac{1}{2}$.

6. $\log_8 x = 2 \Leftrightarrow 8^2 = x$

Thus, $x = 64$.

8. $\log_7 x = 0 \Leftrightarrow 7^0 = x$

Thus, $x = 1$.

10. $\log_4 x = \frac{1}{2} \Leftrightarrow 4^{1/2} = x$

Thus, $x = 2$.

12. $\log_{125} x = \frac{2}{3} \Leftrightarrow 125^{2/3} = x$

Thus, $x = 25$.

14. $\log_{5/2} \frac{4}{25} = x \Leftrightarrow \left(\frac{5}{2}\right)^x = \frac{4}{25}$

Thus, $x = -2$.

16. $\log_{12} x = 0 \Leftrightarrow 12^0 = x$

Thus, $x = 1$.

18. $\log_x 5 = 1 \Leftrightarrow x^1 = 5$

Thus, $x = 5$.

20. $\log_x \frac{\sqrt{3}}{3} = \frac{1}{2} \Leftrightarrow x^{1/2} = \frac{\sqrt{3}}{3}$

Thus, $x = \frac{3}{9}$ or $x = \frac{1}{3}$.

22. $\log_\pi x = 3 \Leftrightarrow \pi^3 = x$

Thus, $x = \pi^3$.

24. $\log_4 8 = x \Leftrightarrow 4^x = 8$

Thus, $x = \frac{3}{2}$.

26.

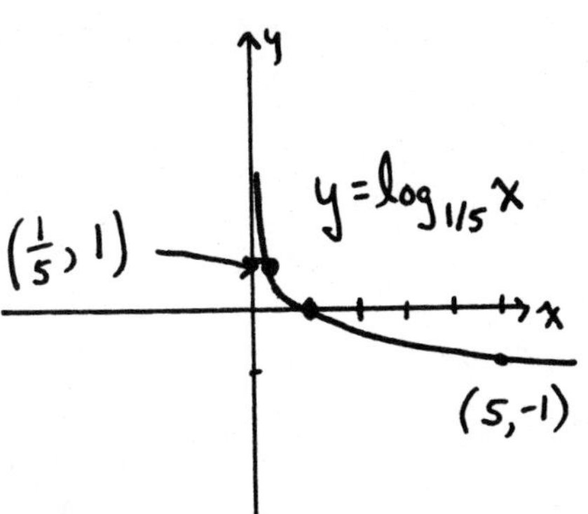

28.

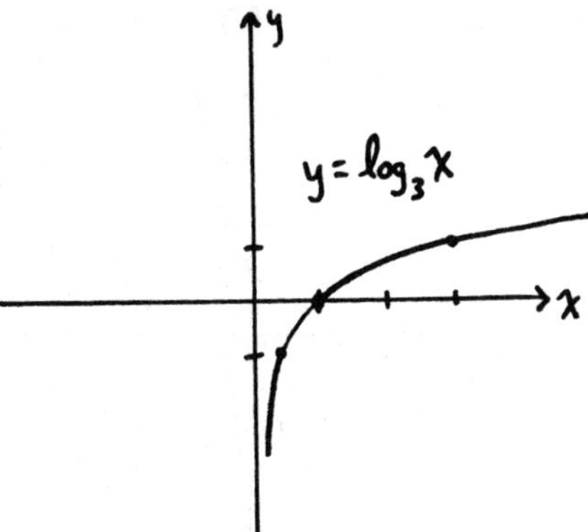

30.

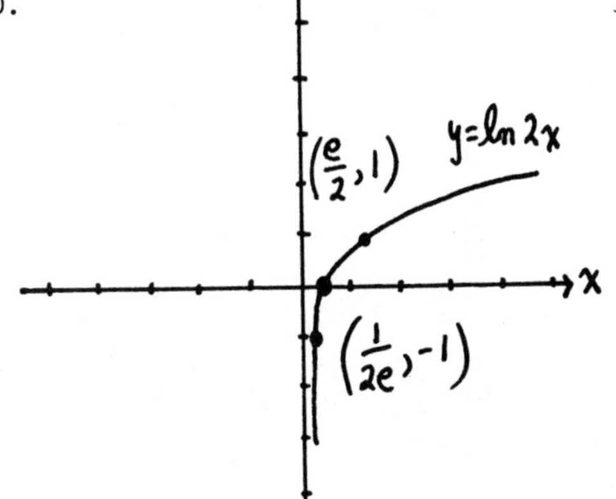

32.

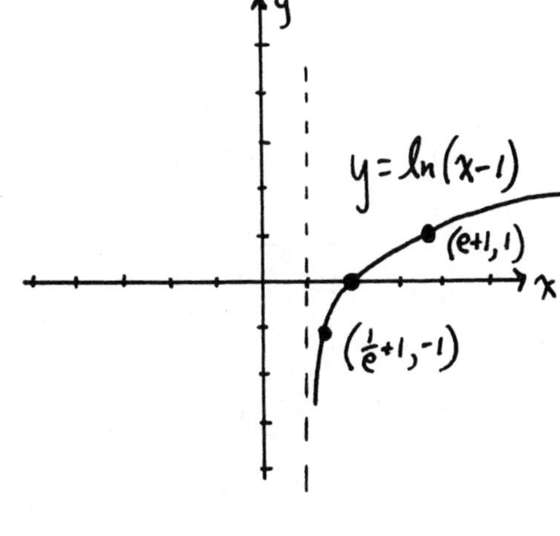

34.

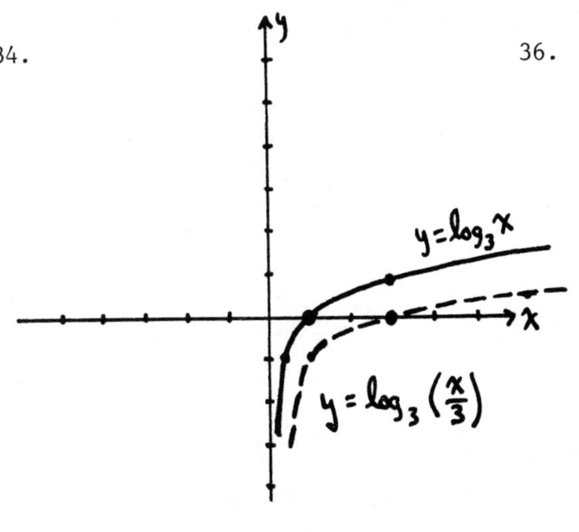

36.

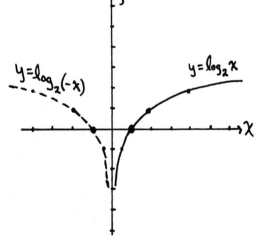

38.

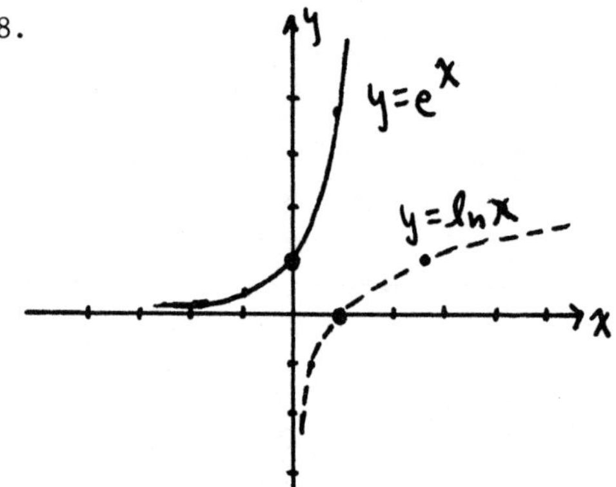

40. If $x = -1$ and $y = 0$, then the equation $y = \log_b x$ becomes $0 = \log_b(-1)$ or $b^0 = -1$, which is impossible. No value of b exists.

42. If $x = \frac{1}{2}$ and $y = 1$, then the equation $y = \log_b x$ becomes $1 = \log_b \frac{1}{2}$ or $b^1 = \frac{1}{2}$. This is true if $b = \frac{1}{2}$. If $x = 1$, $y = 0$, and $b = \frac{1}{2}$, you have

$$y = \log_b x$$
$$0 = \log_{1/2} 1$$
$$\left(\frac{1}{2}\right)^0 = 1$$

which is also true. Thus, $b = \frac{1}{2}$.

44. If $x = 8$ and $y = 2$, then the equation $y = \log_b x$ becomes $2 = \log_b 8$ or $b^2 = 8$. If $x = 1$ and $y = 0$, and $b = \sqrt{8}$, you have

$$y = \log_b x$$
$$0 = \log_{\sqrt{8}} 1$$
$$(\sqrt{8})^0 = 1$$

which is also true. Thus $b = \sqrt{8}$ or $2\sqrt{2}$.

46. If $x = 2$ and $y = e$, then $y = \ln x \iff e^y = x$ or $e^e = 2$ which is false. Thus, the graph could not look like the figure.

48. If $x = \frac{1}{e}$ and $y = -1$, then $y = \ln x \iff e^y = x$ or $e^{-1} = \frac{1}{e}$ which is true. Thus, the graph could look like the figure.

50. $\log_b \frac{1}{a} = \log_b 1 - \log_b a$

$= 0 - \log_b a$

$= -\log_b a$

True.

52. $\log_b 2 = x \Leftrightarrow b^x = 2$

$\log_2 b = y \Leftrightarrow 2^y = b \Leftrightarrow 2^{xy} = b^x$

Because 2^{xy} is not necessarily equal to 2, the statement is false.

54. $\log_b(xy) = \log_b x + \log_b y$

$\neq (\log_b x)(\log_b y)$

False.

56. $\log_a b = c \Leftrightarrow a^c = b$

$\log_b a = \frac{1}{c} \Leftrightarrow b^{1/c} = a \Leftrightarrow b^{(1/c)c} = a^c \Leftrightarrow b = a^c$

Thus, the statement is true.

58. $7^{\log_7 7} = 7$

True, because of the fourth property of logarithms.

60. $\log_b a = c \Leftrightarrow p \log_b a = pc \Leftrightarrow \log_b a^p = pc$

True.

62. Let $A = 100$ and $B = 10$. Then

$\log(100 - 10) = \frac{\log 100}{\log 10}$

$\log 90 = \frac{2}{1}$

But $\log 90 \neq 2$. Thus, the statement is false.

64. $3 \log_b \sqrt[3]{a} = \log_b (\sqrt[3]{a})^3$

$= \log_b a$

True.

66. False. A logarithm such as $\log_{10} \frac{1}{10} = -1$ is negative.

68. False. For example $\log_{1/2} \frac{1}{8} = 3$.

70. Let $\log_{1/b} y = c$. Then

$$\left(\frac{1}{b}\right)^c = y$$

$$b^{-c} = y$$

$$\log_b y = -c$$

Thus, $\log_b y + \log_{1/b} y = -c + c = 0$

True.

72. $\log_{10} \frac{7}{4} = \log_{10} 7 - \log_{10} 4$

$= 0.8451 - 0.6021$

$= 0.2430$

74. $\log_{10} 36 = \log_{10}(4 \cdot 9)$

$= \log_{10} 4 + \log_{10} 9$

$= 0.6021 + 0.9542$

$= 1.5563$

76. $\log_{10} \frac{4}{63} = \log_{10} \frac{4}{7 \cdot 9}$

$= \log_{10} 4 - \log_{10} 7 - \log_{10} 9$

$= 0.6021 - 0.8451 - 0.9542$

$= -1.1972$

78. $\log_{10} 49 = \log_{10} 7^2$

$= 2 \log_{10} 7$

$= 2(0.8451)$

$= 1.6902$

80. $\log_{10} 324 = \log_{10}(4 \cdot 9^2)$

$= \log_{10} 4 + 2 \log_{10} 9$

$= 0.6021 + 2(0.9542)$

$= 2.5105$

82. $\ln 7.39 = 2.0001$

84. $\log y = 0.926$

$10^{0.926} = y$

$y = 8.4333$

86. $\ln M = \log 7$

$e^{\log 7} = M$

$M = 2.3282$

88. $\text{pH} = -\log[H^+]$

$13.2 = -\log[H^+]$

$-13.2 = \log[H^+]$

$10^{-13.2} = H^+$

About 6.3×10^{-14} gram-ions per liter.

90. $\text{pH} = -\log[H^+]$

$= -\log[6.31 \times 10^{-4}]$

$= -(-3.2)$

$= 3.2$

The pH is approximately 3.2.

92. $\text{db gain} = 20 \log \frac{E_0}{E_I}$

$35 = 20 \log \frac{E_0}{0.05}$

$\frac{35}{20} = \log \frac{E_0}{0.05}$

92. (cont'd)

$10^{35/20} = \frac{E_0}{0.05}$

$2.8 \approx E_0$

94. $\text{db gain} = 20 \log \frac{E_0}{E_I}$

$\text{db gain} = 20 \log \frac{30}{0.1}$

≈ 49.5

96. $R = \log \frac{A}{p}$

$6 = \log \frac{8000}{p}$

$10^6 = \frac{8000}{p}$

$p = \frac{8000}{10^6}$

$= 0.008$ second

98. $R + 1 = \log \frac{A}{p}$

$R = \log \frac{A}{p} - 1$

$= \log \frac{A}{p} - \log 10$

$= \log \frac{A}{10p}$

The period must be increased by a factor of 10.

100. $t = -\frac{1}{k} \ln(1 - \frac{C}{M})$

$8 = -\frac{1}{k} \ln(1 - \frac{0.8M}{M})$

$-8k = \ln(1 - 0.8)$

$-8k = \ln(0.2)$

$k = \frac{-1.6094}{-8}$

≈ 0.2

Thus,

$t = -\frac{1}{.2} \ln(1 - \frac{C}{M})$

$t = -5\ln(1 - \frac{0.4M}{M})$

$= -5\ln(1 - 0.4)$

≈ 2.5 hours

102. $L = k\ln I$

$3L = 3k\ln I$

$3L = k\ln I^3$

The intensity must be cubed.

104. $e^{x\ln a} = e^{\ln a^x} = c$

Then

$\ln c = \ln a^x$

and

$c = a^x$

Thus,

$e^{x\ln a} = a^x$

106. Let $\ln e^x = c$. Then

$e^c = e^x$

and $c = x$. Thus,

$\ln e^x = x$.

108. $\log_b \frac{M}{N} = \log_b M - \log_b N$

Let $x = \log_b M$ and $y = \log_b N$

Then

$b^x = M$ and $b^y = N$

108. (cont'd) Thus,

$\frac{M}{N} = \frac{b^x}{b^y} = b^{x-y}$

and

$\log_b \frac{M}{N} = x - y$

$= \log_b M - \log_b N$

EXERCISE 8.4

2.
$$7^x = 12$$
$$\log 7^x = \log 12$$
$$x \log 7 = \log 12$$
$$x = \frac{\log 12}{\log 7}$$
$$x \approx 1.277$$

4.
$$5^{x+1} = 3$$
$$\log 5^{x+1} = \log 3$$
$$(x + 1)\log 5 = \log 3$$
$$x \log 5 + \log 5 = \log 3$$
$$x \log 5 = \log 3 - \log 5$$
$$x = \frac{\log 3 - \log 5}{\log 5}$$
$$x \approx -0.317$$

6.
$$5^{x-3} = 3^{2x}$$
$$\log 5^{x-3} = \log 3^{2x}$$
$$(x - 3)\log 5 = 2x \log 3$$
$$x \log 5 - 3 \log 5 = 2x \log 3$$
$$x(\log 5 - 2 \log 3) = 3 \log 5$$
$$x = \frac{3 \log 5}{\log 5 - 2 \log 3}$$
$$x \approx -8.214$$

8.
$$3^{2x} = 4^x$$
$$\log 3^{2x} = \log 4^x$$
$$2x \log 3 = x \log 4$$
$$x(2 \log 3 - \log 4) = 0$$
$$x = 0$$

10.
$$8^{x^2} = 11$$
$$\log 8^{x^2} = \log 11$$
$$x^2 \log 8 = \log 11$$
$$x^2 = \frac{\log 11}{\log 8}$$
$$x = \pm\sqrt{\frac{\log 11}{\log 8}}$$
$$x \approx \pm 1.074$$

12.
$$5^{x^2} = 2^{5x}$$
$$\log 5^{x^2} = \log 2^{5x}$$
$$x^2 \log 5 = 5x \log 2$$
$$x^2 \log 5 - 5x \log 2 = 0$$
$$x(x \log 5 - 5 \log 2) = 0$$
$x = 0$ or $x \log 5 - 5 \log 2 = 0$

$x = 0$ | $x = \frac{5 \log 2}{\log 5}$, $x \approx 2.153$

14.
$$\log(3x + 5) - \log(2x + 6) = 0$$
$$\log \frac{3x + 5}{2x + 6} = 0$$
$$10^0 = \frac{3x + 5}{2x + 6}$$
$$2x + 6 = 3x + 5$$
$$1 = x$$

16.
$$\log \frac{5x + 2}{2(x + 7)} = 0$$
$$\frac{5x + 2}{2x + 14} = 10^0$$
$$5x + 2 = 2x + 14$$
$$3x = 12$$
$$x = 4$$

18. $\log x^3 = 3$

$$x^3 = 10^3$$
$$x = 10$$

20. $\log x + \log(x + 9) = 1$

$$\log x(x + 9) = 1$$
$$x(x + 9) = 10^1$$
$$x^2 + 9x - 10 = 0$$
$$(x + 10)(x - 1) = 0$$

~~$x = -10$~~ or $x = 1$

22. $\log x + \log(x + 21) = 2$

$$\log x(x + 21) = 2$$
$$x(x + 21) = 10^2$$
$$x^2 + 21x - 100 = 0$$
$$(x + 25)(x - 4) = 0$$

~~$x = -25$~~ or $x = 4$

24. $\log(x - 6) - \log(x - 2) = \log \frac{5}{x}$

$$\log \frac{x - 6}{x - 2} = \log \frac{5}{x}$$
$$\frac{x - 6}{x - 2} = \frac{5}{x}$$
$$x^2 - 6x = 5x - 10$$
$$x^2 - 11x + 10 = 0$$
$$(x - 10)(x - 1) = 0$$

$x = 10$ or ~~$x = 1$~~

26. $\log(2x - 3) - \log(x - 1) = 0$

$$\log \frac{2x - 3}{x - 1} = 0$$
$$\frac{2x - 3}{x - 1} = 10^0$$
$$2x - 3 = x - 1$$
$$x = 2$$

28. $\log(\log x) = 1$

$$\log x = 10^1$$
$$x = 10^{10}$$

30. $\log_5(7 + x) + \log_5(8 - x) - \log_5 2 = 2$

$$\log_5 \frac{(7 + x)(8 - x)}{2} = 2$$
$$\frac{(7 + x)(8 - x)}{2} = 5^2$$
$$56 - 7x + 8x - x^2 = 50$$
$$x^2 - x - 6 = 0$$
$$(x - 3)(x + 2) = 0$$

$x = 3$ or $x = -2$

32. $\log_7 3 = \frac{\log_{10}3}{\log_{10}7}$

$\approx \frac{0.4771}{0.8451}$

≈ 0.5645

34. $\log_\pi e = \frac{\ln e}{\ln \pi}$

$= \frac{1}{1.1447}$

$= 0.8736$

36.
$$A = A_0 2^{-t/h}$$
$$0.8A_0 = A_0 2^{-2/h}$$
$$0.8 = 2^{-2/h}$$
$$\log 0.8 = -\frac{2}{h}\log 2$$
$$h = \frac{-2\log 2}{\log 0.8}$$
$$\approx 6.21$$

About 6.21 years.

38.
$$A = A_0 2^{-t/h}$$
$$1.3A_0 = A_0 2^{-t/8.4}$$
$$1.3 = 2^{-t/8.4}$$
$$\log 1.3 = -\frac{t}{8.4}\log 2$$
$$-\frac{8.4\log 1.3}{\log 2} = t$$
$$-3.179 \approx t$$

About 3.2 hours ago.

40.
$$A = A_0 2^{-t/h}$$
$$0.10A_0 = A_0 2^{-t/5700}$$
$$0.10 = 2^{-t/5700}$$
$$\log 0.10 = \frac{-t}{5700}\log 2$$
$$\frac{-5700\log 0.10}{\log 2} = t$$
$$t \approx 18935$$

About 18,935 years.

42.
$$A = A_0\left(1+\frac{r}{k}\right)^{kt}$$
$$2100 = 1300\left(1+\frac{0.14}{4}\right)^{4t}$$
$$\log\frac{2100}{1300} = 4t\log\left(1+\frac{0.14}{4}\right)$$
$$\frac{\log 2100 - \log 1300}{4\log\left(1+\frac{0.14}{4}\right)} = t$$
$$t \approx 3.49$$

About 3.5 years.

44. If interest is compounded continuously, use the formula

$$A = A_0 e^{rt}$$

So

$$2A_0 = A_0 e^{rt}$$
$$2 = e^{rt}$$
$$\ln 2 = rt \ln e$$
$$\frac{\ln 2}{r} = t$$
$$t \approx \frac{.69}{r} \approx \frac{70}{100r}$$

46.
$$I = I_{surface} k^x$$
$$0.70I_s = I_s k^6$$
$$0.70 = k^6$$
$$\log 0.70 = 6\log k$$
$$0.942 \approx k$$

Thus,

$$I = I_s(0.942)^x$$
$$0.20I_s = I_s(0.942)^x$$
$$0.20 = (0.942)^x$$

46. (cont'd)

$$\log 0.20 = x \log 0.942$$

$$\frac{\log 0.20}{\log 0.942} = x$$

$$x \approx 26.94$$

About 27 feet.

EXERCISE 8.5

2. $\log 3.15 = 0.4983$

4. $\log 9.83 = 0.9926$

6. $$\begin{aligned} \log 57{,}900{,}000 &= \log(5.79 \text{ X } 10^7) \\ &= \log 5.79 + \log 10^7 \\ &= 0.7627 + 7 \\ &= 7.7627 \end{aligned}$$

8. $$\begin{aligned} \log 0.0838 &= \log(8.38 \text{ X } 10^{-2}) \\ &= \log 8.38 + \log 10^{-2} \\ &= 0.9232 - 2 \\ &= -1.0768 \end{aligned}$$

10. Locate 8785 in the body of Table B. The antilogarithm of 0.8785 is 7.56.

12. $\log N = 4.6149$ is equivalent to $10^{4.6149} = N$. Thus,

$$N = 10^{0.6149} \text{ X } 10^4$$

From Table B,

$10^{0.6149} = 4.12$. Hence,

$$N = 4.12 \text{ X } 10^4 = 41{,}200$$

14. $\log N = -4.4377$ is equivalent to $10^{-4.4377} = N$. Because

$$-4.4377 = (4.4377 + 5) - 5$$

we have

$$N = 10^{0.5623} \text{ X } 10^{-5}$$

From Table B,

$10^{0.5623} = 3.65$. Hence,

$$N = 0.0000365$$

16. $$10\left[\begin{array}{l} 3\left[\begin{array}{l} \log 37.40 = 1.5729 \\ \log 37.43 = \quad ? \end{array}\right] x \\ \log 37.50 = 1.5740 \end{array}\right] 11$$

16. (cont'd) $\frac{3}{10} = \frac{x}{11}$

$$x = 3.3$$

Thus,

$$\log 37.43 \approx 1.5732$$

18. $$10\left[\begin{array}{l} 6\left[\begin{array}{l}\log 0.04370 = .6405 - 2 \\ \log 0.04376 = \cdot\ ? \end{array}\right] x \\ \log 0.04380 = .6415 - 2 \end{array}\right] 10$$

$$\frac{6}{10} = \frac{x}{10}$$

$$x = 6$$

Thus,

$\log 0.04376 \approx 0.6411 - 2$

20. $$10\left[\begin{array}{l} x\left[\begin{array}{l}\log 1.100 = 0.0414 \\ \log N \quad = 0.0437 \end{array}\right] 23 \\ \log 1.110 = 0.0453 \end{array}\right] 39$$

$$\frac{x}{10} = \frac{23}{39}$$

$$x \approx 5.9$$

Thus,

$\log 1.106 \approx 0.0437$ and

$N = 1.106$

22. $$10\left[\begin{array}{l} x\left[\begin{array}{l}\log 0.0007090 = 0.8506 - 4 \\ \log N \quad = 0.8508 - 4 \end{array}\right] 2 \\ \log 0.0007100 = 0.8513 - 4 \end{array}\right] 7$$

$$\frac{x}{10} = \frac{2}{7}$$

$$x \approx 2.9$$

Thus,

$\log 0.0007093 \approx 0.8508 - 4$

and $N = 0.0007093$

24. $-0.4467 = 0.5533 - 1$

$$10\left[\begin{array}{l} x\left[\begin{array}{l}\log 0.03570 = 0.5527 - 1 \\ \log N \quad = 0.5533 - 1 \end{array}\right] 6 \\ \log 0.03580 = 0.5539 - 1 \end{array}\right] 12$$

26.
$$\begin{aligned} N &= (0.012)^{-0.03} \\ \log N &= \log(0.012)^{-0.03} \\ \log N &= -0.03 \log(0.012) \\ \log N &= -0.03(0.0792 - 2) \\ \log N &= -0.03(-1.9208) \\ \log N &= 0.057624 \\ N &= 1.14 \end{aligned}$$

28.
$$\begin{aligned} N &= (\log 4.1)^{2.4} \\ \log N &= \log(\log 4.1)^{2.4} \\ \log N &= 2.4[\log(\log 4.1)] \\ \log N &= 2.4 \log(0.6128) \\ \log N &= 2.4(0.7875 - 1) \\ \log N &= -0.51 \\ N &= 0.309 \end{aligned}$$

30.
$$\begin{aligned} N &= (2.3 + 1.79)^{-0.157} \\ N &= (4.09)^{-0.157} \\ \log N &= -0.157 \log 4.09 \\ \log N &\approx -0.0960 \\ \log N &\approx 0.9040 - 1 \\ N &\approx 0.802 \end{aligned}$$

32. $N = (0.0004519)^{2.5}$

$\log N = 2.5 \log 0.0004519$

$\log N = 2.5 \log(4.519 \times 10^{-4})$

$\log N = 2.5(\log 4.519 + \log 10^{-4})$

$\log N = 2.5(0.6550 + [-4])$

$\log N = -8.3625$

$\log N = 0.6375 - 9$

$N = 10^{0.6375 - 9}$

$= 10^{0.6375} \cdot 10^{-9}$

$= 4.34 \times 10^{-9}$

$= 0.00000000434$

$$10\left[\;9\left[\begin{array}{l}\log 4.510 = .6542\\ \log 4.519 = \;?\end{array}\right] x\;\;\begin{array}{l}\\ \\ \log 4.520 = .6551\end{array}\right] 9$$

$\frac{9}{10} = \frac{x}{9}$

$10x = 81$

$x = 8$

$\log 4.519 = .6550$

34. $N = \frac{(8.034)(32.6)}{\sqrt{3.869}}$

$\log N = \log 8.034 + \log 32.6 - \frac{1}{2} \log 3.869$

$= 0.9049 + 1.5132 - \frac{1}{2}(0.5876)$

$= 2.1243$

$N = 10^{2.1243}$

≈ 133

$$10\left[\;4\left[\begin{array}{l}\log 8.030 = .9047\\ \log 8.034 = \;?\end{array}\right] x\;\;\begin{array}{l}\\ \\ \log 8.040 = .9053\end{array}\right] 6$$

$\frac{4}{10} = \frac{x}{6}$

$x \approx 2$

Thus, $\log 8.034 \approx .9049$.

$$10\left[\;9\left[\begin{array}{l}\log 3.860 = .5866\\ \log 3.869 = \;?\end{array}\right] x\;\;\begin{array}{l}\\ \\ \log 3.870 = .5877\end{array}\right] 11$$

$\frac{9}{10} = \frac{x}{11}$

$10x = 99$

$x \approx 10$

Thus, $\log 3.869 \approx 0.5876$.

36. $\ln 2.93 = 1.0750$

38. Locate 1.1969 in the body of Table C. The antilogarithm of 1.1969 is 3.31.

40. $\ln 751 = \ln(7.51)(10^2)$

$= \ln 7.51 + 2 \ln 10$

$\approx 2.0162 + 4.6052$

≈ 6.6214

42. $\ln 0.436 = \ln(4.36)(10^{-1})$

$= \ln 4.36 - \ln 10$

$\approx 1.4725 - 2.3026$

≈ -0.8301

2.

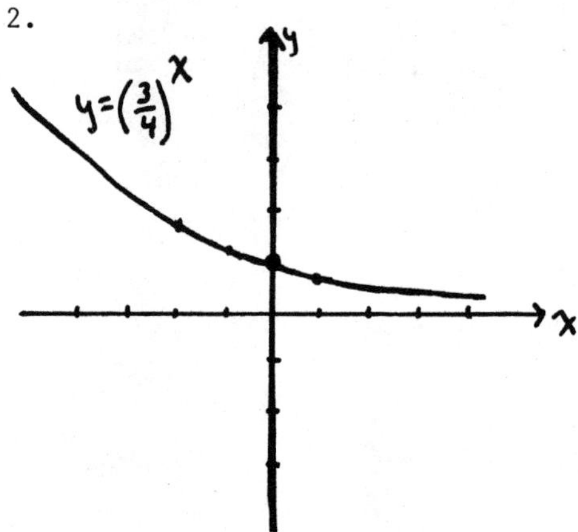

4.

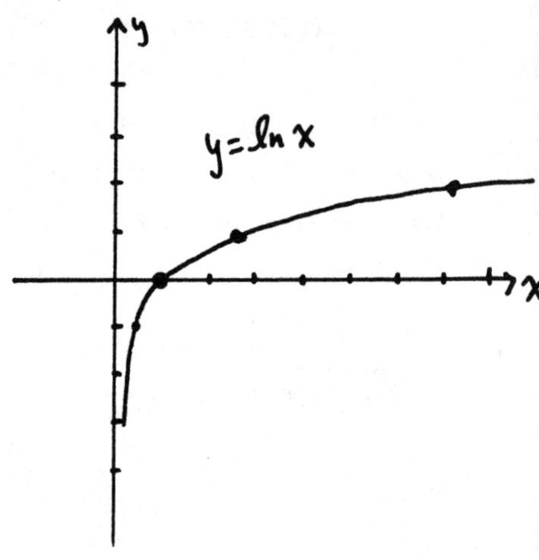

6.

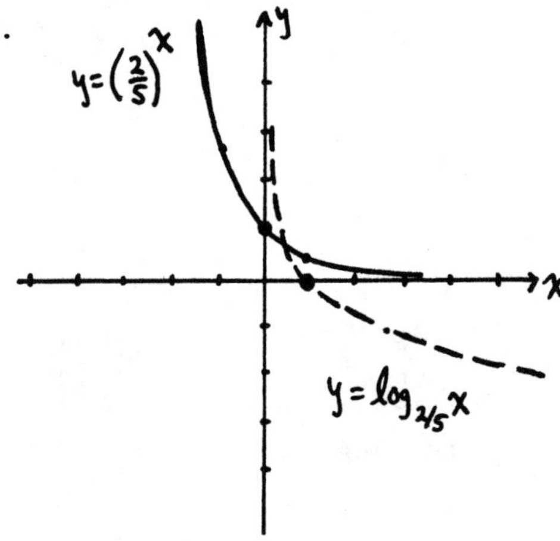

8.

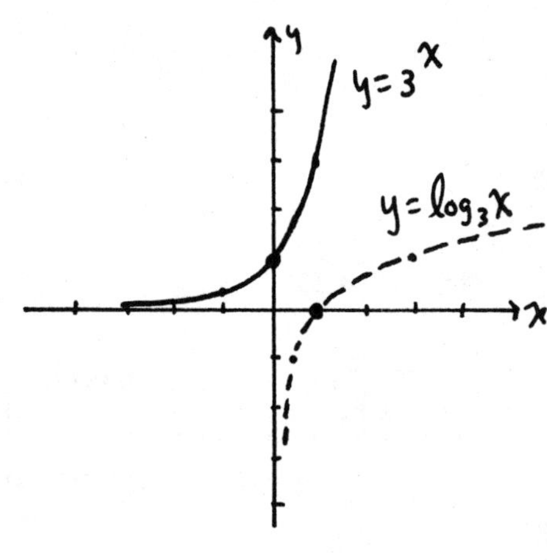

10. $\log_3 x = -2 \Leftrightarrow 3^{-2} = x$

Thus, $x = \frac{1}{9}$.

12. $\log_x 0.125 = -3 \Leftrightarrow x^{-3} = \frac{1}{8}$

Thus, $\frac{1}{x^3} = \frac{1}{8}$ or $x = 2$.

14. $\log_3\sqrt{3} = x \Leftrightarrow 3^x = \sqrt{3}$

Thus, $x = \frac{1}{2}$.

16. $\log_6 36 = x \Leftrightarrow 6^x = 36$

Thus, $x = 2$.

18. $\log_{1/2}1 = x \Leftrightarrow (\frac{1}{2})^x = 1$

Thus, $x = 0$.

20. $\log_x 25 = -2 \Leftrightarrow x^{-2} = 25$

Thus, $\frac{1}{x^2} = 25$ or $x = \frac{1}{5}$.

22. $\log_{\sqrt{3}} x = 4 \Leftrightarrow \sqrt{3}^{\,4} = x$

Thus, $x = 9$.

24. $\log_{0.1} 10 = x \Leftrightarrow (0.1)^x = 10$

Thus, $(\frac{1}{10})^x = 10$ or $x = -1$.

26. $\log_x 32 = 5 \Leftrightarrow x^5 = 32$

Thus, $x = 2$.

28. $\log_{0.125} x = -\frac{1}{3} \Leftrightarrow (\frac{1}{8})^{-1/3} = x$

Thus,

$(\frac{1}{8})^{-1/3} = x$ or $8^{1/3} = x$

So $x = 2$

30. $\log_{\sqrt{5}} x = -4 \Leftrightarrow \sqrt{5}^{\,-4} = x$

Thus,

$\frac{1}{(\sqrt{5})^4} = x$ or $x = \frac{1}{25}$

32. $\log(-0.002345) =$ undefined

34. $\ln M = 5.345$

$e^{5.345} = M$

$M = 209.5579$

36. $1.2 = (3.4)^{5.6x}$

$\log 1.2 = 5.6x \log 3.4$

$\frac{\log 1.2}{5.6 \log 3.4} = x$

$x \approx 0.0266$

38. $\log x + \log(29 - x) = 2$

$\log x(29 - x) = 2$

$29x - x^2 = 100$

$x^2 - 29x + 100 = 0$

$(x - 25)(x - 4) = 0$

$x = 25$ or $x = 4$

40. $\log_2(x + 2) + \log_2(x - 1) = 2$

$\log_2(x + 2)(x - 1) = 2$

$x^2 + x - 2 = 4$

$x^2 + x - 6 = 0$

$(x + 3)(x - 2) = 0$

~~$x = -3$~~ or $x = 2$

42. $\ln x = \ln(x - 1)$

$x = x - 1$

$0 = -1$

There is no solution.

44. Use the change-of-base formula.

$\ln x = \log_{10} x$

$\ln x = \frac{\ln x}{\ln 10}$

$\ln x - \frac{\ln x}{\ln 10} = 0$

$\ln x(1 - \frac{1}{\ln 10}) = 0$

$\ln x = 0$

$x = e^0$

$x = 1$

46. $pH = -\log[H^+]$

$3.1 = -\log[H^+]$

$-3.1 = \log[H^+]$

$10^{-3.1} = [H^+]$

$[H^+] = 7.94 \times 10^{-4}$

About 7.94×10^{-4} gram-ions per liter.

48. $A = A_0 2^{-t/h}$

$\frac{2}{3} A_0 = A_0 2^{-20/h}$

$\frac{2}{3} = 2^{-20/h}$

$\log \frac{2}{3} = -\frac{20}{h} \log 2$

$h = \frac{-20 \log 2}{\log \frac{2}{3}}$

≈ 34.19

About 34.2 years.

50. Let $N = \sqrt[5]{456{,}000}$

$\log N = \log \sqrt[5]{456{,}000}$

$= \frac{1}{5} \log 456{,}000$

$= \frac{1}{5} \log(4.56 \times 10^5)$

$\approx \frac{1}{5}(5.6590)$

≈ 1.1318

$N \approx 10^{1.1318}$

$\approx 10^{0.1318} \cdot 10$

$\approx 1.355 \cdot 10$

≈ 13.55

$$10\left[\, x\left[\begin{array}{l} \log 1350 = 1303 \\ \quad ? \quad = 1318 \end{array}\right] 15 \atop \log 1360 = 1335 \right] 32$$

$\frac{x}{10} = \frac{15}{32}$

$32x = 150$

$x \approx 5$

52. Let $N = \frac{(3.476)(0.003456)}{3.45}$

$\log N = \log \frac{(3.476)(0.003456)}{3.45}$

$= \log 3.476 + \log 0.003456 - \log 3.45$

$= 0.5411 - 2.4614 - 0.5378$

$\log N = -2.4581$

$N = 10^{-2.4581}$

$N \approx 0.003483$

EXERCISE 9.1

2. For $n = 1$

$$1^2 = \frac{1(1+1)[2(1)+1]}{6}$$
$$1 = \frac{2(3)}{6}$$
$$1 = 1$$

For $n = 2$

$$1^2 + 2^2 = \frac{2(2+1)[2(2)+1]}{6}$$
$$1 + 4 = \frac{2(3)(5)}{6}$$
$$5 = 5$$

For $n = 3$

$$1^2 + 2^2 + 3^2 = \frac{3(3+1)[2(3)+1]}{6}$$
$$1 + 4 + 9 = \frac{3(4)(7)}{6}$$
$$14 = 14$$

For $n = 4$

$$1^2 + 2^2 + 3^2 + 4^2 = \frac{4(4+1)[2(4)+1]}{6}$$
$$1 + 4 + 9 + 16 = \frac{4(5)(9)}{6}$$
$$30 = 30$$

4. For $n = 1$

$$1(3) = \frac{1}{6}(1+1)[2(1)+7]$$
$$3 = \frac{1}{6}(2)(9)$$
$$3 = 3$$

For $n = 2$

$$1(3) + 2(4) = \frac{2}{6}(2+1)[2(2)+7]$$
$$3 + 8 = \frac{1}{3}(3)(11)$$
$$11 = 11$$

For $n = 3$

$$1(3) + 2(4) + 3(5) = \frac{3}{6}(3+1)[2(3)+7]$$
$$3 + 8 + 15 = \frac{1}{2}(4)(13)$$
$$26 = 26$$

For $n = 4$

$$1(3)+2(4)+3(5)+4(6) = \frac{4}{6}(4+1)[2(4)+7]$$
$$3 + 8 + 15 + 24 = \frac{2}{3}(5)(15)$$
$$50 = 50$$

6. Part 1. Let $n = 1$

$$1 = 1^2$$
$$1 = 1$$

1 works!

Part 2. Assume $1 + 3 + 5 + \ldots + (2k-1) = k^2$

Then

$$1 + 3 + 5 + \ldots + (2k-1) + (2k+1) = k^2 + 2k + 1$$
$$1 + 3 + 5 + \ldots + (2k+1) = (k + 1)^2$$
$$1 + 3 + 5 + \ldots + [2(k+1)-1] = (k + 1)^2$$

Thus, the formula is true for $n = k + 1$ whenever it is true for $n = k$.

Part 1 and Part 2 together prove the formula.

8. <u>Part 1.</u>

Let $n = 1$

$$4 = 2(1)(1+1)$$

$$4 = 4$$

1 works!

<u>Part 2.</u> Assume $4 + 8 + 12 + \ldots + 4k = 2k(k+1)$

Then

$$4 + 8 + 12 + \ldots + 4k + (4k+4) = 2k(k+1) + (4k+4)$$

$$4 + 8 + 12 + \ldots + 4(k+1) = 2k^2 + 6k + 4$$

$$4 + 8 + 12 + \ldots + 4(k+1) = 2(k+1)[(k+1)+1]$$

Thus, the formula is true for $n = k + 1$ whenever it is true for $n = k$.

Part 1 and Part 2 together prove the formula.

10. <u>Part 1.</u> Let $n = 1$

$$8 = 9(1) - 1^2$$

$$8 = 8$$

1 works!

<u>Part 2.</u> Assume $8 + 6 + 4 + \ldots + (10 - 2k) = 9k - k^2$

Then

$$8 + 6 + 4 + \ldots + (10-2k) + (8-2k) = 9k - k^2 + (8-2k)$$

$$8 + 6 + 4 + \ldots + [10-2(k+1)] = 9(k+1) - k^2 - 2k + 8 - 9$$

$$8 + 6 + 4 + \ldots + [10-2(k+1)] = 9(k+1) - (k+1)^2$$

Thus, the formula is true for $n = k + 1$ whenever it is true for $n = k$. Part 1 and Part 2 together prove the formula.

12. <u>Part 1.</u> Let $n = 1$

$$3 = \frac{3(1)(1+1)}{2}$$

$$3 = 3$$

1 works!

<u>Part 2.</u> Assume $3 + 6 + 9 + \ldots + 3k = \frac{3k(k+1)}{2}$

Then

$$3 + 6 + 9 + \ldots + 3k + 3k + 3 = \frac{3k(k+1)}{2} + 3k + 3$$

$$3 + 6 + 9 + \ldots + 3(k+1) = \frac{3k(k+1)}{2} + \frac{2 \cdot 3(k+1)}{2}$$

$$3 + 6 + 9 + \ldots + 3(k+1) = \frac{3(k+1)[(k+1)+1]}{2}$$

Thus, the formula is true for $n = k + 1$ whenever it is true for $n = k$. Part 1 and Part 2 together prove the formula.

14. Part 1. Let $n = 1$

$$1 = 1^2$$

$$1 = 1$$

1 works!

Part 2. Assume $1+2+3+\ldots+(k-1)+k+(k-1)+\ldots+3+2+1 = k^2$

Then

$$1+2+3+\ldots+(k-1)+k+(k+1)+k+(k-1)+\ldots+3+2+1 = k^2+(k+1)+k$$

$$1+2+3+\ldots+k+[(k+1)+1]+k+\ldots+3+2+1 = (k+1)^2$$

Thus, the formula is true for $n = k+1$ whenever it is true for $n=k$. Part 1 and Part 2 together prove the formula.

16. Part 1. Let $n = 1$

$$\frac{1}{1 \cdot 2} = \frac{1}{1+1}$$

$$\frac{1}{2} = \frac{1}{2}$$

1 works!

Part 2. Assume $\frac{1}{1 \cdot 2} + \frac{1}{2 \cdot 3} + \frac{1}{3 \cdot 4} + \ldots + \frac{1}{k(k+1)} = \frac{k}{k+1}$

Then

$$\frac{1}{1 \cdot 2} + \frac{1}{2 \cdot 3} + \frac{1}{3 \cdot 4} + \ldots + \frac{1}{k(k+1)} + \frac{1}{(k+1)(k+2)} = \frac{k}{k+1} + \frac{1}{(k+1)(k+2)}$$

$$\frac{1}{1 \cdot 2} + \frac{1}{2 \cdot 3} + \frac{1}{3 \cdot 4} + \ldots + \frac{1}{(k+1)[(k+1)+1]} = \frac{k^2+2k+1}{(k+1)(k+2)}$$

$$\frac{1}{1 \cdot 2} + \frac{1}{2 \cdot 3} + \frac{1}{3 \cdot 4} + \ldots + \frac{1}{(k+1)[(k+1)+1]} = \frac{k+1}{(k+1)+1}$$

Thus, the formula is true for $n = k+1$ whenever it is true for $n=k$. Part 1 and Part 2 together prove the formula.

18. Part 1. Let $n = 1$

$$\frac{1}{3} = 1 - \left(\frac{2}{3}\right)^1$$

$$\frac{1}{3} = \frac{1}{3}$$

1 works!

18. (cont'd)

Part 2. Assume $\frac{1}{3} + \frac{2}{9} + \frac{4}{27} + \ldots + \frac{1}{3}(\frac{2}{3})^{k-1} = 1 - (\frac{2}{3})^{k}$

Then

$$\frac{2}{3}\left[\frac{1}{3} + \frac{2}{9} + \frac{4}{27} + \ldots + \frac{1}{3}(\frac{2}{3})^{k-1}\right] = \frac{2}{3}\left[1 - (\frac{2}{3})^{k}\right]$$

$$\frac{2}{9} + \frac{4}{27} + \ldots + \frac{1}{3}(\frac{2}{3})^{k} = \frac{2}{3} - (\frac{2}{3})^{k+1}$$

$$\frac{1}{3} + \frac{2}{9} + \frac{4}{27} + \ldots + \frac{1}{3}(\frac{2}{3})^{(k+1)-1} = \frac{1}{3} + \frac{2}{3} - (\frac{2}{3})^{k+1}$$

$$\frac{1}{3} + \frac{2}{9} + \frac{4}{27} + \ldots + \frac{1}{3}(\frac{2}{3})^{(k+1)-1} = 1 - (\frac{2}{3})^{k+1}$$

Thus, the formula is true for $n = k+1$ whenever it is true for $n = k$. Part 1 and Part 2 together prove the formula.

20. Part 1. Let $n = 1$

$$1^3 = \left[\frac{1(1+1)}{2}\right]^2$$

$$1 = 1$$

1 works!

Part 2. Assume $1^3 + 2^3 + 3^3 + \ldots + k^3 = \left[\frac{k(k+1)}{2}\right]^2$

Then

$$1^3 + 2^3 + 3^3 + \ldots + k^3 + (k+1)^3 = \left[\frac{k(k+1)}{2}\right]^2 + (k+1)^3$$

$$1^3 + 2^3 + 3^3 + \ldots + (k+1)^3 = \frac{k^2(k+1)^2}{4} + \frac{4(k+1)^3}{4}$$

$$1^3 + 2^3 + 3^3 + \ldots + (k+1)^3 = \frac{(k+1)^2[k^2 + 4(k+1)]}{4}$$

$$1^3 + 2^3 + 3^3 + \ldots + (k+1)^3 = \frac{(k+1)^2(k^2 + 4k + 4)}{4}$$

$$1^3 + 2^3 + 3^3 + \ldots + (k+1)^3 = \left[\frac{(k+1)[(k+1)+1]}{2}\right]^2$$

Thus, the formula is true for $n = k+1$ whenever it is true for $n = k$. Part 1 and Part 2 together prove the formula.

22. Part 1. Let $n = 1$

$1 < 2^1$

$1 < 2$

1 works!

Part 2. Assume $k < 2^k$

Then

$2k < 2(2^k)$

$2k < 2^{k+1}$

22. (cont'd)

But if k is a natural number greater than 1, then

$$k + 1 < 2k$$

By the transitive property of "is less than," you have

$$k + 1 < 2^{k+1}$$

Thus, the formula is true for $n = k+1$ whenever it is true for $n=k$. Part 1 and Part 2 together prove the formula.

24. $1 = 3(1) - 2$

$1 = 1$

The equation is true for $n = 1$.

$1 + 3 = 3(2) - 2$

$4 = 4$

The equation is true for $n = 2$.

No. It is not true for $n = 3$, for example, because

$1 + 3 + 5 \neq 3(3) - 2$

$9 \neq 7$

26. Part 1. Let $n = 1$

$$1 + 1 = 1 + 1$$
$$2 = 2$$

1 works!

Part 2. Assume $k + 1 = 1 + k$

Then

$$k + 1 + 1 = 1 + k + 1$$
$$(k + 1) + 1 = 1 +(k + 1)$$

Thus, the formula is true for $n = k+1$ whenever it is true for $n=k$. Part 1 and Part 2 together prove the formula.

28. Part 1. Let $n = 1$

$$1 + 2(1) = 3^1$$
$$3 = 3$$

1 works!

Part 2. Assume $1+2k < 3^k$ for $k \geq 1$

Then $3(1 + 2k) < 3^k 3$

$$3 + 6k < 3^{k+1}$$

But you have

$$1 + 2(k + 1) < 3 + 6k$$

because $2k + 2 < 3 + 6k$

when $k < 1$.

By the transitive property,

$$1 + 2(k + 1) < 3^{k+1}$$

Thus, the formula is true for $n = k+1$ whenever it is true for $n=k$. Part 1 and Part 2 together prove the formula.

30. The alternative definition states: $\begin{cases} a^1 = a \\ a^{m+1} = a^m a \end{cases}$

The proof that $a^m a^n = a^{m+n}$ is as follows:

30. (cont'd)

Part 1. Let $n = 1$

$a^m a^1 = a^{m+1}$

$a^m a = a^{m+1}$ by Part 1 of the definition

$a^{m+1} = a^{m+1}$ by Part 2 of the definition

1 works!

Part 2. Assume $a^m a^k = a^{m+k}$

Then $a^m a^k a = a^{m+k} a$

$a^m a^{k+1} = a^{(m+k)+1}$ by Part 1 of the definition

$a^m a^{k+1} = a^{m+(k+1)}$ by the associative property of addition

Thus, the formula is true for $n = k+1$ whenever it is true for $n = k$. Part 1 and Part 2 together prove the formula.

EXERCISE 9.2

2. $f(1) = 1(\frac{1-1}{2})(\frac{1-2}{3}) = 0$

$f(2) = 2(\frac{2-1}{2})(\frac{2-2}{3}) = 0$

$f(3) = 3(\frac{3-1}{2})(\frac{3-2}{3}) = 3(1)(\frac{1}{3}) = 1$

$f(4) = 4(\frac{4-1}{2})(\frac{4-2}{3}) = 4(\frac{3}{2})(\frac{2}{3}) = 4$

$f(5) = 5(\frac{5-1}{2})(\frac{5-2}{3}) = 5(2)(1) = 10$

$f(6) = 6(\frac{6-1}{2})(\frac{6-2}{3}) = 6(\frac{5}{2})(\frac{4}{3}) = 20$

The first six terms are 0, 0, 1, 4, 10, 20.

4. 1, 8, 27, 64, ... is the sequence $1^3, 2^3, 3^3, 4^3, \ldots$ Thus, the fifth term is 5^3, or 125.

6. $a, ar, ar^2, ar^3, \ldots$ has a fifth term of ar^4.

8. The sequence 20, 17, 13, 8, ... is the sequence

$$\underbrace{20, 17}_{3}, \underbrace{17, 13}_{4}, \underbrace{13, 8}_{5}, \underbrace{8, \ldots}_{6}$$

The fifth term is $8 - 6$, or 2.

10. $2(1) + 2(2) + 2(3) + 2(4) + 2(5) = 2 + 4 + 6 + 8 + 10$
$= 30$

12. $4(1)^0 + 4(2)^0 + 4(3)^0 + 4(4)^0 + 4(5)^0 = 4 + 4 + 4 + 4 + 4$
$= 20$

14. $(-1)^1 + (-1)^2 + (-1)^3 + (-1)^4 + (-1)^5 = 1 + 1 - 1 + 1 - 1$
$= -1$

16. $[2(1)+1]+[2(2)+1]+[2(3)+1]+[2(4)+1]+[2(5)+1] = 3+5+7+9+11$
$= 35$

18. $\sum_{k=3}^{6} 3k = 3(3) + 3(4) + 3(5) + 3(6)$
$= 9 + 12 + 15 + 18$
$= 54$

20. $\sum_{k=1}^{100} 5 = 100(5)$
$= 500$

22. $\sum_{n=2}^{5} (n^2 + 3n) = [2^2 + 3(2)] + [3^2 + 3(3)] + [4^2 + 3(4)] + [5^2 + 3(5)]$
$= 10 + 18 + 28 + 40$
$= 96$

24. $\sum_{x=4}^{5} \frac{2}{x} = \frac{2}{4} + \frac{2}{5}$
$= \frac{2(5)}{4(5)} + \frac{2(4)}{4(5)}$
$= \frac{18}{20}$
$= \frac{9}{10}$

26. $\sum_{x=2}^{6} (3x^2 + 2x) - 3\sum_{x=2}^{6} x^2 = \sum_{x=2}^{6} 3x^2 + \sum_{x=2}^{6} 2x - \sum_{x=2}^{6} 3x^2$
$= \sum_{x=2}^{6} 2x$
$= 2(2) + 2(3) + 2(4) + 2(5) + 2(6)$
$= 40$

28. $\sum_{x=0}^{10} (2x - 1)^2 + 4\sum_{x=0}^{10} x(1 - x) = \sum_{x=0}^{10} (4x^2 - 4x + 1) + 4\sum_{x=0}^{10} (x - x^2)$
$= \sum_{x=0}^{10} 4x^2 - \sum_{x=0}^{10} 4x + \sum_{x=0}^{10} 1 + \sum_{x=0}^{10} 4x - \sum_{x=0}^{10} 4x^2$
$= \sum_{x=0}^{10} 1$
$= 10$

30. Part 1. Let $n = 1$

$$\sum_{k=1}^{1} (5k - 3) = 5(1) - 3 = 2$$

$$\frac{n(5n - 1)}{2} = \frac{1[5(1) - 1]}{2} = 2$$

1 works!

Part 2. Assume $\sum_{k=1}^{t} (5k - 3) = \frac{t(5t - 1)}{2}$

Then

$$\sum_{k=1}^{t+1} (5k - 3) = [5(1) - 3] + [5(2) - 3] + \ldots + [5(t) - 3] + [5(t + 1) - 3]$$

$$= \sum_{k=1}^{t} (5k - 3) + 5t + 2$$

$$= \frac{t(5t - 1)}{2} + \frac{10t + 4}{2}$$

$$= \frac{5t^2 - t + 10t + 4}{2}$$

$$= \frac{5t^2 + 9t + 4}{2}$$

$$= \frac{(t + 1)[5(t + 1) - 1]}{2}$$

Thus, the formula holds for $n = t + 1$ whenever it holds for $n = t$. Part 1 and Part 2 together prove the formula.

32. Let $f(k) = 2k$, $g(k) = k + 1$, and $n = 2$. Then

$$\sum_{k=1}^{n} f(k)(gk) = \sum_{k=1}^{2} 2k(k + 1) = 2(1)(1 + 1) + 2(2)(2 + 1)$$
$$= 4 + 12$$
$$= 16$$

$$\sum_{k=1}^{n} f(k) \sum_{k=1}^{n} g(k) = \sum_{k=1}^{2} 2k \sum_{k=1}^{2} (k + 1) = [2(1) + 2(2)][(1 + 1) + (2 + 1)]$$
$$= (6)(5)$$
$$= 30$$

Thus, $\sum_{k=1}^{n} f(k)g(k) \neq \sum_{k=1}^{n} f(k) \sum_{k=1}^{n} g(k)$

EXERCISE 9.3

2. -12, -17, -22, -27, -32, -37

4. $\ell = a + (n - 1)d$

$12 = 4 + (5 - 1)d$

$8 = 4d$

$2 = d$

Thus, the first six terms are

4, 6, 8, 10, 12, 14

6. $\ell = a + (n - 1)d$

$-49 = a + (20 - 1)(-3)$

$-49 = a - 57$

$8 = a$

Thus, the first six terms are

8, 5, 2, -1, -4, -7

8. $\sum_{n=1}^{10} (-n - 2) = -3 + (-4) + (-5) + \ldots$

Thus, $a = -3$, $d = -1$, and

$\ell = a + (n - 1)d$

$\ell = -3 + (10 - 1)(-1)$

$= -12$

The sum is

$S = \frac{n(a + \ell)}{2}$

$= \frac{10(-3 - 12)}{2}$

$= -75$

10. $\sum_{n=1}^{10} (\frac{2}{3}n + \frac{1}{3}) = 1 + \frac{5}{3} + \frac{7}{3} + \ldots$

Thus, $a = 1$, $d = \frac{2}{3}$, and

$\ell = a + (n - 1)d$

$\ell = 1 + (10 - 1)\frac{2}{3}$

$= 7$

The sum is

$S = \frac{10(1 + 7)}{2}$

$= \frac{10(8)}{2}$

$= 40$

12. $\ell = a + (n - 1)d$

$86 = 2 + (15 - 1)d$

$84 = 14d$

$6 = d$

$\ell_{100} = 2 + (100 - 1)6$

$= 596$

$S = \frac{n(a + \ell)}{2}$

$= \frac{100(2 + 596)}{2}$

$= 29,900$

14. $\ell = a + (n - 1)d$

$126 \stackrel{?}{=} 4 + (25 - 1)\frac{17}{4}$

$122 \stackrel{?}{=} 6(17)$

$122 \neq 102$

Because the numbers do not satisfy the formula for the last term, there can be no such progression.

16. 5, a, b, c, d, e, 15

$$\ell = a + (n - 1)d$$
$$15 = 5 + (7 - 1)d$$
$$10 = 6d$$
$$\frac{5}{3} = d$$

The five arithmetic means are

$$5+\frac{5}{3},\ 5+\frac{10}{3},\ 5+\frac{15}{3},\ 5+\frac{20}{3},\ 5+\frac{25}{3}$$

or

$$\frac{20}{3},\ \frac{25}{3},\ 10,\ \frac{35}{3},\ \frac{40}{3}$$

18. -11, a, b, c, -2

$$\ell = a + (n - 1)d$$
$$-2 = -11 + (5 - 1)d$$
$$9 = 4d$$
$$\frac{9}{4} = d$$

The three arithmetic means are

$$-11 + \frac{9}{4},\ -11 + \frac{18}{4},\ -11 + \frac{27}{4}$$

or

$$-\frac{35}{4},\ -\frac{13}{2},\ -\frac{17}{4}$$

20. -3, -6, -12, -24

22. 64, 32, 16, 8

24. $2,\ 2\sqrt{3},\ 2(\sqrt{3})^2,\ 2(\sqrt{3})^3$

or

$2,\ 2\sqrt{3},\ 6,\ 6\sqrt{3}$

26. $$\ell = ar^{n-1}$$
$$4 = a(\tfrac{1}{2})^2$$
$$16 = a$$

The first four terms are
16, 8, 4, 2

28. $9 + 27 + 81 + \dots$

$$S = \frac{a - ar^n}{1 - r}$$
$$= \frac{9 - 9(3)^6}{1 - 3}$$
$$= 3276$$

30. $\frac{1}{8} + \frac{1}{4} + \frac{1}{2} + \dots$

$$S = \frac{\frac{1}{8} - \frac{1}{8}(2)^{12}}{1 - 2}$$
$$= \frac{4095}{8}$$

32. $$\sum_{n=1}^{6} 12(-\tfrac{1}{2})^{n-1} = 12(-\tfrac{1}{2})^0 + 12(-\tfrac{1}{2})^1 + 12(-\tfrac{1}{2})^2 + \dots$$
$$= 12 + (-6) + 3 + \dots$$
$$S = \frac{a - ar^n}{1 - r}$$
$$= \frac{12 - 12(-\frac{1}{2})^6}{1 - (-\frac{1}{2})}$$
$$= \frac{\frac{756}{64}}{\frac{3}{2}} = \frac{63}{8}$$

34. $8 + 4 + 2 + 1 + \dots$

$$S = \frac{a}{1 - r}$$
$$= \frac{8}{1 - \frac{1}{2}}$$
$$= 16$$

36. $\sum_{n=1}^{\infty} 1(\frac{1}{3})^{n-1} = 1(\frac{1}{3})^0 + 1(\frac{1}{3})^1 + 1(\frac{1}{3})^2 + \ldots$

$= 1 + \frac{1}{3} + \frac{1}{9} + \ldots$

$S = \frac{a}{1 - r}$

$= \frac{1}{1 - \frac{1}{3}}$

$= \frac{3}{2}$

38. -5, a, b, c, d, e, 5

$\ell = ar^{n-1}$

$5 = (-5)r^{7-1}$

$-1 = r^6$

There are no numbers r such that $r^6 = -1$. Thus, there are no geometric means.

40. 162, a, b, c, 2

$\ell = ar^{n-1}$

$2 = 162r^{5-1}$

$\frac{1}{81} = r^4$

$\frac{1}{3} = r$

Thus, the three geometric means are

$162(\frac{1}{3}),\ 162(\frac{1}{9}),\ 162(\frac{1}{27})$

or

54, 18, 6

42. $0.666\ldots = \frac{6}{10} + \frac{6}{100} + \frac{6}{1000} + \ldots$

$S = \frac{a}{1 - r}$

$= \frac{\frac{6}{10}}{1 - \frac{1}{10}}$

$= \frac{\frac{6}{10}}{\frac{9}{10}}$

$= \frac{2}{3}$

44. $0.373737\ldots = \frac{37}{100} + \frac{37}{10000} + \frac{37}{1000000} + \ldots$

$S = \frac{a}{1 - r}$

$= \frac{\frac{37}{100}}{1 - \frac{1}{100}}$

$= \frac{37}{99}$

46. $a + ar + ar^2 + \ldots + ar^{n-1} = \frac{a - ar^n}{1 - r}$

<u>Part 1</u>. Let $n = 1$

$a = \frac{a - ar^1}{1 - r}$

$= \frac{a(1 - r)}{1 - r}$

$= a$

1 works!

46. (cont'd)

Part 2. Assume that $a + ar + ar^2 + \ldots + ar^{k-1} = \frac{a - ar^k}{1 - r}$

Then

$$a + ar + ar^2 + \ldots + ar^{k-1} + ar^k = \frac{a - ar^k}{1 - r} + ar^k$$

$$a + ar + ar^2 + \ldots + ar^{k-1} + ar^{(k+1)-1} = \frac{a - ar^k}{1 - r} + \frac{ar^k(1 - r)}{1 - r}$$

$$= \frac{a - ar^k + ar^k - ar^{k+1}}{1 - r}$$

$$= \frac{a - ar^{k+1}}{1 - r}$$

Thus, the formula is true for $n = k + 1$ whenever it is true for $n = k$. Part 1 and Part 2 together prove the formula.

48. The arithmetic mean is 34.
The geometric mean is 16.
The arithmetic mean is larger.

50. The arithmetic mean between a and b is $\frac{a + b}{2}$.

The geometric mean between a and b is $\sqrt{ab}$.

Thus,

$$\frac{a + b}{2} > \sqrt{ab}$$

because

$$\left(\frac{a + b}{2}\right)^2 > ab$$

$$a^2 + 2ab + b^2 > 2ab$$

$$a^2 + b^2 > 0$$

52. $$\sum_{k=1}^{100} \ell n\left(\frac{k}{k + 1}\right) = \sum_{k=1}^{100} [\ell n\ k - \ell n(k + 1)]$$

$$= \sum_{k=1}^{100} \ell n\ k - \sum_{k=1}^{100} \ell n(k + 1)$$

$$= \ell n\ 1 + \ell n\ 2 + \ell n\ 3 + \ldots + \ell n\ 100 - \ell n\ 2 - \ell n\ 3 - \ell n\ 4 - \ldots - \ell n\ 101$$

$$= \ell n\ 1 - \ell n\ 101$$

$$= 0 - \ell n\ 101$$

$$= -\ell n\ 101$$

EXERCISE 9.4

2. 5500, 5395, 5290, ...

The debt after four years will be the 49th term of the above arithmetic sequence.

$\ell = a + (n - 1)d$

$\ell = 5500 + (49 - 1)(-105)$

$= 5500 + 48(-105)$

$= 460$

She will still owe $460.

4. The amount in the bank each day is given by the sequence

$1000, 1000(1 + \frac{0.0675}{365}), 1000(1 + \frac{0.0675}{365})^2, \ldots$

The amount after one year is the 366th term of this sequence. Thus,

$\ell = ar^{n-1}$

$= 1000(1 + \frac{0.0675}{365})^{365}$

$= 1069.82$

The interest earned is $1069.82 - $1000 or $69.82.

6. The worth of the lawn tractor each year is given by the sequence

c, 0.80c, 0.80(0.80c), ...

The worth of the tractor after five years is the sixth term of this sequence. Thus,

$\ell = ar^{n-1}$

$= c(0.80)^5$

$= 0.32768c$

8. The sequence 16, 48, 80, ... represents the distance the brick will fall during the first second, second second, third second, and so on. The distance it falls during the tenth second is the tenth term of this sequence.

$\ell = a + (n - 1)d$

$= 16 + (10 - 1)(32)$

$= 304$

It will fall 304 ft.

10. $A = 1300(1 + 0.07)^{17}$

$= 4106.46$

The account will contain \$4106.46.

12. $A = 1000(1 + 0.07)^{10}$

$= 1967.15$

The account will contain \$1967.15.

14. $A = 1000(1 + \frac{0.07}{12})^{120}$

$= 2009.66$

The account will contain \$2009.66.

16. $A = 1000(1 + \frac{0.07}{8760})^{87600}$

$= 2013.75$

The account will contain \$2013.75.

18. If you start with only 1 bacterium, you will have two in 5 minutes. Those two will reproduce to fill the dish in 2 hours. Thus, it will take the one 2 hours and 5 minutes.

20. $\frac{2^{63}}{500,000} \approx 1.84 \text{ X } 10^{13}$

About $1.84 \text{ X } 10^{13}$ bushels.

22. Yes, because 0.999 ... can be written as

$\frac{9}{10} + \frac{9}{100} + \frac{9}{1000} + \ldots$

whose sum is 1.

EXERCISE 9.5

2. $-5 \cdot 4 \cdot 3 \cdot 2 \cdot 1 = -120$

4. $0! \cdot 7! = 1 \cdot 7 \cdot 6 \cdot 5 \cdot 4 \cdot 3 \cdot 2 \cdot 1$

$= 5040$

6. $5! - 2! = 120 - 2$

$= 118$

8. $\frac{8!}{5!} = \frac{8 \cdot 7 \cdot 6 \cdot \cancel{5!}}{\cancel{5!}}$

$= 8 \cdot 7 \cdot 6$

$= 336$

10. $\frac{15!}{9!(15 - 9)!} = \frac{15 \cdot 14 \cdot 13 \cdot 12 \cdot 11 \cdot 10 \cdot \cancel{9!}}{\cancel{9!} \cdot 6 \cdot 5 \cdot 4 \cdot 3 \cdot 2 \cdot 1}$

$= \frac{\overset{\overset{1}{\cancel{3}}}{\cancel{15}} \cdot \overset{7}{\cancel{14}} \cdot 13 \cdot \overset{\overset{1}{\cancel{2}}}{\cancel{12}} \cdot 11 \cdot \overset{5}{\cancel{10}}}{\underset{1}{\cancel{6}} \cdot \underset{1}{\cancel{5}} \cdot \underset{\underset{1}{\cancel{2}}}{\cancel{4}} \cdot \underset{1}{\cancel{3}} \cdot \underset{1}{\cancel{2}} \cdot 1}$

$= 5005$

12. $(a + b)^3 = a^3 + \frac{3!}{1!(3-1)!} a^2b + \frac{3!}{2!(3-2)!} ab^2 + b^3$

$= a^3 + 3a^2b + 3ab^2 + b^3$

14. $(x - y)^6 = x^6 + \frac{6!}{1!5!} x^5(-y) + \frac{6!}{2!4!} x^4(-y)^2 + \frac{6!}{3!3!} x^3(-y)^3 + \frac{6!}{4!2!} x^2(-y)^4$

$+ \frac{6!}{5!1!} x(-y)^5 + (-y)^6$

$= x^6 - 6x^5y + 15x^4y^2 - 20x^3y^3 + 15x^2y^4 - 6xy^5 + y^6$

16. $(x + 2y)^5 = x^5 + \frac{5!}{1!4!} x^4(2y) + \frac{5!}{2!3!} x^3(2y)^2 + \frac{5!}{3!2!} x^2(2y)^3 + \frac{5!}{4!1!} x(2y)^4$

$+ (2y)^5$

$= x^5 + 10x^4y + 40x^3y^2 + 80x^2y^3 + 80xy^4 + 32y^5$

18. $(2x - y)^4 = (2x)^4 + \frac{4!}{1!3!}(2x)^3(-y) + \frac{4!}{2!2!}(2x)^2(-y)^2 + \frac{4!}{3!1!}(2x)(-y)^3 + (-y)^4$

$= 16x^4 - 32x^3y + 24x^2y^2 - 8xy^3 + y^4$

20. $(5x + 2y)^5 = (5x)^5 + \frac{5!}{1!4!}(5x)^4(2y) + \frac{5!}{2!3!}(5x)^3(2y)^2 + \frac{5!}{3!2!}(5x)^2(2y)^3$

$+ \frac{5!}{4!1!} 5x(2y)^4 + (2y)^5$

$= 3125x^5 + 6250x^4y + 5000x^3y^2 + 2000x^2y^3 + 400xy^4 + 32y^5$

22. $(\frac{x}{2} + \frac{y}{3})^4 = (\frac{x}{2})^4 + \frac{4!}{1!3!}(\frac{x}{2})^3(\frac{y}{3}) + \frac{4!}{2!2!}(\frac{x}{2})^2(\frac{y}{3})^2 + \frac{4!}{3!1!}(\frac{x}{2})(\frac{y}{3})^3 + (\frac{y}{3})^4$

$= \frac{1}{16} x^4 + \frac{1}{6} x^3y + \frac{1}{6} x^2y^2 + \frac{2}{27} xy^3 + \frac{1}{81} y^4$

24. The second term will have a $(-b)^1$. Thus, the second term is

$\frac{4!}{1!3!} a^3(-b)^1 = -4a^3b$

26. The fourth term will have a b^3. Thus, the fourth term is

$\frac{5!}{3!2!} a^2b^3 = 10a^2b^3$

28. The twelfth term will have a b^{11}. Thus, the twelfth term is

$\frac{12!}{11!1!} a^1b^{11} = 12ab^{11}$

30. The second term will have a $(-y)^1$. Thus, the second term is

$\frac{4!}{1!3!}(2x)^3(-y)^1 = -32x^3y$

32. The third term will have a $(-3y)^2$. Thus, the third term is

$$\frac{5!}{2!3!}(\sqrt{2}x)^3(-3y)^2 = 10(2\sqrt{2}x^3)(9y^2) = 180\sqrt{2}\ x^3y^2$$

34. The fourth term will have a $(-5y)^3$. Thus, the fourth term is

$$\frac{6!}{3!3!}(3x)^3(-5y)^3 = 20(27x^3)(-125y^3) = -67{,}500x^3y^3$$

36. The fifth term will have a $(-b)^4$. Thus, the fifth term is

$$\frac{r!}{4!(r-4)!}a^{r-4}(-b)^4 = \frac{r!}{4!(r-4)!}a^{r-4}b^4$$

38. The $(r+1)$th term has a b^r. Thus, the $(r+1)$th term is

$$\frac{n!}{r!(n-r)!}a^{n-r}b^r$$

40. $(x+y)^n = x^n + \frac{n!}{1!(n-1)!}x^{n-1}y + \frac{n!}{2!(n-2)!}x^{n-2}y^2 + \frac{n!}{3!(n-3)!}x^{n-3}y^3 + \ldots + y^n$

Let $x = 1$ and $y = 1$. Then

$$(1+1)^n = 2^n = 1 + \frac{n!}{1!(n-1)!} + \frac{n!}{2!(n-2)!} + \frac{n!}{3!(n-3)!} + \ldots + 1$$

42. The variables of the terms in the expansion are:

$x^9,\ x^8(\frac{1}{x}),\ x^7(\frac{1}{x})^2,\ x^6(\frac{1}{x})^3,\ \ldots$

The term involving x^5 is the third term. Thus,

$\frac{9!}{2!7!}x^7(\frac{1}{x})^2 = \frac{72}{2}x^5$ The coefficient is 36.

44. The variables of the terms in the expansion are:

$(\frac{1}{a})^8,\ (\frac{1}{a})^7a,\ (\frac{1}{a})^6a^2,\ (\frac{1}{a})^5a^3,\ (\frac{1}{a})^4a^4,\ (\frac{1}{a})^3a^5,\ \ldots$

The term involving a constant is the fifth term. Thus,

$$\frac{8!}{4!4!}(\frac{1}{a})^4a^4 = \frac{8\cdot 7\cdot 6\cdot 5\cdot \cancel{4!}}{4\cdot 3\cdot 2\cdot 1\cdot \cancel{4!}}\ \frac{a^4}{a^4} = 70$$

EXERCISE 9.6

2. $9\cdot 10\cdot 10\cdot 10\cdot 10\cdot 10 = 900{,}000$

4. $6\cdot 5\cdot 4\cdot 3\cdot 2\cdot 1 = 720$

6. The number of ways to arrange the letters is 720. The number of ways to arrange the letters if the e and r are side by side is 2(5!) or 240. Thus, the number of ways where e and r are not side by side is 720 - 240, or 480.

8. $1 \cdot 3 \cdot 2 \cdot 1 \cdot 1 \cdot 1 = 6$

10. ${}_8P_3 = \frac{8!}{(8-3)!} = \frac{8 \cdot 7 \cdot 6 \cdot \cancel{5!}}{\cancel{5!}} = 336$

12. ${}_8C_3 = \frac{8!}{(8-3)!3!} = 56$

14. ${}_5P_0 = \frac{5!}{(5-0)!} = 1$

16. $\binom{8}{4} = \frac{8!}{(8-4)!4!} = 70$

18. $\binom{5}{5} = \frac{5!}{(5-5)!5!} = 1$

20. ${}_3P_2 \cdot {}_4C_3 = \frac{3!}{(3-2)!} \cdot \frac{4!}{(4-3)!3!}$
$= 24$

22. $\binom{5}{5}\binom{6}{6}\binom{7}{7}\binom{8}{8} = 1 \cdot 1 \cdot 1 \cdot 1 = 1$

24. $\binom{100}{99} = \frac{100!}{(100-99)!99!} = 100$

26. $2(5 \cdot 5 \cdot 4 \cdot 4 \cdot 3 \cdot 3 \cdot 2 \cdot 2 \cdot 1 \cdot 1)$
$= 28{,}800$

28. $5 \cdot 4 \cdot 3 \cdot 2 \cdot 1 \cdot 5 \cdot 4 \cdot 3 \cdot 2 \cdot 1$
$= 14{,}400$

30. $100 \cdot 99 \cdot 98 = 970{,}200$

32. $6! = 720$

34. There are $5!$ ways to seat the six people. If two wish to sit together, the people can be seated $2(4!)$ ways. Thus, the ways they can be seated with the two apart is

$$5! - 2(4!) = 72$$

36. There are $2(6!)$ ways to arrange the children with Laura and Scott together. Of these, there are $2(5!)$ ways with Billy and Paula together. Thus, the ways with Laura and Scott together and Billy and Paula apart is

$$2(6!) - 2(5!) = 1200$$

38. $\binom{52}{5} = \frac{52!}{(52-5)!5!}$
$= 2{,}598{,}960$

40. $\frac{5!}{2!} = 60$

42. $\frac{6!}{3!2!} = 60$

44. $\binom{7}{5} = \frac{7!}{(7-5)!5!} = 21$

46. $\binom{11}{3}\binom{18}{3} = 134{,}640$

48. $\binom{10}{5}\binom{8}{2} = 7056$

50. $7! - 2(6!) = 3600$

52. $\binom{10}{2} = 45$

54.

$$
\begin{array}{ccccccccccccccccccccc}
&&&&&&&&&&1&&&&&&&&&&\\
&&&&&&&&&1&&1&&&&&&&&&\\
&&&&&&&&1&&2&&1&&&&&&&&\\
&&&&&&&1&&3&&3&&1&&&&&&&\\
&&&&&&1&&4&&6&&4&&1&&&&&&\\
&&&&&1&&5&&10&&10&&5&&1&&&&&\\
&&&&1&&6&&15&&20&&15&&6&&1&&&&\\
&&&1&&7&&21&&35&&35&&21&&7&&1&&&\\
&&1&&8&&28&&56&&70&&56&&28&&8&&1&&\\
&1&&9&&36&&84&&126&&126&&84&&36&&9&&1&\\
1&&10&&45&&120&&210&&252&&210&&120&&\textcircled{45}&&10&&1
\end{array}
$$

$\binom{10}{8} = 45$

56. $_nC_n = \frac{n!}{(n-n)!n!} = 1$

$_nC_0 = \frac{n!}{(n-0)!0!} = 1$

58. $\sum_{k=0}^{n} \binom{n}{k} a^{n-k} b^k = \binom{n}{0} a^n b^0 + \binom{n}{1} a^{n-1} b^1 + \binom{n}{2} a^{n-2} b^2 + \ldots + \binom{n}{n} a^{n-n} b^n$

$= \binom{n}{0} a^n + \binom{n}{1} a^{n-1} b + \binom{n}{2} a^{n-2} b^2 + \ldots + \binom{n}{n} b^n$

$= (a + b)^n$

EXERCISE 9.7

2. $\frac{2}{6} = \frac{1}{3}$

4. $\frac{3}{6} = \frac{1}{2}$

6. 1

8. $\frac{9}{42} + \frac{2}{42} = \frac{11}{42}$

10. $\frac{2}{8} = \frac{1}{4}$

12. $\frac{1}{8}$

14. $\frac{13}{52} = \frac{1}{4}$

16. $\frac{\cancel{4}^{1}}{\cancel{52}_{13}} \cdot \frac{\cancel{3}^{1}}{\cancel{51}_{17}} = \frac{1}{221}$

18. $\frac{5}{\cancel{12}_{3}} \cdot \frac{\cancel{4}^{1}}{11} = \frac{5}{33}$

20. $\frac{\cancel{13}^{1}}{\cancel{52}_{\cancel{4}_{2}}} \cdot \frac{\cancel{12}^{1}}{\cancel{51}_{17}} \cdot \frac{11}{\cancel{50}_{5}} \cdot \frac{\cancel{10}^{1}}{49} \cdot \frac{\cancel{9}^{3}}{\cancel{48}_{\cancel{4}_{1}}} \cdot \frac{\cancel{8}^{\cancel{2}^{1}}}{47} = \frac{33}{391510} \approx 8.43 \times 10^{-5}$

22. $\frac{\overset{1}{\cancel{13}}}{\underset{2}{\cancel{26}}} \cdot \frac{\overset{1}{\cancel{12}}}{\underset{5}{\cancel{25}}} \cdot \frac{11}{\underset{\underset{1}{\cancel{2}}}{\cancel{24}}} \cdot \frac{\overset{\overset{1}{\cancel{2}}}{\cancel{10}}}{23} \cdot \frac{9}{22} = \frac{99}{5060} \approx 0.0196$

24. $\frac{\overset{1}{\cancel{12}}}{\underset{26}{\cancel{52}}} \cdot \frac{11}{\underset{17}{\cancel{51}}} \cdot \frac{\overset{1}{\cancel{10}}}{\underset{5}{\cancel{50}}} \cdot \frac{\overset{3}{\cancel{9}}}{49} \cdot \frac{\overset{\overset{1}{\cancel{2}}}{\cancel{8}}}{\underset{\underset{1}{\cancel{4}}}{\cancel{48}}} \cdot \frac{7}{47} = \frac{231}{5089630} \approx 4.54 \text{ X } 10^{-5}$

26. There are $6 \cdot 6 \cdot 6$ or 216 possibilities. You could roll a four with the following possibilities:

(1,1,2), (1,2,1), (2,1,1)

Thus, the probability is $\frac{3}{216}$ or $\frac{1}{72}$.

28. $\frac{\binom{8}{5}}{\binom{18}{5}} = \frac{56}{8568} = \frac{1}{153}$

30. $(\frac{1}{2})^5 = \frac{1}{32}$

32. $(\frac{1}{2})^4 = \frac{1}{16}$

34. Refer to the sample space constructed in Ex. 31 to find the probability:

$\frac{6}{16}$ or $\frac{3}{8}$.

36. $\frac{1}{16}$

38. $\frac{176}{282} = \frac{88}{141}$

40. $\frac{15}{71}$

EXERCISE 9.8

2. $\frac{4}{52} = \frac{1}{13}$

4. $\frac{26}{52} + \frac{12}{52} - \frac{6}{52} = \frac{32}{52} = \frac{8}{13}$

6. 0

8. $\frac{\overset{1}{\cancel{13}}}{\underset{4}{\cancel{52}}} \cdot \frac{13}{51} = \frac{13}{204}$

10. $\frac{4}{36} + \frac{18}{36} = \frac{22}{36} = \frac{11}{18}$

12. $\frac{1}{36} + \frac{0}{36} = \frac{1}{36}$

14. $\frac{6}{16} = \frac{3}{8}$

16. $\frac{6}{16} = \frac{3}{8}$

18. There are two ways: draw a cyan followed by a magenta or a magenta followed by a cyan.

$\frac{3}{16} \cdot \frac{6}{15} + \frac{6}{16} \cdot \frac{3}{15} = \frac{36}{240} = \frac{3}{20}$

20. $\frac{1}{6} \cdot \frac{4}{52} = \frac{1}{6} \cdot \frac{1}{13} = \frac{1}{78}$

22. The probability that they were all born on the same day is

$\frac{7}{7} \cdot \frac{1}{7} \cdot \frac{1}{7} = \frac{1}{49}$

The probability that they weren't is

$1 - \frac{1}{49} = \frac{48}{49}$

24. The probability that they were all born on different days is

$\frac{365}{365} \cdot \frac{364}{365} \cdot \frac{363}{365} \cdot \frac{362}{365} \cdot \frac{361}{365} \approx .973$

The probability that at least two of them were born on the same day is

$1 - 0.973 = .027$

26. $(\frac{1}{4})^5 = \frac{1}{1024}$

28. $\frac{1}{3} \cdot \frac{1}{2} \cdot \frac{5}{6} + \frac{2}{3} \cdot \frac{1}{2} \cdot \frac{5}{6} + \frac{2}{3} \cdot \frac{1}{2} \cdot \frac{1}{6} = \frac{17}{36}$

EXERCISE 9.9

2. 1 to 5

4. $\frac{3}{6}$ or $\frac{1}{2}$

6. 1 to 1

8. 5 to 31

10. $\frac{18}{36}$ or $\frac{1}{2}$

12. 1 to 1

14. 1 to 1

16. 3 to 1

18. 2 to 5

20. 1 to 5

22. 1 to 15

24. $\frac{1}{2}$

26. $\frac{\$1600}{1000}$ or \$1.60

28. 1 to 1

30. $\frac{1}{36}(10) + \frac{1}{36}(1) \approx 0.306$ A fair price is 31 cents.

32. $\frac{1}{36}(2) + \frac{2}{36}(3) + \frac{3}{36}(4) + \frac{4}{36}(5) + \frac{5}{36}(6) + \frac{6}{36}(7) + \frac{5}{36}(8) + \frac{4}{36}(9) + \frac{3}{36}(10) + \frac{2}{36}(11) + \frac{1}{36}(12) = \frac{252}{36} = 7$

34. The probability of getting seven correct answers is $\frac{32}{390{,}625}$. Thus, the odds in favor of getting seven correct answers is

$\frac{32}{390{,}593}$.

REVIEW EXERCISES

2. $3(1)^2 + 3(2)^2 + 3(3)^2 + 3(4)^2 = 3 + 12 + 27 + 48$
$= 90$

4. $\sum_{k=1}^{30} \frac{3}{2}k - \sum_{k=1}^{30} 12 - \sum_{k=1}^{30} \frac{3}{2}k = -\sum_{k=1}^{30} 12$

$= -12(30)$

$= -360$

6. $\ell = a + (n - 1)d$

$\ell = 8 + (40 - 1)7$

$= 281$

8. $\ell = a + (n - 1)d$

$\ell = \frac{1}{2} + (35 - 1)(-2)$

$= -67\ \frac{1}{2}$

10. $\ell = ar^{n-1}$

$\ell = 2(3)^{9-1}$

$= 13,122$

12. $\ell = ar^{n-1}$

$\ell = 8(-\frac{1}{5})^{7-1}$

$= \frac{8}{15,625}$

$= 0.000512$

14. $\ell = a + (n - 1)d$

$\ell = 8 + (40 - 1)7$

$= 281$

$S = \frac{n(a + \ell)}{2}$

$S = \frac{40(8 + 281)}{2}$

$= 5780$

16. $\ell = a + (n - 1)d$

$\ell = \frac{1}{2} + (40 - 1)(-2)$

$= -77.5$

$S = \frac{n(a + \ell)}{2}$

$S = \frac{40(.5 - 77.5)}{2}$

$= -1540$

18. $S = \frac{a - ar^n}{1 - r}$

$S = \frac{2 - 2(3)^8}{1 - 3}$

$= 6560$

20. $S = \frac{a - ar^n}{1 - r}$

$S = \frac{8 - 8(-\frac{1}{5})^8}{1 - (-\frac{1}{5})}$

$= \frac{\frac{3125000}{390625} - \frac{8}{390625}}{\frac{6}{5}}$

$= \frac{520832}{78,125}$

≈ 6.67

22. $S = \frac{a}{1 - r}$

$S = \frac{\frac{1}{5}}{1 - (-\frac{2}{3})}$

$= \frac{\frac{1}{5}}{\frac{5}{3}}$

$= \frac{3}{25}$

24. $S = \frac{a}{1 - r}$

$S = \frac{0.5}{1 - (0.5)}$

$= 1$

26. $\frac{9}{10} + \frac{9}{100} + \frac{9}{1000} + \ldots$

$S = \frac{a}{1 - r}$

$S = \frac{\frac{9}{10}}{1 - \frac{1}{10}}$

$= 1$

28. $\frac{45}{100} + \frac{45}{10000} + \frac{45}{1000000} + \ldots$

$S = \frac{a}{1 - r}$

$S = \frac{\frac{45}{100}}{1 - \frac{1}{100}}$

$= \frac{45}{99}$

$= \frac{5}{11}$

30. 10, a, b, c, d, e, 100

$\ell = a + (n - 1)d$

$100 = 10 + (7 - 1)d$

$15 = d$

The arithmetic means are

$10 + 15$, $10 + 2(15)$, $10 + 3(15)$,
$10 + 4(15)$, $10 + 5(15)$

or

25, 40, 55, 70, 85

32. -2, a, b, c, d, 64

$\ell = ar^{n-1}$

$64 = -2r^{6-1}$

$32 = r^5$

$2 = r$

The geometric means are

$2(-2)$, $2(-2)^2$, $2(-2)^3$, $2(-2)^4$

or

-4, 8, -16, 32

34. $\ell = ar^{n-1}$

$\ell = 2\sqrt{2}\ (\sqrt{2})^{7-6}$

$= 16\sqrt{2}$

36. $A = 3000(1 + \frac{0.0775}{365})^{6 \cdot 365}$

$= 4775.81$

The account will contain $4775.81.

38. $A = 10000(1 - 0.10)^{10}$

$= 3486.78$

It will be worth $3486.78.

40. $(u + 2v)^3 = u^3 + \frac{3!}{1!2!} u^2(2v) + \frac{3!}{2!1!} u(2v)^2 + (2v)^3$

$= u^3 + 6u^2v + 12uv^2 + 8v^3$

42. $(\sqrt{7}\ r + \sqrt{3}\ s)^4 = (\sqrt{7}\ r)^4 + \frac{4!}{3!1!}(\sqrt{7}\ r)^3(\sqrt{3}\ s) + \frac{4!}{2!2!}(\sqrt{7}\ r)^2(\sqrt{3}\ s)^2$

$$+ \frac{4!}{1!3!}(\sqrt{7}\ r)(\sqrt{3}\ s)^3 + (\sqrt{3}\ s)^4$$

$$= 49r^4 + 28\sqrt{21}\ r^3s + 126r^2s^2 + 12\sqrt{21}\ rs^3 + 9s^4$$

44. The third term will have a $(-y)^2$. Thus, the third term is

$$\frac{5!}{2!3!}(2x)^3(-y)^2 = 80x^3y^2$$

46. The fourth term will have a $(7)^3$. Thus, the fourth term is

$$\frac{6!}{3!3!}(4x)^3(7)^3 = 439{,}040\ x^3$$

48. $\binom{7}{4} = \frac{7!}{(7-4)!4!}$

$= 35$

50. ${}_{10}P_2 \cdot {}_{10}C_2 = \frac{10!}{(10-2)!} \cdot \frac{10!}{(10-2)!2!}$

$= 4050$

52. $\binom{8}{5}\binom{6}{2} = \frac{8!}{(8-5)!5!} \cdot \frac{6!}{(6-2)!2!}$

$= 840$

54. ${}_{12}C_0 \cdot {}_{11}C_0 = (1)(1)$

$= 1$

56. $\frac{{}_8C_3}{{}_{13}C_5} = \frac{\frac{8!}{(8-3)!3!}}{\frac{13!}{(13-5)!5!}}$

$= \frac{8!8!5!}{5!3!13!}$

$= \frac{56}{1287}$

58. $\frac{{}_{13}C_5}{{}_{52}C_5} = \frac{\frac{13!}{(13-5)!5!}}{\frac{52!}{(52-5)!5!}}$

$= \frac{13!47!\overset{1}{\cancel{5}}!}{8!\underset{1}{\cancel{5}}!52!}$

$= \frac{\overset{1}{\cancel{13}} \cdot \overset{1}{\cancel{12}} \cdot 11 \cdot \overset{1}{\cancel{10}} \cdot \overset{3}{\cancel{9}}}{\underset{1}{\cancel{52}} \cdot \underset{17}{\cancel{51}} \cdot \underset{5}{\cancel{50}} \cdot 49 \cdot \underset{16}{\cancel{48}}}$

$= \frac{33}{66640}$

62. ${}_4C_3 \cdot {}_4C_2 = 4 \cdot 6 = 24$

64. $1 - \frac{24}{{}_{52}C_5} = \frac{108{,}289}{108{,}290}$

≈ 0.99999

66. $\frac{9!}{2!2!} = 90{,}720$

68. $\frac{{}_8C_3 \cdot {}_6C_2}{{}_{14}C_5} = \frac{\frac{8!}{5!3!} \cdot \frac{6!}{4!2!}}{\frac{14!}{9!5!}}$

$= \frac{840}{2002}$

≈ 0.4196

70. $\frac{26}{52} + \frac{4}{52} - \frac{2}{52} = \frac{28}{52} = \frac{7}{13}$

72. $\frac{4}{_{52}C_{13}} \approx 6.299 \times 10^{-12}$

74. 1 to 7

76. $1(\frac{1}{2}) + 1(\frac{1}{2}) + 1(\frac{1}{2}) + 1(\frac{1}{2}) = 2$

The expected winnings are \$2.00.

78. $\frac{11}{21}$

80. $\binom{n}{0}$ is the number of subsets with 0 elements, $\binom{n}{1}$ is the number of subsets with 1 element, $\binom{n}{2}$ is the number of subsets with 2 elements, and so on. You are given that the total number of subsets is 2^n. Thus,

$$\binom{n}{0} + \binom{n}{1} + \binom{n}{2} + \dots + \binom{n}{n} = 2^n$$